大數據分析 SQL Server 2016 與 R 全方位應用

推薦序

　　大數據的走向朝開放原始碼(Open Source)、視覺化(Visualization)和CRISP-DM前進，軟硬體不再是問題，甚至連最簡單常見的 Excel 都可以處理大數據。這也是微軟對於雲端及大數據的使命。

　　借鑒微軟 SQL Server 2016 R 應用的特點，提煉方法，以 R 的形式體現方法。統計學早已脫離正態的傳統框架發展計數，讓 SQL Server 2016 R 每一位從事 Big Data 領域人員能善用 SQL 進行分析。透過 SQL 讓大數據概念與技術範疇簡介、資料倉儲概念、商業智慧流程和顧客關係管理（CRM）知識紮實的發揮，為大數據分析技術的結合帶來了發展的契機。特別是在大數據分析上的亮點「R」軟體，「R」軟體屬於免費開放來源（Open Source）程式設計和統計語言，近年來為統計界中相當有力的分析工具技術，SQL Sever 以資料庫見長加上強大的數據分析能力，像是「R」軟體、「R」及 Excel 這些免費的開放式資料以及軟體，軟硬體的層面並不是問題，重點在於資料的價值性，在於想分析什麼，解決甚麼方案，換言之資料量越大，包括文字、聲音以及影像，其分析越來越快且方便。

　　哪裡有資料，可以做哪些整合分析，產生的價值性在哪。

　　當 SQL Server 2016 與 R 雙贏的整合，推動著統計界及數據分析領域之技術發展進入嶄新的模式。謝邦昌院長的研究團隊與微軟向來在 Data Mining, Big Data 及 AI 領域密切合作，這本書的問世更是揭櫫兩造雙方邁向 AI 合作的決心與契機。

　　希望我們一起來　AI　Taiwan　愛　台灣　!!

台灣微軟　首席技術與策略長

丁維揚

序

　　大數據分析的運用隨著大數據時代的來臨，逐漸受到企業的重視。全球都已經進入大數據的時代，如何整合大量資料，發展出 solution、並找到其中的價值（value），是大家未來最大的挑戰與方向。

　　以精準醫療為例，是指利用資料庫分析，協助醫生做出更適合患者的判斷，其內容不只包含病歷，還有健檢資料、基因序列、家族病史、運動習慣、飲食習慣等，橫跨健康資訊、生活習性、甚至消費行為。舉例來說，兩位年長者同樣因胃痛來就診，除了參考病歷之外，如果知悉有沒有常吃辣、家族病史等資訊，開的藥會更貼近個人差異。

　　微軟目前最新推出的 Microsoft SQL Server 2016 整合了資料庫、資料倉儲、數據分析與資料採礦等功能，更結合 R 語言統計分析。不僅能夠存儲大量變數的資料，有效提升使用者在資料處理和培養分析的能力，更可以方便快速完成任務（例如資料分析專案），同時也可無縫接軌視覺化模組與動態分析（Power BI），讓大數據分析變得簡單及有趣。

　　如何充分發揮 Microsoft SQL Server 2016 在大數據分析應用中的效力，則需一定的專業知識和學習過程，藉由本書的推出，以期在實務應用和觀念方法之間搭建一座橋梁。讓每一位讀者能在 Data Mining, Big Data 甚至 AI 領域上，達到掌握大數據、處理大數據的境界。

台北醫學大學 管理學院及大數據研究中心　院長/主任

謝邦昌 教授

序

「微軟亞太地區資料科學總監 Graham Williams 認為，要成為資料科學家要具備以下 5 項技能：1.有程式撰寫的能力，2.跨領域的專業能力，3.了解商業運作模式，4.良好的數據溝通和可視化能力，5.要有創造力；其中，程式撰寫的能力是最重要的，由於資料科學家要創造出分析的模型，程式撰寫能力是必要的」

我們都知道就業市場上對於資料分析師、資料科學家的廣大需求，乃來自於大數據分析和雲端服務如此盛行，面臨企業轉型帶來的衝擊，許多產業都紛紛投入人工智慧、數據分析等領域。

會撰寫本書的原因，作者希望大數據分析是每個人都能享受在其中並且能夠自助式完成，因為數位化的大數據世界，資料隨手可得。本書是一本融合「大數據觀念」和「分析技術」的工具書，從大數據、資料倉儲、商業智慧和顧客關係管理的觀念建立，再輔以 SQL 指令加上 R 語言執行數據分析和建立模型過程。這些內容都是透過微軟的 SQL Server 2016 來完成，加上每一個案例應用過程都有圖文解說，讓每一位讀者能夠從頭到尾練習操作，以期能夠培養大數據觀念、撰寫 SQL 指令和數據分析等能力。

能夠撰寫這本書，要感謝我的恩師謝邦昌教授，同時也是台北醫學大學 管理學院及大數據研究中心的院長/主任，他帶領我從資料採礦到大數據分析領域，以正確腳步循序漸進，不斷成長進化，對我是一個非常棒的經驗。

這一本書屬於工具實用書，也是你我養成自助式大數據分析能力的最佳武器，才疏學淺書中有誤與不及之處，尚請大家海涵並不吝給予指正。

銀行資深資料分析師/中華市場研究協會理事

宋龍華

序

　　為了契合未來業界的雲端架構和海量資料需求，SQL Server 2016 採用最先進的 In Memory 技術、即時運行分析、全新的安全和動態資料遮罩、內建 R 語言資料分析、BI 功能，以及 Stretch Database 功能可動態向 Azure 延展資料，讓企業可以更迅速建立私有雲或公有雲，和擴充混合式 IT 解決方案，兼具完整雲端解決方案的資料庫平台。

　　本書以大數據分析和技術範疇為開端，廣泛談到大數據相關資料倉儲、商業智慧和顧客關係管理等背景知識，藉由分析型 SQL 語法範例闡釋如何透過 SQL 指令描述會員基本輪廓、分析會員購買行為、尋找產品組合、計算會員流失率、會員貢獻度，和建構 RFM 模型。

　　最後介紹微軟在大數據分析的解決方案，讓資料科學家從資料探索、建立預測模型到應用程式部署，都可以透過他們所熟悉的 R 語言、SQL 指令和 Visual Studio 整合開發環境介面中完成所有資料分析工作，讓讀者學會如何在 R Services 透過 sp_execute_external_script 預存程序執行 R Script 指令，和安裝 R Tools for Visual Studio (RTVS) 透過 Visual Studio 撰寫 R Script 指令。

亞東技術學院資訊管理系副教授兼系主任

李紹綸 博士

目 錄

chapter 03　大數據的資訊揭露－商業智慧

chapter 04　何謂 T-SQL 及案例資料說明

CONTENTS

chapter 08　　SQL Server 2016 with R 應用

▶線上下載

本書範例、電子書請至 http://books.gotop.com.tw/download/AED003400 或
碁峰本書的網頁 http://books.gotop.com.tw/v_AED003400 下載，檔案為 ZIP
格式，請讀者自行解壓縮即可。其內容僅供合法持有本書的讀者使用，未經
授權不得抄襲、轉載或任意散佈。

淺談大數據技術與應用

1 chapter

每一個時代跟產業都會出現不一樣的流行話題。在 IT 界，從先前的資料採礦到現在的大數據（Big Data），其實這些都是代表著資訊科技在不斷進化之下，所衍生出來的代表名詞。

本章重點除了闡述何謂大數據之外，同時說明「大數據技術」跟「大數據」兩者不同之處。再來是對於學習大數據技術所應該要具備的幾個必要條件做說明，像是 Apache Hadoop、Hadoop MapReduce、Apache Hive、Apache HBase 與 Pig 等；可是除了技術之外呢？使用的分析工具和演算方法同樣是大數據技術的重點，例如 Python、R、SPSS 和 SAS 等工具語言，以及常用的分析演算法支援向量機（Support Vector Machines）與隨機森林（Random Forest）等，文字採礦（Text Mining），還有受眾人矚目的語意情感分析（Sentiment Analysis）。

最後談到幾個大數據應用案例，還有許多人感興趣的機器學習、自然語言與統計分析或其他等方法。有心往大數據領域的讀者可透過本章內容說明概略瞭解其應用觀念後，持續加強在大數據領域所缺乏的部分，例如資料處理技術研究、資料庫觀念架構、資料分析方法的應用或成功案例等，現今都可透過許多有價值且免費的管道來學習。

1-1 大數據技術範疇

如今已不是要不要進入大數據（Big Data）時代，而是大數據已經陸續滲透我們平常生活當中了。從智慧型手機、生理特徵到物聯網（IoT）...等，可以清楚瞭解到數據紀錄了一切；例如，在國外舉辦的知名益智競賽中，有兩位厲害參賽者 Ken 與 Brad，以及人工智慧電腦 Watson 一同競爭，雖然最後結果是 Watson 贏了，但是這個例子更加證明這個世界已經進入人工智慧時代，反而是電腦陪我們玩，不再是存在只有人與人之間的競爭了。

馬雲曾說：「IT 時代是讓人訓練得像機器一樣，但現在的 DT 時代，是讓機器更加人性化、智慧化，人與機器之間會更加同步，讓人類發展得更快速。」因此現在時代不再是硬體問題了，從智慧型手機發展的案例來看，它已經能夠做到許多事情，像是簡單快速計算、搜尋想要的需求、解決金流的互通等。

其實早在 80 年代開始，就有資料分析了，只不過現在是「舊酒裝新瓶」，如今技術面發展進化了許多，有大量儲存、快速運算、整合資料流。而雲端計算就是大量儲存與快速運算的結合，全球進入大數據（Big Data）時代後，最大的特色是資料量大，它代表一個地方成熟發展，包括美國、歐洲等，歸咎於資料整合讓人類越來越聰明了。不過最大問題不在於技術，反而是法律上的道德問題，像是涉及隱私等，因此如何整合這些大量資料，發展出適合的解決方案（Solution），從中找到價值（Value），這才是未來最大挑戰與執行方向。

1-1-1 何謂大數據？

大數據（Big Data），又稱巨量資料、海量資料、大資料，指的是所牽涉的資料量規模巨大到無法透過目前主流軟體工具在合理時間範圍內，達到擷取、管理、處理成能夠幫助企業經營決策更積極有效的目的。

例如網路上的每一筆搜尋、點選至交易等紀錄，輸入或點擊都代表是資料紀錄的累積，整理起來要進行分析排行，功能不僅僅止於事後被動瞭解市場，被蒐集起來的資料是需要被規劃，引導開發出更強大的消費力量出來。

大數據（Big Data）常見的特點有 4 個 V，分別依序為 Volume（資料量）、Velocity（時效性）、Variety（多變性）與 Veracity（可疑性）。

1-1-2 大數據技術 V.S.大數據

「大數據技術」，可說是目前潮流話題之一。這個話題其實每隔幾年就會被拿出來討論一次，如今彷彿成為解決所有技術貧乏和困境問題的解藥。不過究竟「大數據技術」是否能夠辦得到所有事情呢？市場上許多廠商或分析師都會搭著這股熱潮，用以誇張、魅惑言詞來說服企業掌握大數據技術和投放資源在大數據建置上，至於效益面，就端看企業如何來衡量了。

可是「大數據（Big Data）」可就不一樣了。與技術相較起來，「大數據（Big Data）」的核心價值更注重在企業轉型，如何把企業內從回顧、批次到資料受限環境的型式之下，轉化成預知、即時、資料饑渴型且優質化的營運環境呢？「大數據（Big Data）」並非要將企業同質化，而所重視的是如何運用一點一滴蒐集來的客戶、產品和營運有關的資料，來創造價值流程及訂定有效的關鍵營運計畫方針，進而提升賺錢機會及創造龐大商機。

當前大數據（Big Data）熱潮其實就是我們在為下一個大數據經驗發生之前所做的新技術創新，只不過這些都是透過「大數據技術分析」來驗證而已。從早期日用消費品、零售商品、金融服務產品跟電信業的數據商機來看，都是藉由銷售服務據點、通話紀錄、相關加值（Vas）產品和信用卡（Credit Card）消費行為數據所累積而來的。緊接著來到資訊發達的時代，網路行為數據替電子商務和數位媒體帶來不同思維和活力。如今更有多元的數據產生了，像是新興社群（Social）媒體、行動APP和相關感應器蒐集的數據，它們正如火如荼在各行各業激發起大數據狂潮。

諸如之後新科技產品的發展，穿戴式計算、臉部辨識、DNA 圖譜及虛擬實境等科技數據，筆者認為如此龐大而複雜的資訊將帶動另一波由大數據（Big Data）推波助瀾而成的價值跟商機。

1-1-3　大數據技術簡介

當前的大數據技術多半是指提供新功能及架構方法，重點應是著重於如何**重新活化企業對於資料倉儲和商業智慧的投資建置**。從過去的 15 年到 20 年來看，企業賴以營運的資料架構，大多都是以線上交易過程（OLTP）為基礎的關聯式資料庫技術做為建構基石，可是該架構在以批次模式處理十億位元組及數兆位元組的結構化資料時，嚴格來說還可以勉強發揮作用；但是倘若目前試圖對兆位元組或千兆位元組資料進行即時分析時，就算是知名網路公司（Google、Yahoo 或 Facebook 等）仍是徒勞無功，甚至於沒有辦法解決。

因此新一代資料管理和分析工具因應而生，其中許多屬於開放來源（Open Source）。也由於這樣，整個資料管理和分析速度，遠比市場上的供應廠商來得更快，間接促成了許多新型特殊應用軟體被開發成功（例如智慧型 APP、機器人等）的經驗。

因此對企業本身既有資料倉儲及商業智慧環境來說，其實可運用相關大數據功能進行擴展。以下是幾個歸納出來的大數據功能：

1. 儲存和分析大量結構化資料（像是銷售出貨訂單、通聯記錄和信用卡刷卡紀錄等），可利用最低粒度級別方式進行。

2. 替現有資料倉儲、商業智慧儀表板提供新資訊，並整合現有結構化資料和非結構化資料。

3. 對於匯（傳）入企業內部資料，使用即時資料回饋傳送和即時分析環境，擷取和標籤資料中出現的異常項目，後續採取策略行動。

4. 針對企業進行整合關鍵業務營運系統及管理系統的數據、預算、習慣和推薦，建置可預測性的分析指標進行控管。

以上都是能協助企業成功的關鍵因子，且能夠達到即時預測性的企業目標，但能夠替這些因子增添助力的就是大數據技術，接下來概述幾個關於大數據技術功能。

什麼是 Apache Hadoop

Apache Hadoop，屬於一種開放來源（Open Source）軟體架構，它是一種可支援資料密集、原生分散和原生平行式等三種方式的應用程式。目前對許多企業來說，Hadoop 仍可說是大數據代名詞，支援在大規模延展式架構的商用電腦叢集上執行應用程式。Hadoop 的計算，其實是執行一個名叫 MapReduce 的計算範例（Computational Paradigm）。此範例上的應用程式被分割成許多小工作片段，每個片段可在叢集中的任何節點執行或再執行。

另外，Hadoop 在電腦節點上可提供一種用來儲存資料的分散式檔案系統（Hadoop Distributed File System, HDFS）。此系統可提供很高的叢集整體傳輸頻寬，當節點發生故障時，MapReduce 和 HDFS 的設計是用來確保由架構自動修復的故障問題。

在 Hadoop 支援下，應用程式可處理數千台各自獨立計算的電腦和千兆位元組資料。而 Apache Hadoop「平台」通常被認定是以 Hadoop 為核心軟體，由 MapReduce、HDFS 和一些相關專案（包括 Apache Hive, Apache HBase 等）組成。

什麼是 Hadoop MapReduce

MapReduce，它是一種程式設計模型，用來處理叢集（Cluster）的龐大資料集，使用方式可分為平行式和分散式。MapReduce 程式有一個執行篩選和分類（例如按名字將學生分成不同的佇列，每一個名字排成一列）的功能，稱為「Map( )」程序和一個用來執行彙總操作（例如計算每一個佇列的學生人數，得出相同名字的出現頻率）的功能，稱為「Reduce( )」程序。

因此，「MapReduce 系統（又稱為『基礎架構』或『架構』）」可以協調各個分散式伺服器，不僅能同時執行多個任務（Task），還能夠管理系統（System）。

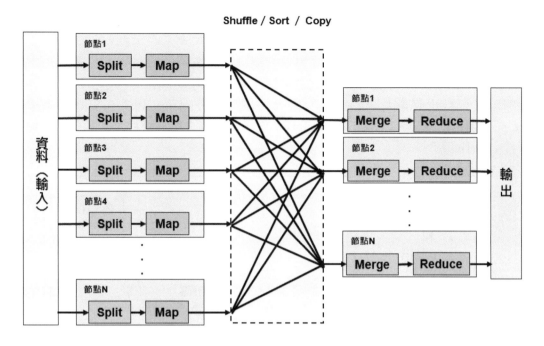

圖 1-1　MapReduce 功能運作流程圖

🔵 什麼是 Apache Hive

Apache Hive，是一個建立在 Hadoop 上層的資料倉儲基礎結構，功能有資料彙整、查詢和分析。其最初是由 Facebook 開發出來的軟體，後來不斷由其他公司（例如 Netflix）使用和強化。亞馬遜在其網路服務系統（Amazon Web Services, AWS）的 Amazon Elastic MapReduce 尚維持一套 Apache Hive 軟體復刻版。

Apache Hive 除了對儲存在 Hadoop 相容檔案系統內的龐大資料集提供分析支援外，**也提供類似 SQL 語言（HiveQL），針對 MapReduce 提供 100%支援**。為了加快查詢速度還提供索引（包括點陣圖索引）。

🔵 什麼是 Apache HBase

其實就是 HBase，是一個使用 Java 撰寫的開放來源（Open Source）分散式同時是非關聯式資料庫模型。此軟體是在 HDFS 上層執行，開發是隸屬於 Apache 軟體基金會－Apache Hadoop 專案的一部份。

除此之外，也提供一種儲存大量稀疏資料時的容錯方法，其特性包括壓縮、記憶體內操作及各欄 Bloom 篩選。還有 HBase 資料表可當作在 Hadoop 上執行 MapReduce 時的輸入和輸出資料，結果可透過 Java API 進行存取。

🔲 什麼是 Pig

Pig，一種高層次原生平行資料流語言執行架構，其使用目的在於建立 MapReduce
程式語言。它可將 MapReduce 程式語言轉換成一種高層次概念，這和 SQL 如何成
為關聯式資料庫管理系統的高層次概念相似。開發商可使用其自訂功能來擴充
Pig，只要使用 Java、Python、JavaScript 或 Ruby 等來撰寫這些功能，然後直接從
語言中叫出即可。

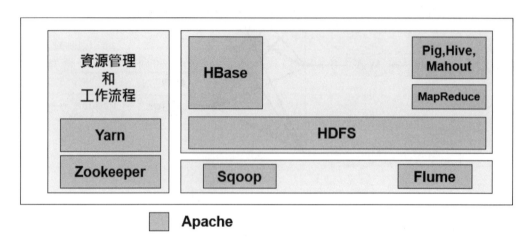

圖 1-2 Hadoop 標準架構

有些企業其實正在新增一些技術功能，試圖由受過 SQL 專業訓練的人員來使用工
業標準 SQL 查詢工具，如此就可以很便利地直接存取儲存在 HDFS 內的資料，亦
稱之為 Hadoop 擴充架構。

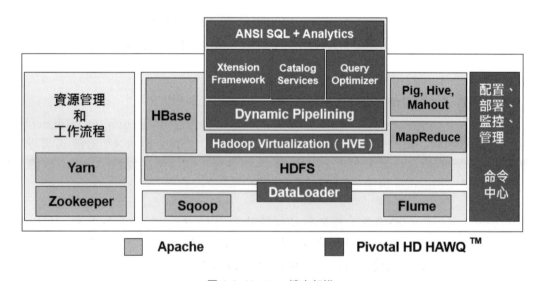

圖 1-3 Hadoop 擴充架構

1-1-4　大數據分析簡介

除了大數據技術工具外，目前已出現許多新開發的大數據分析和資料視覺化工具。以下從分析工具和演算法角度歸納出幾個重點。

🗄 分析工具大致可區分 7 種

1. **R**，屬於一種開放來源（Open Source）程式設計的統計語言，近來特別受到大學和新興公司的青睞，主要是因為免費及開放來源（Open Source）。R 語言是一種 GNU 專案，其可以一再免費散佈，因此數以千計的開發商更是不間斷地持續使用和擴充功能。關於 R 詳細資訊，讀者可至 http://cran.r-project.org/網站查詢。另外，還有一種 R-Studio 整合開發環境，關於 R-Studio 詳細資訊，可至 www.rstudio.com/ide/download/網站查詢。而本書第 8 章內容也將提及從 SQL Server 2016 中如何安裝 R 環境跟執行，並且搭配些許應用案例，讓讀者能夠瞭解 R 的應用廣度已越來越大。

2. **Python**，一種物件導向、直譯式的電腦程式語言。語法相當簡單，能輕鬆完成很多常見任務，也經常被當作腳本語言用於處理系統管理和網路應用程式的編寫。近年來大數據分析上使用 Python 來進行網路爬蟲及做為應用程式開發工具已是非常普遍現象，舉凡例如 Google、Facebook 等網站，到處都可見到 Python 蹤跡。

3. **Apache Mahout**，同樣屬於 Apache 軟體基金會的一個專案，在 Hadoop 平台頂層提供可延展的機器學習演算法。Mahout 是提供在 Apache Hadoop 上層由 MapReduce 執行的叢集（Cluster）、分類和協同篩選（Collaborative Filtering）演算法。如果讀者想進一步知道 Apache Mahout 的詳細資訊，讀者可至 http://mathout/apache.org 網站上查詢，以及瞭解 Mahout 支援的各種分析演算法。

4. **MADlib**，屬於開放來源（Open Source）程式庫，支援資料庫內分析，提供數學、統計和機器學習方法資料平行實做功能。此方法可支援結構化、準結構化和非結構化等資料來源。關於 MADlib 資訊，讀者可至 http://madlib.net/網站查詢。

5. **SPSS**，屬於統計產品與服務解決方案（Statistical Product and Service Solutions）的簡稱，是 IBM 公司推出之一系列用於統計分析運算、資料採礦、預測分析和決策支持任務的軟體產品與相關服務的總稱。

6. **SAS**，即統計分析系統（Statistics Analysis System），最早是由北卡羅來納州立大學兩位生物統計學研究生所編寫及製定，早期只是一個數學統計軟體，可是後來 Jim Goodnight 及 John Sall 博士等人於 1976 年由成立統計分析系統公司，正式推出相關軟體。然經過多年發展已經遍佈全世界，使用單位涵蓋金融、醫藥衛生、生產、運輸、通訊、科學研究、政府和教育等領域。在資料處理和統計分析領域中，SAS 是被譽統計軟體界的巨無霸或法拉利。

7. **Microsoft SQL Server**，其中一項服務稱做 Microsoft SQL Server Analysis Services，提供建立複雜資料採礦方案所需之功能和工具。主要區隔三個部分，（1）一組業界標準的資料採礦演算法，目前總共有 10 種演算法；（2）資料採礦設計師，可用來建立、管理和瀏覽資料採礦模型，然後再使用這些模型來建立預測；（3）延伸模組（DMX）語言，用來管理採礦模型和建立複雜的預測查詢。

📦 分析演算法可分成 9 種

因為在開發過程當中常會有諸多的創新項目，當然先進的分析功能也是一樣，以下是近來資料科學家較常使用的演算法簡介。

1. **支援向量機（Support Vector Machines）**，是一種監督式學習方法，可廣泛地應用在統計分類及迴歸分析上。在高維特徵空間中使用線性函數並進行空間分割區隔的學習系統，其會根據有限樣本在模型資訊的複雜性與學習能力之間找尋最佳解，以期獲得最好的分類能力（Vapnik, 1998; Vapnik and Chapelle, 1999）。基本上支援向量機在空間資料集特性分類可區分以下 3 種：線性可分支援向量機、線性不可支援向量機、非線性可分支援向量機。

2. **隨機森林（Random Forest）**，該決策樹方法首先是在 1997 年由 Amit 與 Geman 所提出，之後是由統計學家 Brieman 在 2001 年整合後形成此完整方法，其利用重抽樣（Resampling）概念建構出眾多的決策樹，**從這些樹的分類結果中選擇出現次數最多的類別做為決定結果，此方法具有高度的分類準確性。**

3. **集成式學習（Ensemble Methods）**，一種模型測試驗證技術，可用來對多個模型進行測試，以確保結果是得到一個勝過任何單一分析模型的預測效果。

4. **冠軍／挑戰者（Champion／Challenger）**，跟集成式學習（Ensemble Methods）同樣概念，是另一種模型測試驗證技術，先將目前分析模型歸入「冠軍」，再利用不同分析模型對冠軍提出挑戰。每一個「挑戰者」和冠軍各有不同的測量及定義方法，因此稱之。

5. **分類矩陣（Classification Matrix）**，用來評估統計模型的標準工具，又稱混淆矩陣（Confusion Matrix）。**主要功能是用來判斷預測值是否符合實際值**，並將模型中的所有案例分類到不同的類別目錄，每一個類別目錄（「誤判」False Positive、「真肯定」True Positive、「誤否定」False Negative 和「真否定」True Negative）中的所有案例都會計算在內，且總數皆會顯示在矩陣中。由於它是評估預測結果的重要工具，因此工具易於瞭解及說明預測錯誤影響。不過透過檢視此矩陣之每個資料格中的數量和百分比，就可快速知道模型預測正確機率。

6. **連續小波轉換（Continuous Wavelet Transformation）**，一種用來分解一個連續時間之函數，可使它變成數個小波（Wavelet)。這跟傅立葉變換（Fourier Transform）不一樣的是，連續小波轉換（Continuous Wavelet Transformation）可建構一個具有良好時域和頻域局部化的時間頻率訊號。

7. **文字採礦（Text Mining）**，從非結構化資料探勘成結構化資訊以及擷取重要數字指標，將非結構化資料轉換成結構化資料過程，稱之。

8. **語意情感分析（Sentiment Analysis）**，繼文字採礦（Text Mining）之後，近年來被熱烈討論的議題。目的是在於對某個主題或文件的整體所抱持態度及揭露情感進行分析。大致情感分析的幾個方法如下：

   • 基於文件為基礎的情感分類（Document-based sentiment classification）

   • 以主觀概念做情感分析（Subjectivity and sentiment classification）

   • 以外觀（屬性）為基礎的情感分析（Aspect-based sentiment analysis）

   • 建立情緒關鍵詞的情感分析（Lexicon-based sentiment analysis）

   綜觀來說，情感分析（Sentiment Analysis）的商業價值，除了可提早瞭解消費者對於產品或公司觀感，還可進而調整營運策略方向。且在產品銷售途中，也可捕捉消費者對產品體驗程度回饋。

9. **特徵選擇（Feature Selection）**，這是要從原有的特徵中挑選出最佳的部分特徵，使其辨識率能夠達到最高值。當這些鑑別能力較好的特徵如果被辨識出來，不但能夠簡化分類計算，也可幫助瞭解此分類問題之因果關係。其多用在建模過程，特別適用資料可能含有冗餘或非相關變數的情況之下。

1-2 大數據與資料倉儲

傳統資料倉儲以「資料集中」為概念，雲端運算時代大數據強調「分散運用」。面對資料科學運用的壓力，兩者整合或跳躍成長，勢必不可避免。大數據最熱門的分散式運算架構 Hadoop，就是運用此種概念（儲存及運算共用），不僅可儲存不同來源與格式的龐大資料，也可自動進行資源調配和分散式運算。不過傳統資料倉儲的重要性依然是首要，因為若沒有已建置好的資料倉儲，哪來的大數據呢？

1-2-1 兩者差異之處

大數據，顧名思義是擷取、管理並分析大量、多種型態的資料，探索隱含在其中的**關聯性**。它的關鍵不在於所管理的資料量多巨大，是在於如何分析資料。談到資料分析，對於國內知名企業來說並不是一件新鮮事，他們早在多年前就已建置資料倉儲，有計畫的蒐集客戶相關資料，深入分析客戶行為，獲利與風險等重要情資後，再提供行銷、財務、風險管理等單位應用。

有此一說，現況已有資料倉儲的資料分析企業，還需要引進大數據嗎？我們都曉得大數據與資料倉儲兩者雖以資料分析為主，但是在實質內容上有所差異。簡單來說，大數據跟資料倉儲有 3 個不同之處。

1. **巨量**：大數據的資料數量一定要夠多，才能有機會從中找出「有序」，正所謂「亂中有序」；但資料倉儲則需適度控制其數量，否則需要冗長計算時間才能有分析結果。

2. **多樣**：大數據資料型態包羅萬象，有文字、語音、影像、日誌、地理位置、甚或感應器信號等多種類型的非結構化資料。由於近來外部資料蓬勃發展，各企業也開始在蒐集外部資料，因此資料倉儲所蒐集的資料多以結構化資料為主（例如顧客消費行為資料）；大數據相較於資料倉儲在資料結構上幾乎是雜又亂（Messy），可是對分析主體的涵蓋面上卻是較為完整。

3. **結果**：大數據最終目的是要挖掘出隱含在雜亂資料中的相關性，再從此相關性來推論未來，所強調的就是預測；資料倉儲是對過去的歷史做個統計，以精準的計算各項指標，強調的是對現況瞭解。兩者雖都是分析，但因方法上的差異，所得出的結果大不相同。

由於大數據分析能處理大量樣本與多元型態資料，透過交叉分析，可以淡化資料雜訊對真實訊號的影響，分離出資料與資料之間真正的關聯性以進行推論，**因此在執行「預測」這個任務上，大數據做得非常成功，這也是大數據不同於資料倉儲之處**，同時也是大數據能吸引上百家全球公司競相投入的重要誘因。

1-2-2 兩者相同之處

目前已經很多人採用大數據技術來處理和儲存鬆散結構化數據，例如氣象數據、自然資源數據、媒體業者新聞資料的分析、民調數據分析、預測大自然變化、消費者購物行為等；政府亦可採用大數據技術來瞭解民意趨勢和監測網路安全。薪資數據、報稅資料、犯罪紀錄、投資交易資料、銷售紀錄、顧客購物紀錄等，這些屬於獨立信息系統的範疇仍然多採用資料倉儲的技術來處理。

相同處，是從各種數據中找出線索、趨勢，以及商機。從早期的醫學專家系統（Medical Expert System）、模糊邏輯（Fuzzy Logic）到大數據和資料倉儲都有一個相似的分析模式，就是尋找統計資料的因果關係和相關性。同時政府部門希望瞭解民眾需要以提供更好服務，企業商家希望瞭解消費者的購物紀錄來預測顧客未來購物行為以提供更精準的行銷。

1-3 大數據應用案例

兩個著名的例子是「啤酒與尿布」及「颶風和草莓夾心酥」，美國知名零售商分析過去數十年消費者的購物行為，從結果中找到高度相關資料，這就是購物籃分析（俗稱菜籃分析）。資料採礦（Data Mining）這塊領域在過去十年裡已被成功運用在各領域上，同時也替許多企業貢獻不少業績。

著名企業 Google、IBM 和 Amazon 等這些早已經擁有大量資料的公司，它們都已發展出不下無數的商業模式（公式），更有不少企業搶先一步，藉由這些資料進行分析，進而達到業績目標與創造新商機。關於大數據的案例，其實也可以用在一般人尚未瞭解的地方，以下就幾個著名案例做介紹。

1-3-1 IBM 推出華生機器人來看診

著名企業 IBM 繼 1997 年推出挑戰棋王的超級電腦「深藍」後，又再推出更聰明且會聽人話的超級電腦「華生（Watson）」。如今 IBM 和美國最大健保公司 WellPoint 合作，目的是藉由「華生（Watson）」的語音辨識和迅速的資料採礦（Data Mining）技術，來協助醫護人員問診及診斷惡性腫瘤。華生（Watson）之所以能夠看診，在於運用大量的臨床病例，可在極短時間內分析所有可能結果，並協助醫生提出「治療建議」，大幅減少過程中產生的疏忽。

華生（Watson）電腦的推手之一－IBM 美國加州艾曼登研究中心資深研究員史班格勒（W. Scott Spangler），他指出華生（Watson）電腦可運用智慧、邏輯化方式，幫助企業在現今擁有大量資料的環境下迅速做出判斷、分析、解讀各種訊息，未來絕對會成為企業執行決策的好幫手。而且他認為華生（Watson）電腦目前在四大領域（醫療、科技、企業知識管理及政府應用）中是很有發揮潛力地。

1-3-2 汽車防盜系統使用臀部辨識技術

臀部辨識技術？沒錯這是一種新的身分辨識方法，它是由日本的產業技術學院（Advanced Institute of Industrial Technology）所開發出來的，藉由分析座椅在人們乘坐時所承受的壓力，辨識乘坐者身份。該方法通常應用在汽車防盜或電腦身份辨識等領域，辨識率相當可靠。臀部辨識，係利用安裝在座位下方的 360 個感應器偵測壓力，能夠精確測量臀部特徵，例如：輪廓及其對椅子施加的壓力等，透過感應器偵測值的範圍由 0 至 256，可經由與感應器連接的電腦顯示 3D 圖形，此偵測值將成為個人化之辨識密碼（數據代碼）。

因此研究人員正將把這項技術與汽車業者合作，使其能應用於汽車防盜系統，並計畫於未來 2 至 3 年內實現商業化。倘若有人強行進入具有這種防盜功能的車內，而座位壓力分析結果與原車主不同的話，汽車將無法開動。這項實驗辨識率高達 98%。

當然除了防盜系統之外，亦可應用於電腦身份辨識，像是用戶進入辦公室坐下後，就能夠同時登入電腦；對比傳統生物辨識技術，像是虹膜掃描和指紋識別等，就會讓受測者感到緊張，然而這種新座椅辯識技術只要簡單坐下即可，不會給人造成心理負擔。

1-3-3 Amazon 及 Netflix 網路消費

Amazon 會根據消費者瀏覽的商品跟你說曾經瀏覽過這類商品的人又瀏覽了什麼，或者是買過這個商品的人也會購買什麼商品，進而有一份推薦清單。我想在台灣大多數人的網購經驗都有來自 Yahoo 或 PChome，但如果您曾在 Amazon 購物過的話，相信其經驗絕對截然不同，一開始我們一定會看到一些毫無章法的推薦，進而會提到上述開頭的內容，其實這種推薦方式是根據歷史購買紀錄所計算出來的收斂結果。有一項很重要的訊息，根據統計這種推薦方式讓 Amazon 在一秒鐘能夠賣出 79.2 樣商品！

Netflix，是美國最大線上影音出租服務網站。著名的是每 10 部它所推薦的影片大約有 7.5 部以上是消費者會選擇接受這樣的推薦，機率可謂非常之高。更厲害的是，消費者可針對片子給幾顆星不等評價，在下完評價之前，它就已經對您預測說您上下不會超過半顆誤差。該計算都是根據您長期收視這些片子喜好（包括導演、明星的組合等）後，利用資料採礦（Data Mining）技術或機器學習（Machine Learning）進行行為分析萃取出來的。

1-3-4 歐巴馬也靠大數據

資料採礦（Data Mining）在歐巴馬競選中扮演關鍵角色，數據分析團隊成功為競選籌募到 10 億美元資金。當年選舉期間的春天歐巴馬陣營的數據分析團隊注意到，影星喬治克隆尼（George Clooney）對美國西海岸 40 歲至 49 歲的女性具有非常大吸引力。她們是最有可能為了在好萊塢與喬治克隆尼（George Clooney）、歐巴馬共進晚餐而自掏腰包的族群。最終喬治克隆尼（George Clooney）在自家豪宅舉辦的籌款宴會上，成功替歐巴馬籌集到數百萬美元競選資金。當然，不只在西岸競選團隊同樣希望東海岸也能如法炮製「喬治克隆尼（George Clooney）效應」的成功經驗。最後數據分析團隊把箭頭指向了莎拉‧傑西卡帕克，於是一場在莎拉‧傑西卡‧帕克的紐約 West Village 豪宅與歐巴馬共進晚餐的募款競爭便誕生了。

對普通民眾來說，他們根本不知道這次活動的想法是源自於歐巴馬數據分析團隊對莎拉‧傑西卡帕克粉絲研究的重大發現。他們知道這些粉絲喜歡競賽、小型宴會和名人等重要訊息。競選主管在此次選戰中打造了一個規模五倍，相當於 2008 年競選時的數據分析部門，是由幾十個人組成的分析團隊，他們的具體工作都被嚴格保密，關於這個團隊的諸多細節是不會對外透露的，正因為歐巴馬競選陣營堅持守著自認為比羅姆尼競選陣營有優勢之處，就是資料（Data）。後來該技術也被用來預測選情，針對各州勝出的可能性，分配適當的資源，最終歐巴馬也獲得連任。

1-3-5　平價連鎖零售商－猜妳懷孕了

美國平價連鎖零售業商場－Target，從女性消費族群的購買行為當中，研發出一套領先同業的「懷孕預測模型」。資料分析專家發現，當某些女性從購買有香味乳液，轉而購買無香味乳液，或開始採購葉酸、鈣片、鎂與鋅等營養補充品，就會大膽推測這名女性可能已經懷孕。Target 專家已經將過去女性消費族群的資料進行串流、分析，研發出懷孕預測模型。而這個模型會列出 25 種孕婦最有可能購買的產品，並根據女性消費者行為，計算出她們的懷孕預測分數。一旦發現這名女性消費者已經有可能懷孕的訊息，就立刻寄出相關商品的促銷廣告。不過在台灣，根據從事電子商務專家表示，真正目前應用 Big Data 在電子商務的實際例子還是稀有動物，購物網站所推薦的東西還停留在根據公司促銷策略做推薦，沒有把消費者的消費模式、瀏覽紀錄及個人資料做完整個人化分析後再做推薦行銷。

從以上這些著名案例來看，相較大數據運用在國外已遍及各個產業。反觀台灣企業隨著數位媒體發展日益成熟，許多廣告主對精準媒體需求越來越強烈；當數據能被精準解讀時，就能幫助廣告主瞭解消費者需求，大幅縮短商品與消費者間距離，這些應用如何結合商品，未來將會在台灣數位媒體市場中引起話題與關注。

1-4 機器學習、自然語言與統計分析、其他

1-4-1 機器學習和統計分析

到目前為止,本書內容是對大數據技術及應用案例做說明,然而如何從大數據中萃取價值資訊,不外乎依靠機器學習、統計分析與自然語言等技術。以下是對大數據分析處理上所需的主要幾種技術進行概述。

🔲 機器學習（Machine Learning）

機器學習（Machine Learning）是人工智慧（Artificial Intelligence, AI）之一,同時是一門多領域交叉學科,涉及到的範圍相當廣,舉凡機率概論、統計學、微分析和演算法等複雜度理論的多門學科。**主要研究以電腦實現（或稱模擬）人類自然進行學習能力的技術與手法**,從中萃取出有用法則、知識表達和判斷標準。應用範圍已遍及人工智慧（AI）各個分支,像是專家系統、自動推理、自然語言理解、模式識別、電腦視覺與智慧機器人等領域。

其實機器學習（Machine Learning）在人工智慧（AI）的研究中佔有十分重要地位。因為一個不具有學習能力的智慧系統難以稱得上是一個真正智慧系統,但以往的智慧系統都普遍缺少「學習能力」。例如,它們遇到出現錯誤時不能自我校正;不會通過錯誤經驗而自身改善性能;不會自動獲取和發現所需要知識。近來出現將機器學習的演算法平行化,透過 MapReduce 試圖將出處理速度高速化的研究。

🔲 資料採礦（Data Mining）

資料採礦（Data Mining）工作是近來資料庫應用領域中,屬於相當熱門議題。它是個神奇又時髦的技術,但卻不是什麼新東西,因為資料採礦（Data Mining）使用的方法,例如預測模型（迴歸、時間數列）、資料庫分割（Database Segmentation）、連接分析（Link Analysis）、偏差偵測（Deviation Detection）等;早在美國政府從第二次世界大戰前,就在人口普查及軍事方面使用這些技術了,但資訊科技的進展超乎想像,新工具的出現,例如關聯式資料庫、物件導向資料庫、柔性計算理論（包括 Neural network、Fuzzy theory、Genetic Algorithms、Rough Set 等）、人工智慧應用（像知識工程、專家系統）,以及網路通訊技術的發展,使從龐大資料堆中挖掘寶藏,常常能超越歸納範圍的關係。進而使資料採礦（Data Mining）成為企業不可或缺的一塊。

資料採礦（Data Mining）,指找尋隱藏在資料中訊息,如趨勢（Trend）、特徵（Pattern）及相關性（Relationship）的過程,也就是從資料中發掘資訊或知識（有人稱為 Knowledge Discovery in Databases, KDD）,因此也有人稱為「資料考古學

（Data Archaeology）」、「資料樣態分析（Data Pattern Analysis）」或「功能相依分析（Functional Dependency Analysis）」，目前已被許多研究人員視為結合資料庫系統與機器學習技術的重要領域，許多產業界人士亦認為該領域是一項增加各企業潛能的重要指標。

資料分群（Data Cluster）

資料分群（Data Cluster）又稱群集分析，指的是將資料集的資料，又稱資料點（Data Point），加以分群成數個群集（Cluster），**使得每個群集中的資料點間相似程度高於與其它群集中資料點的相似程度**。主要目的是分析資料彼此之間的相似程度（Similarity），藉由分析所找到分群結果，推論出有用且令人感興趣的特性和現象，做為支援決策之用。像是推薦系統，可事先將有興趣且嗜好相似的用戶進行分群，再針對這些群組特性進行行銷推薦。

分析過程當中，無預先指定好的類別資訊（Class Attribute），也沒有任何資訊可表示資料記錄彼此之間是有相關的，因此群集分析（Cluster Analysis）被視為一個非監督式學習的過程（Unsupervised Classification）。

類神經網路（Neural Network）

類神經網路（Neural Network），指的是欲透過電腦進行和腦與神經系統相同之資訊處理技術。簡單來說會有相對應的因果關係存在，即輸入與輸出。例如將打開開關與腳踩油門的動作稱為系統輸入，電器用品與車子稱為系統，而電器用品的運作與車子的速度稱為系統輸出。由於類神經網路（Neural Network）對於輸入對應到輸出有著記憶與學習的功能，且對於未輸入有推廣性的功用，因此類神經網路可運用於各種領域中（如文字辨識、語音或影像辨識與訊號分類等）。

迴歸分析（Regression Analysis）

迴歸分析（Regression Analysis），指的是當某種現象的變化及其分佈特性清楚後，需透過分析是什麼原因導致這種變化發生，或某種現象對它種現象有什麼影響等。簡單來說，研究目的在探知兩特性值 X 與 Y 之間的相互關係，而如特性值 X 可自由變動，則可用各種試驗設計方法探討 Y 的效應，例如預測會員交易金額或探求交易次數與不同產品購買數量之間的關係等問題時，可事先利用求得的 X 與 Y 之間的關係來推測 Y 值，但對於 X 與 Y 之間的關係需要再加以解析後才能擬定其相互之間的關係，也就是找出具體的數學公式表示這些變數之間的統計分析手法。

🔹 決策樹（Decision Tree）

決策樹（Decision Tree），指的是用來進行預測或分類的方法，**以樹狀圖來呈現決策或行動前的條件，對於其中一項節點判斷方式，會以 P-Value 為基準**，分別描述「是」與「否」兩種情況決定枝葉增長或停止。原理是從一個或多個預測變數中，針對類別應變數的階級，進行預測案例或物件關係（如會員數）；決策樹（Decision Tree）是資料採礦（Data Mining）其中一項主要技巧，目標是針對類別應變數加以預測或解釋反應結果，就具體本身而論，此模組分析技術與判別分析、群集分析、無母數統計與非線性估計所提供的功能是一樣的，但決策樹優勢在於彈性夠大、讓人容易理解，是具吸引人的分析選項之一，可是不意謂傳統方法就會被排除在外。

🔹 關聯規則（Assocication Rule）

關聯規則（Assocication Rule），也稱為購物籃分析（Market Basket Analysis），著名案例有「啤酒和尿布」。原理是分析資料庫中不同變數或個體（例如商品間的關係及年齡與購買行為...）之間的關係程度（機率大小），然後發現特定規則並找出行為模式（顧客購買行為），例如購買了桌上型電腦對購買其他電腦週邊商品（印表機、喇叭、硬碟...）的相關影響。且發現這樣規則其實可以應用於商品貨架擺設、庫存安排以及根據購買行為模式對客戶進行分類並施以分眾行銷手法。

1-4-2 自然語言與其他分析

除了上述大數據分析處理上所需要具備的幾個主要技術之外，還有自然語言和語意搜尋等，最近都是逐漸成為熱門議題，以下是關於這些技術的概述。

🔹 自然語言處理

什麼是「自然語言（Natural Languages, NL）」呢？即一般人平常所使用的語言，所寫的中文、英文、日文與阿拉伯文等語言文字。「自然」是相對於人工或程式語言（Artificial or Programming Languages）來說，利用程式語言寫適合程式，遵循規定語法。

自然語言處理（Natural Language Processing, NLP）是人工智慧和語言學領域的分支學科，指的是要讓電腦能妥善的處理中文、英文等自然語言，最後目標是要讓電腦能「理解」自然語言；處理技術的核心包含語法理論、語意理論等兩大部分。其應用範圍非常廣泛，像是利用文字探勘分析社群媒體與服務評價，還有語音辨識、中文自動分詞與文字校對等等。

🔲 語意搜尋（Semantic Search）和語意網（Semantic Web）

語意搜尋（Semantic Search），指的是要瞭解使用者到底想要什麼？可透過各種方式來提升搜尋精準性；不過相信大家應該都有聽過另一名詞－語意網（Semantic Web），也是為了達成語意搜尋（Semantic Search）所做的準備，因此語意網（Semantic Web）跟語意搜尋（Semantic Search）並非相同。

企業網站就是要盡量做到語意網（Semantic Web）的要求，讓搜尋引擎比較容易進行語意搜尋（Semantic Search），達到準確度。對搜尋引擎來說，不僅要 Give me what I said，更要 Give me what I want!，可是要做到這樣，就須協助搜尋引擎，給它語意網（Semantic Web）是最基本的工作。

🔲 連結探勘

連結探勘，指的就是對 SNS 或網頁之間的連結結構、郵件收發信關係和文章的引用關係等，利用各種網路聯繫進行分析與探勘。**像是被運用在發掘 SNS 上「您可能認識的人（可能是你的朋友）或者具有莫大影響力的「社群影響者（又稱意見領袖）」。**

🔲 A/B 測試（A/B Test）

A/B 測試（A/B Test），指的就是測試兩種（或多種）不同情況的成效，例如情況 A 或情況 B 之下，要找出哪一種廣告設計可帶來最多收益，使用 A/B 測試（A/B Test）是最佳選擇。還有網站優化，其實也可使用 A/B 測試（A/B Test），例如同時推出幾個網頁版本（A 與 B 等），來進行哪一個版本是較受歡迎的測試，再根據實際點擊數與轉換率，決定哪一個版本的表現較為出色。

大數據的基礎建設 - 資料倉儲

2 chapter

一個完整的資訊科技基礎建設包括在硬體、軟體和服務的投資，例如顧問、教育和訓練，和整個公司所有事業單位。同樣地，數據分析也有基礎建設。本章重點要談到大數據基礎建設－資料倉儲。舉凡來說，一個成功企業一定擁有自己的資料倉儲，內容除了說明資料倉儲特性、架構及為何要有資料倉儲的原因和目的之外。也闡述資料倉儲和資料採礦兩者之間的關係－**可謂「資料採礦（Data Mining）是從巨大資料倉儲找出有用資訊的一種過程與技術」**。

另外，身處在大數據時代的我們，對於資料數據的區隔跟應用策略也必須瞭解其差異與重要程度。筆者藉由企業角度將資料分成四個象限模型來說明，從企業的「內部資料」到「外部資料」，再來是「核心資料」到「非核心資料」。讀者除了可以在本章複習關於資料倉儲知識之外，對於數據應用的 IT 策略（四象限模型）也能有所涉略，並且從中自行發展出較清楚的邏輯思考架構。

2-1 資料倉儲定義與特性

2-1-1 何謂資料倉儲？

資料倉儲（Data Warehousing）乃是決策支援系統的核心。資料倉儲（Data Warehousing）是藉由建立一個集中的資訊庫，然後配合有效的資料分析工具跟快速決策支援軟體，使得這些資料可被該企業決策者適時適量存取與使用，以支援其決策的制定。

資料倉儲（Data Warehousing），係運用新資訊科技所提供的大量資料儲存、分析能力，將以往無法深入整理分析的（客戶）資料建立成為一個強大的顧客關係管理（CRM）系統，以協助企業訂定精準的營運決策。「資料倉儲（Data Warehousing）」，對於企業貢獻在於「效果（Effectiveness）」，能適時地提供高階主管最需要的決策支援資訊，做到「在適當的時間將正確的資訊傳遞給適當或需要的人。」簡單地說，是運用資訊科技將寶貴的營運資料，建立成為協助主管做出各種管理決策的一個整合性「智庫」。利用該「智庫」，企業可以靈活地分析所有細緻深入的（客戶）資料，以建立強大的「顧客關係管理（CRM）」優勢。

資料倉儲技術目的，為了解決企業內部資訊流通及資訊管理等相關問題；此外，**它對於非結構化與結構化資料的整合亦提供一些方法與準則**。綜合以上所述，資料倉儲（Data Warehousing）是經由一個集中資訊庫，並從多個分散資料來源中蒐集資料，配合資料分析工具，使得這些資料可被存取和分析，最後期望能產生高階、整合、系統化與結構化的資料，最後被應用在商業決策支援上。

2-1-2 資料倉儲特性有哪些？

常常有很多使用者將傳統式的資料庫和資料倉儲相互混淆。其實這兩者的操作使用資料方式不盡相同；前者著重於單一時間的單一資料處理，後者注重某一段時間內的綜合資料。除此之外，傳統資料庫偏重於擷取詳細資料以供決策者參考，資料倉儲則注重於大批資料所提供之走向、分析與趨勢。

故資料倉儲與傳統資料庫是有所不同的。綜合所述，傳統資料庫是未經過整理後的一大堆資料集結，也就是須注意資料檔的組成及資料正規化之過程；資料倉儲是從傳統資料庫中萃取出來，經過整理、規劃、建構而成的一個有系統的資料庫之子集合。傳統資料庫之使用者多為中層階級之經理人員；資料倉儲之使用者則為決策支援系統和高階主管資訊系統的使用者。資料倉儲（Data Warehousing）具有下列幾種特性：

🔷 主題導向（Subject Orient）

資料倉儲的資訊系統，資料建立的著重點在於以重要的主題元件為核心，當做是建構的方向。資料需求者只要把需要研究的相關主題資料，從資料庫中擷取、整合之後就可以做研究分析。**可敘述為資料被組合以回答特定公司組織所產生之任何問題。**

🔷 具整合性（Integrated）

各應用系統的（異質）資料須經過整合，以便執行相關分析作業。資料倉儲科技結合了整個公司資料來源，包含不同應用程式、資料庫系統、電腦系統等，這些資料來源均可能是分散且不協同相容的（異質），因此需透過整合才行。

🔷 具長期性（Time Variance）

資料倉儲系統，為了執行趨勢分析，常須保留 1 至 10 年的歷史資料，甚至更久。這與資料庫為日常性的資料有所不同。相較於傳統的作業性資料而言，**資料倉儲特別注重隨時間變化（週、月、年）的動態資料及公司其他單位所取得之不平常資料。**

🔷 具少變性（Non-Volatile）

資料一旦存入資料倉儲中，即被保存不再更動。因為資料庫（Database）的資料可以隨時被更動，但是資料倉儲資料，並非日常性的資料而是歷史性的資料，通常作為長期性分析用途，只有內部相關人員會定期性的修改資料結構，但頻率不會太高。因此資料倉儲並不允許使用者去做更新的動作，其資料是較少有變動較佳。由於資料倉儲內資料，具備上述特性，故須藉由一連串程序（配合良好軟硬體設備）始可建置完成，非一個即買即可用的產品。

2-2　資料倉儲架構及建置目的

2-2-1　常用資料倉儲架構

建置資料倉儲（Data Warehousing）是一種能正確地組合與管理不同資料來源的技術，目的在於回答業務經營上的問題以便做出正確決定。資料倉儲整體架構如下：

圖2-1　資料倉儲架構

最常被採用的資料倉儲架構是三層式架構：

1. **第一層資料倉儲資料庫伺服器（Data Warehouse Database Server）層**：
   即儲存資料倉儲的來源資料，這些資料可為關聯式資料庫系統內的資料或是其它外部來源的資料，經由萃取、清洗、轉換、載入及更新等步驟，將資料載入資料庫中，並經由監控與管理使資料倉儲內的資料不被變更，可將資料分享至資料超市（Data Mart）以利其它單位人員使用之。

2. **第二層為 OLAP 伺服器層**：在此可採用延伸的關聯式資料庫管理系統，即將多維度資料轉換至標準關聯作業的關聯式 OLAP（ROLAP）模式或是直接執行多維度資料與操作的多維度 OLAP（MOLAP）模式。

3. **第三層為前端層，即使用者層**：包括查詢及報表工具、分析工具及資料採礦工具等。專業顧問常透過與企業需求訪談，建立資料倉儲的 ER-Model，然後將企業內各種資料整合於資料庫中，並建置前端分析資料的工具和管理工具，如此過程即為建置資料倉儲的基本過程。

資料倉儲的基本架構及整體概念，區分成以下幾個基本元件說明：

1. **Design：即資料 Model 設計**。倘若 Model 設計的不夠周延或不理想，儘管之後的報表設計如何精美，也有可能會跑出錯誤的資訊，因此這也是需要選擇有經驗的專業顧問建置資料倉儲的一個重要原因。

2. **Integrate**：即資料的整合轉換過程，包含資料解釋（Data Extraction）、資料轉換（Data Transformation）、資料清理（Data Cleaning）、資料載入（Data Load），將各種來源之資料整合轉換載入資料倉儲中，資料轉換的程式撰寫不易，自動化處理困難，經常要人工參與作業，約佔 DW 專案之 60%~70%的人力及時間。

3. **Management**：即資料倉儲中心，一個巨大容量及提供 ad hoc 查詢資料庫。

4. **Visualize**：即前端呈現給使用者看之型式，例如資料採礦（Data Mining）及 OLAP 工具，用以呈現分析之資料型式。

5. **Administration**：管理工具，例如：網路監控流量、安全管理等。

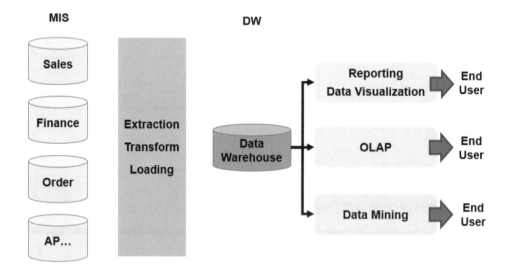

圖2-2 資料倉儲邏輯架構

由 IT 使用者將平日作業資料儲存至作業／資料源資料庫，再由多種資料轉換工具將資料以各種轉換方式彙整至整體資料倉儲。接著整體資料倉儲、使用資料複製、散佈工具，依其需求將資料複製或散佈至部門性質資料倉儲。完成之後可供業務使用者，以各種不同之資訊存取方式，完成各類業務資訊需求。其中資訊之存取工具須為可提供至部門及整體資料倉儲之存取功能，否則資料倉儲將因其本身之架構及組成工具限制了使用者對資訊取得及整體倉儲之價值。

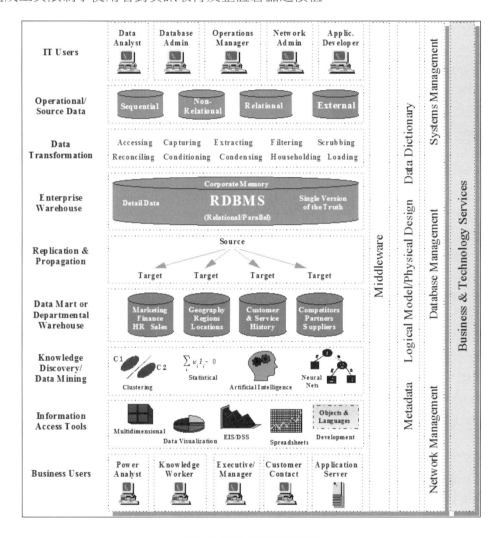

圖2-3　資料倉儲完整流程

2-2-2　為何要建置資料倉儲

e 世紀來臨加上網際網路發達，使我們能夠快速取得資料，但相對的就造成了現代企業普遍面臨的問題：資料太多，資訊不足。隨著企業成長及規模擴大，一般內部每天要處理的資料量與日俱增。

然而身為管理人員，常常可能為了產生一張報表花了整整一個禮拜的時間來蒐集、分析及處理各方資料，最後再辛苦地將所蒐集到的原始資料轉化成有用資訊。如此在講求速度效率的時代中，企業可能因為這樣而失去了競爭力。為了解決上述問題，資料倉儲系統乃應運而生，藉由它我們可以輕鬆地擁有完整、一致且豐富的訊息，獲得經過分析處理具有管理意義的商業智慧報表。

如果我們不將蒐集的資料庫先進行整理、清理、歸類與系統化的話，將無法從龐大資料庫中取得想要的資料然後進行分析。唯有先將資料庫轉換建置為資料倉儲，才能從中獲取想要的訊息，否則資料庫中的資料仍是一些數字和文字，並不能成為企業決策參考依據。

2-3 建置資料倉儲目的

企業建置資料倉儲的目的在於建立一個資料儲存庫（Data Repository），可以使作業性的資料能夠以現有格式進行分析處理，例如決策支援系統、EIS 以及其他業務人員使用的應用系統。簡單來說，提供企業一個決策分析用的環境。

如此一來，可讓決策人員制定更好的作戰策略，或找出企業潛在問題，以改善企業體質並提高競爭力。資料倉儲系統的最終目的就是提高企業競爭能力，幫助企業降低成本、提高顧客滿意度，創造利潤。

資料倉儲係運用新資訊科技所提供的大量資料儲存、分析能力，將以往無法深入整理分析的客戶資料建立成為一個強大的顧客關係管理系統，以協助企業訂定精準的營運決策。「資料倉儲」對於企業的貢獻在於「效果（Effectiveness）」，能適時地提供高階主管最需要的決策支援資訊，做到 Deliver The Right Thing To The Right People At The Right Time。

簡單地說，就是運用資訊科技將寶貴的營運資料，建立成為協助主管作出各種管理決策的一個整合性「智庫」。利用這個「智庫」企業可以靈活地分析所有細緻深入的客戶資料，以建立強大的「顧客關係管理（CRM）」優勢。目前在全球的先進服務業者已經建置「資料倉儲」資訊應用系統，甚至結合大數據發展之下，不斷繼續優化原有資料倉儲系統，近幾年來每年皆有超過 30%的高幅度成長。「資料倉儲」對於企業功能運作，正如下圖所顯示，是一個生生不息，不斷增強的循環過程。

首先，利用「資料倉儲」的分析研究，將客戶資料整理轉化為企業智慧，再運用這些寶貴知識為基礎，擬訂出行銷策略；將行銷計劃付諸實施，對於目標客戶互動產生結果後，再回饋到「資料倉儲」作更進一步分析研究，**建立起以「資料倉儲」為核心的「智庫」運作模式，使得學習／行動兩大機制不斷良性循環，企業競爭力自然與日俱增了。**

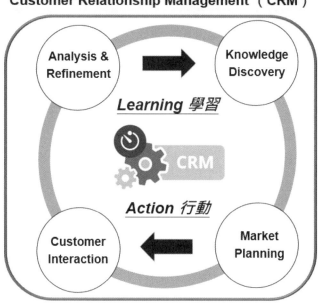

圖2-4　「顧客關係管理」資料倉儲

2-4 資料倉儲應用與管理

2-4-1 資料倉儲應用範圍

資料倉儲應用，可以說是利用儲存大量歷史資料之資料庫，提供彙總統計資訊，以做為支援決策之用。以下是實際應用案例說明。

舉例一》

在賣場超市透過收銀機的條碼掃描，客戶購買的每一種商品都會記錄到資料庫之中，但是傳統資料庫設計，並不能有效地回答經營者所關心的問題→像是 A 商品銷售量增加，是否會同時帶動 B 商品的銷售呢？該用那一種商品來促銷，最能提振業績？

舉例二》

亞瑪遜網站每當客戶購買一本書，它就主動推薦其他相關書籍供客戶參考，所推薦的書籍都是根據過去許多客戶購買書籍的交易資料裡，再挖掘出那些書籍是具有強烈的關聯性→這種推薦是由電腦在資料倉儲內經資料採礦所挖掘出來的，可完全自動處理，不須假手人工，不過先決條件就是必須先建立好資料倉儲與導入資料採礦系統。

以上這兩個例子說明資料倉儲對企業重要性。目前企業大都面臨到－現行營運用的電腦系統並非針對資料採礦分析所設計的，因此當高階主管需要一些決策資訊時，資訊部門常常無法即時提供相關資訊，來協助高階主管做有效的決策判斷。

資料倉儲誕生，某種程度為了回答高階主管所關切的決策問題，建置過程首先從各分公司或是分店收集資料，經過資料清理（例如清除瑣碎資料、補足缺失資料等）、資料轉換（例如轉換成一致單位或格式）、資料整合（例如整合異質或不同來源資料）、資料載入（例如建立資料立方體：Data Cube）和定期資料更新，最後完成建置一套資料倉儲系統。

資料倉儲運用面非常廣泛，若有正確資料來源，則可在此核心之上建置各種不同的應用分析系統，例如：

- ✓ 顧客關係管理系統（Customer Relation Management）
- ✓ 企業資源管理系統（Enterprise Resource Planning）
- ✓ 銷售分析系統（Sales Analysis）
- ✓ 利潤分析系統（Profit Analysis）
- ✓ 風險管理系統（Risk Management）
- ✓ 詐欺案件管理系統（Fraud Management）

建置資料倉儲所使用的各種技術，其著眼點均在於如何支援使用者從龐大資料中快速地找出想要的答案，這和 OLTP 系統是截然不同的。這些技術包括：

- ✓ 快速且擴充性高的資料庫系統（High Performance，high scalability database system）
- ✓ 異質資料庫的連結（Hetrogeneous Database Connectivity）
- ✓ 資料萃取轉換與載入（Data Extraction，transformation，and loading）
- ✓ 多維度資料庫設計（Multi-dimention Database Design）
- ✓ 大容量資料儲存系統（Mass Storage System）
- ✓ 高速網路（High Speed Network）
- ✓ 支援不定查詢（Ad-hoc Query Support）
- ✓ 簡易的前端介面（User-friendly Front End）
- ✓ 資料採礦（Data Mining）

以上為建置資料倉儲的技術準則範疇，而在不同案例中並非全部都會運用上。須以客戶需求為準，在預算、效能和未來的擴充性之間取得平衡，才能達到最後目標。

2-4-2　管理資料倉儲

一般來說，資料倉儲的儲藏容量至少是傳統資料庫的 4 倍，可能大到幾兆個位元組，端看要儲存的歷史資料有多少而定。資料倉儲並沒有和相關的操作資料保持同步，如果應用程式有需要的話，可以做到一天更新一次，甚至達到接近即時更新。

然而幾乎所有資料倉儲產品都可存取多個企業資料來源，且不必重寫應用程式來解釋和利用資料。另外在一般企業裡的資料倉儲環境中，多少都會有異質資料倉儲，所以有許多種資料庫會常駐在不同的資料倉儲，故需要網際連接工具，沒有特殊的資料倉儲網路連接技術可供使用，而且傳統資料倉儲實作必須依賴相同通訊軟體做為訊傳遞息和交易處理系統，因此管理這種基礎元件的需求是相當明顯的。管理資料倉儲元素包括：

✓　安全性和優先權管理

✓　監視多個來源的更新

✓　資料品質檢驗

✓　管理和更新媒介資料

✓　審查和報告資料倉儲使用狀況（管理回應時間和資源利用，提供費用回收資訊）

✓　清除資料

✓　資料的複製、設定子集合、分配

✓　備份和還原

✓　資料倉儲儲存管理（如：容量規劃、階層儲存管理 HSM；清除過時資料）

2-4-3　實施資料倉儲

實施資料倉儲大致可分為幾個步驟，我們會根據 Informix 資料倉儲系統實施方法來執行。

🧊 步驟 1：業務需求分析與盤點

該階段步驟可說是資料倉儲建設的基礎，要與使用者進行充分溝通，瞭解真實需求，以避免理解誤差。同時，界定好專案開發範圍。此階段主要工作範疇包括：

1.　**設定可達到的目標及明確盤點所有需求。**

2.　**確定系統體系結構**：可從實施角度來看，設計資料倉儲系統體系結構有多種方式，例如建構部門級資料市集 DataMart；直接建構企業級資料倉儲系統。

3. **確認資料來源**：明確列出資料倉儲提供資料之資料來源清單。包含來源資料的複雜性、規模、完整性對建立資料倉儲的影響比其它因素要大。還要格外注意哪些資料來源的資料類型、細微性和內容是否有相容共存的問題。

4. **存取容量規劃**：除了體系結構須注意之外，關於硬體和軟體資源對資料倉儲也事關重大。做為需求定義一部分，推估資料倉儲要儲存的資料量及對資料進行的處理也很重要。

5. **技術評價**：選擇軟體和硬體平台時，專家建議最好是能夠參考。尤其是對與您相似的環境有經驗的專家顧問。

🔲 步驟 2：邏輯模型設計

邏輯模型設計主要是指資料倉儲資料的邏輯表現形式。從最終應用的功能和性能角度來看，資料倉儲的資料模型也許會是整個專案最重要的部分。資料倉儲和資料市集定義資料模型是一項複雜的工作，因此建議需要該領域專家顧問的參與協助。

🔲 步驟 3：物理模型設計

這階段是指在進行物理模型設計時，將資料倉儲的邏輯模型轉換為在資料庫中的物理表結構。在物理模型設計時，同時採用 ERWin 等輔助設計工具。

Informix 採用 ROLAP 方式，資料倉儲資料的儲存主要採用 InformixIDS(Informix Dynamic Server)資料庫。InformixIDS 資料庫是業界領先的資料庫引擎之一，具有整合性、可伸縮性、多進程／多線索等特性，是 Informix 資料倉儲應用的核心。

🔲 步驟 4：資料幫浦、清洗、集成、裝載等

資料幫浦是資料倉儲建立過程中，一個非常重要的步驟。它負責將分佈在使用者業務系統中的資料進行抽取、清洗、集成。主要有分成 2 階段：

1. 定義資料載入和維護策略。

2. 資料幫浦／清洗／轉換／裝載。

Informix 提供了一系列工具訪問儲存在異質結構資料庫中的業務系統資料，它還提供了資料複製產品。如此一來，系統會通過同步或非同步方式自動將符合規則的資料定時進行傳遞，保證資料的完整性與一致性。

使用者利用 Informix 的 InfoMover 可輕鬆定義資料幫浦、清洗、集成、裝載過程，並可對該過程進行定期調度，減輕資料增量裝載的複雜度。同時，Informix 資料裝載策略支援廠商豐富工具，像是 Prism、Carleton、ETI 等。

步驟 5：資料倉儲的管理

資料倉儲中繼資料的管理同時也是極重要環節。Informix 的 Metacube Warehouse Manager 提供 GUI，使用者只須使用滑鼠托拽方式即可對中繼資料進行管理。

步驟 6：資料的分析、報表、查詢等資料的表現

從使用者分析、報表、查詢工具是進行分析決策的工具。因此，其所有操作要非常簡單，但提供的功能卻要十分強大。Informix 相應地提供了一套完善工具。另外，資料採礦技術也算是資料倉儲系統中一個重要部分。Informix 提供 RedBrickDataMine 及協力廠商產品，支援資料採礦應用。

步驟 7：資料倉儲性能優化及發佈

資料倉儲性能的好壞會直接影響系統查詢、分析回應速度。Informix 提供 MetaCube 等工具支援匯總查詢、抽樣查詢和後臺查詢，以提高查詢效率。總之，Informix 替使用者在資料倉儲應用提供了一個快速、完整解決方案。採用 Informix 資料倉儲解決方案可讓資料倉儲系統具有高性能、高可擴充性，高開放性，可以自己進行制定等特性。同時，Informix 還提供專業資料倉儲諮詢服務，這將充分保證資料倉儲系統建設快速與即時，確保它能真正發揮作用。

2-4-4　資料倉儲與資料採礦關係

在這裡將探討資料倉儲與資料採礦關係，我們若將資料倉儲（Data Warehouse）比喻是礦坑，那資料採礦（Data Mining）就是深入礦坑採礦的工作。畢竟資料採礦（Data Mining）不是一種無中生有的魔術，也不是點石成金的煉金術，若沒有足夠豐富完整資料，是很難期待資料採礦（Data Mining）能挖掘出什麼有意義資訊。

若資料倉儲（Data Warehouse）集合具成功有效率地探測資料世界，則能挖掘出決策有用的資料與知識，這是建立資料倉儲與使用 Data Mining 的最大目的。從資料倉儲挖掘有用的資料，是資料採礦（Data Mining）的研究重點，兩者的本質與過程是兩碼事。換句話說，資料倉儲應先行建立完成，資料採礦（Data Mining）才能有效率進行，因為資料倉儲本身所含資料是「乾淨（不會有錯誤的資料參雜其中）、完整的」，且是經過整合的。因此兩者的關係可說「**資料採礦（Data Mining）是從巨大資料倉儲找出有用資訊之一種過程與技術**」。

表2-1 資料倉儲及傳統資料庫之比較

	資料倉儲	傳統資料庫
主要目的	資訊取得與分析	支援每日交易資料
架構	關聯式資料庫管理系統	
資料模型	星狀綱要（Star Schema）	正規化表格（Normalized Relations）
查詢方式	透過OLAP或MOLAP介面	SQL
資料形式	分析性資料	交易性資料
資料儲存狀況	歷史性、描述性資料	經常改變、即時性的資料

表2-2 資料倉儲及傳統資料庫特性比較

特性	資料倉儲	傳統資料庫
時間性	經過處理的歷史資料	當時的運算資料
規劃方式	由上下往（Top-Down）	由下往上（Bottom-Up）
綱要設計	星狀綱要（Star Schema）	個體 - 關係模式配合正規化
資料特性	大量重複儲存，並預先加總	無重覆儲存
資料維護者	資料品管師（DQM）	資料庫管理師（DBA）
異動頻率	少有異動，大多為查詢	經常異動（故稱OLTP）
異動資料數量	定期大量載入並聚合加總	日常均有大量的異動處理
效能要求	查詢速度要夠快	須能承受大量的更新要求
查詢頻率	大量需求（故稱OLAP）	少量的需求
查詢範圍	相當寬廣	較狹隘
查詢複雜度	相當複雜	較單純
內含資料量	數百Gigabytes以上	數百萬位元組(Megabytes)
內含資料錯誤率	極少錯誤與資料缺項	可容忍錯誤與缺項存在
資料精細度	存放大量加總過的資料	存放單一筆交易的詳細資料
整合性	整個組織的資料完全整合	依功能分資料庫，未整合
主題性	依主題導向	依功能導向區分資料庫
變動特性	依時間流逝而增加其內容	少會依時間流逝增加內容
暫存性	完整保留所有歷程資料	只保留目前最新資料
適合建置系統	多維度資料庫管理系統	關聯式資料庫管理系統

2-5　大數據的 IT 策略

科技應用成熟度是決定企業競爭力的關鍵（英國經濟學人雜誌, 2015 年）。根據 2015 年全球大趨勢報告中指出，幾乎所有的企業都將被數位革命撼動，這句話就充分說明 IT 應用對企業重要性。不僅全球，台灣企業面臨問題不只是 IT 而已，還有商業模式改變，對中小企業來說，如何在現有作業流程中融入資訊科技進行升級與轉型，是目前主要課題。

「數位時代」的 2016 年度全台企業 IT 趨勢大調查結果提到**雲端、大數據、行動化是未來企業最需要的 IT 解決方案，資安則是發展這三項 IT 應用的基礎**。對於企業未來在應用上，應結合不同 IT 解決方案提升綜效。像是透過大數據功能技術和行動化佈局，來提升營運效能、改善內部作業流程；或者透過大數據功能技術和雲端管理應用，如此一來可強化管理效率、即時掌握營運資訊；還有藉由雲端和行動化服務來突破傳統限制，用以實現商業模式轉型的目標，可是無論哪一種應用，資訊安全考量都是最重要的基礎。

2-5-1　資料四象限模型

大數據時代除了資訊安全是 IT 應用基礎之外，資料的活用策略更是改變商業模式最重要的因素。隨著無線感測網路和智慧型手機的普及等，資料量勢必只會增加並不會減少，尤其是人的（行為）資訊或來自於機械的資訊，例如生活紀錄、Server Log 的紀錄資料。

資料活用必須先掌握資料來源跟種類，如今我們已開始進入了一個能夠免費或相對用比較便宜的價格來存取政府或社群媒體的各種統計資料時代，也就是目前大家常提及的開放資料（Open Data）。以往來說，企業在使用資料分析的範疇，僅局限於企業內部的資料（常見像是顧客消費紀錄）；但一家企業若要在大數據時代持續保持在競爭優勢之下，則必須要有相對應的資料策略，想必不單是利用公司內部的資料，甚至必須納入外部資料才行。

因此對於資料的區隔，我們把資料根據取得的難易度分成兩類，分別是「內部資料」與「外部資料」；再把資料價值程度區分成「核心資料」和「非核心資料」，整體四大象限模型可參考圖 2-5。

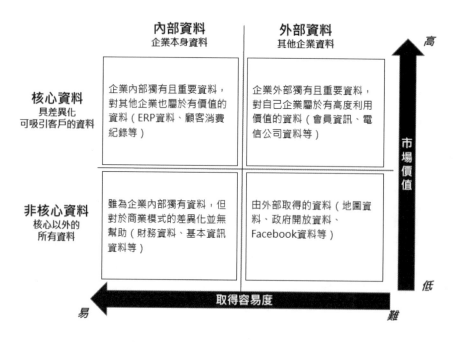

圖2-5　活用資料四象限模型

2-5-2　活用資料策略

左上角象限來說，是由事業活動而來的原始資料，對顧客能有差異化的比較，屬於企業內部重要資產，因此對於內部而言取得相當容易，相對也是其他公司都想知道的資料，因此市場價值頗高。既然是內部重要資產，在經營理念之下，一定必須歸類為「必須慎重保護」的資料，絕不能有外洩之虞。但是，最近因為大數據的興起，許多企業漸漸以為公司帶來更多利益目標之下，開始有與其他公司進行策略聯盟，實現彼此共享和交換資料情形。對於資料不再是只有「保護」這個選項，而是已經視評估與其他企業進行「分享」、「共享」。

左下角的象限，同樣來自於企業內部資料，但對於顧客是毫無幫助的資料，屬於公司員工、財務等資料。這部分的資料有的會向財務資料一樣，在一定的時間之後就有義務對外公開；有的則是機密資料或個人資訊資料，並不會公開，甚至應該嚴格保護。

右下角的象限，諸如地圖資料或政府開放統計資料，或者是 Facebook 上公開資料等，可透過資料蒐集平台來取得。不過相較於核心資料，這些來自外部的資料可免費或用相對較便宜的價格來取得，因此企業應該積極運用（Use）它或購買（Buy）它。

右上角的象限，像是其他公司的顧客資訊或可透過 API 來蒐集等，這些是其他企業獨有資料，因此對自己企業而言，這些是具有高利用價值的資料。也由於未對外公開的關係，取得相對不易，市場價值也非常高，故必須支付相當代價才有可能取得。

資料的活用策略，企業必須以理性、具邏輯的方式來思考「必須要有什麼樣的資料」、「只靠公司內部資料是否足夠？」「如果不夠的話、應該去外部取得什麼樣類型的資料」等事項進行評估，甚至可擁有一個負責掌管企業資料策略的「資料長」角色也不為過。

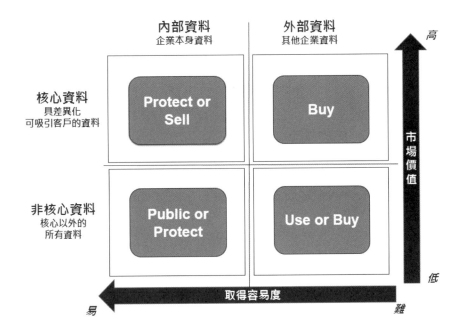

圖2-6　活用資料的策略

大數據的資訊揭露 － 商業智慧

商業智慧這個名詞，至少流行超過 20 年了。整個資料革命過程，可能唯一不會消失的名詞就是商業智慧了吧！本章重點主要談到大數據的資訊揭露－商業智慧。很多人常會認為商業智慧就等同於報表或圖表一樣，只是提供資訊供使用者解讀罷了，可是筆者認為在大數據的精神中，對於商業智慧來說它其實扮演非常關鍵的角色，那就是資訊揭露。所有的價值資訊無疑是要透過報表或圖表來呈現，且加上近來陸續有了視覺化報表、互動式圖表等輔助閱讀的工具。我們常說，資料採礦是挖掘資料礦裡的價值資訊，而商業智慧就是將這些資料礦做一個完善整合呈現的關鍵。可是還有一個更重要的原因是，商業智慧對於大數據分析來說，它是達到精準預測（資料量多、資料型態雜，藉由商業智慧工具萃取價值）的重要幫手。因此無疑是大數據資訊揭露的重要關鍵。

內容除說明商業智慧定義、標準架構與實施流程之外，還有商業智慧的重要應用－顧客關係管理（CRM）。提及 CRM 分析重要指標－像是將顧客消費行為紀錄標準化、指標化，可供衡量顧客行為變化與量化分析；行銷分析常用的 RFM 指標模型，它可將顧客消費行為進行快速分群區隔，清楚找到有機會行銷成功的對象客群；最後是說明如何從 CRM 過程當中獲得顧客知識。

還有每一個產業常會實施的交叉銷售（Cross Selling）策略及資料庫行銷（Database Marketing）。瞭解顧客從紀錄資料開始到行銷顧客，每一個過程階段採用不同之應對策略（分眾行銷）。

3-1 何謂商業智慧

隨著資訊應用科技普及，各大企業內部資料透過 ERP 系統建置蒐集、OFFICE 工具的使用等，如今這些資源大都已經容易取得，可是企業決策者或資料分析人員，仍常感嘆公司投入大量 E 化成本，卻不易感受到電腦化為他們帶來的直接效益，甚至常常因無法擁有即時、完整且正確資訊，而在面對急速競爭的環境時代時，喪失致勝良機。因此為了改善這個狀況，才有商業智慧（Business Intelligence, BI）產生。

根據 IBM 統計，在電子商務時代，資料量正以每年 1.3 倍的速度在成長著，但這些資料真正被用來分析與運用的部分卻只有 7%。 因此如何將這些龐大的資料快速轉換成決策者所需的資訊，以做為提升企業營運所需的智慧，儼然成為經營管理的一大挑戰（欒斌，2002）。另外，商業智慧的應用近來快速受到企業界重視，基本上藉由商業智慧的運用，企業可將原始的顧客資料進行更深層分析，建立有效預測模式，讓 CRM 運用更具成效，也有助於未來 KM 的落實（潘啟銘，2002）。

商業智慧的觀念是指利用組織化及系統化的流程來取得、分析、散佈對其商業活動有重大影響的資訊。透過商業智慧的協助來預測客戶或競爭者的行動，及市場活動或趨勢的變化情形（Hannula & Pirttimaki，2003）。**然由於商業智慧所牽涉到的範圍相當廣泛，至今仍未有學者對於商業智慧的定義及內容做一有系統化的整理。**

一般來說，目前將商業智慧（Business Intelligence, BI）定義為：「資料經過萃取（Extraction）、轉換（Transformationc）和載入（Load）等程序，簡稱為 ETL。合併到一個企業資料倉儲中，再以視覺化、圖形化的介面或圖報表呈現」。**商業智慧必須要能夠同時滿足三項要素，分別是 1.正確的資訊、2.資訊即時化 3.合適的人員，** 因為正確資訊要能即時呈報給合適的人員使用，正確的資訊也要依賴合適的人員來管理及分析。

遠擎管理顧問公司（2002）認為，商業智慧是一種利用資訊科技，將現今資料分散於企業內部、外部結構化資料或非結構化資料加以彙整，並依據某些特定需求進行分析與運算，再以最適的方法，將結果呈現給決策者、管理者或是知識工作者的一種分析機制。

換言之，企業將可藉由商業智慧的使用，使得企業決策者得以獲得適當資訊，以協助其做出最正確的判斷決策。在其它相關文獻中，部分學者對商業智慧（Business Intelligence, BI）給予不同定義，彙整內容如下表。

表3-1 商業智慧的定義彙整

學者	定義
欒斌（2002）	將企業內各種資料轉換為有意義的資訊，用以提供企業了解現況或未來展望，更能快速掌握關鍵商機，將不同平台的異質性資料，透過智慧型的轉換分析，產出結構化知識的整合互動式分析工具，以利決策、判斷、分析的依據基礎，使企業改善決策制訂的方法與過程。
遠擎管理顧問公司（2002）	利用資訊科技，將現今分散存在於企業內部外部結構化資料彙整，並依據某些特定的需求進行分析與運算，以最適的方法將結果呈現給決策者、管理者或知識工作者，協助這些組織角色在管理績效或決策判斷時的重要參考。

Intelix Inc. （2001）	商業智慧是一種可以將資料轉換為具有意義資訊之能力。換言之，就是提供使用者更多與企業相關的深度資訊，做為判斷未來走向的能力。
周賢政 （2000）	經由收集、管理及分析資料的方式，協助企業從資料倉儲中擷取、分析、解釋、歸納有用資訊，幫助企業發展一套精確模式，支援商業決策，改善企業決策制定品質的過程。
Berson、 Stephen & Therling （2000）	各種企業的決策規劃人員以企業中的資料倉儲為本，經由各式各樣查詢分析工具、線上分析處理或資料探勘工具，加上決策規劃人員專業知識，從資料倉儲中獲得有利資訊，進而支援企業之決策制定。
IBM	商業智慧是指利用資料資產以獲取較好的企業決策，與接近、分析即時發現新的機會有極大的關係。
微軟 （Microsoft）	商業智慧是能夠在大量資料中，將資料轉換為資訊，讓每個人都能夠及時獲得有用資訊，以做出正確判斷，使其決策更快速及較佳，並透過理性方式來進行管理。

綜合上述各學者或知名企業所提出的商業智慧定義。可以知道所謂商業智慧就是企業利用資訊科技將企業內部及外部的結構化和非結構化資料進行彙總，再以大數據的工具進行處理及分析後，以最適當方式將正確的資訊傳遞給決策者，以提供協助其進行決策制定，達到企業最終目標的一個機制。

3-1-1　商業智慧系統架構

事實上，許多人會誤認商業智慧只是企業中技術性層次的電子化解決方案，但商業智慧卻是整合了「管理」、「決策」及「資訊科技」等 3 項要素的有效分析機制（遠勤管理顧問公司，2002），因此企業必須以策略層次的觀點來看待商業智慧才能了解其重要性。應用面來看，因為現今資訊科技與網際網路興起，商業智慧應用範疇日益增加，不論是企業界中眾人熟知的顧客關係管理（CRM）、供應鏈管理、企業資源規劃或是知識管理（KM），都是商業智慧實務上的運用模式。

為了要讓企業中的決策人員即時地取得正確及其所需要的資料，商業智慧的作業性層面工具，可說是最重要核心，它包含了資料倉儲（Data Warehouse）、資料市集（Data Mart）、線上即時分析（OLAP）、線上交易系統（OLTP）、資料採礦（Data Mining）與企業資訊入口網站（Enterprise Information Portal, EIP）等。

在實務上，若以商業智慧在顧客關係管理（CRM）上的應用為例，企業常藉由資料倉儲技術彙整來自於不同資料庫的訊息，進而利用資料採礦技術來進行各項分析，並藉此針對顧客過去購買紀錄、個人基本資料等，分析顧客購買貢獻度、預測未來的購買行為，以便於行銷方案制定，或交叉銷售（Cross Sell）與向上銷售（Up Sell）動作執行。

商業智慧架構乃是資訊產業中，屬於資料管理技術的一個領域，主要是以技術整合與分析業務資料，提供線上（視覺化）圖報表、業務分析與預測，以供企業決策所需。企業資訊的應用系統主要是處理線上交易，保留固定時間內的操作資料，而不同應用系統之間通常會因應需求而做資料交換，但會因其資料庫各有專用而不會進行整合。這些前端系統（ERP 或 EIP）輸入、累積了相關資料，並將其整理而成為企業深具價值之資訊。當企業由後端檢視諸多前端資訊時，卻因未經整合而難以拿來做更進階的應用，例如決策分析。這有如戰場上資訊與情報紛飛，可是欠缺整合，只能期待決策者和其幕僚的精準判斷，來做出明確決策。

商業智慧（Business Intelligence, BI）就好比一套戰情系統，可以把企業前端各系統之有用資訊透過彙整方式，進行一連串特定需求（客製化）分析後，得到可以支援各種決策之結果。一般而言，商業智慧系統架構，不外乎是由各個資料源透過彙總資料之後到產出洞察，因此系統的標準模型可分為三階段（如圖 3-1 所示）。

1. **資料來源匯整**：通常使用 ETL 工具，將來源資料透過條件篩選、轉換後，匯入 ODS 資料庫；再經整理載入至（累積於）資料倉儲（Data Warehouse）資料庫中。

2. **資料分析技術**：一樣使用 ETL 工具將資料倉儲的資料萃取出來，儲存於分析資料庫中（一般指資料超市＜Data Mart＞）。再以 OLAP（Online Analytical Processing）工具或資料採礦（Data Mining）工具技術進行資料分析。

3. **資料視覺化呈現**：傳統來說，會以報表工具（例如 SQL Server Reporting Service）產出需求者想看的圖報表或透過 Web Portal 等方式將資料分析結果呈現給使用者；不過現今因應網路資料量及科技發達進步之下，報表也結合行動工具，讓使用者在異地也可隨時掌握趨勢變化，適時盡速做出決策。

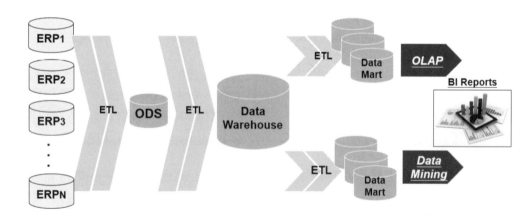

圖3-1　商業智慧標準架構

大數據技術功能不斷進步下，未來企業商業智慧必定會由傳統資料庫（Structured Data）來源逐漸走向混合（異質）來源（Structured Data & Unstructured Data）。

3-1-2　商業智慧與資料倉儲的不同

一般商業智慧（Business Intelligence, BI），是指運用資料庫技術、線上分析（Online Analytical Processing, OLAP）、資料採礦（Data Mining）與數位圖表等技術來進行數據分析，用以呈現企業營運狀況。「商業智慧系統」，它可以看做是一個整合型的解決方案，藉由整合企業內的各項資訊（ERP）系統，將資料由各系統中的資料庫存取出來，透過萃取、轉換、整合等作業流程後，合併到一個資料倉儲（Data Warehouse）中以便於有效率的對資料進行複雜的查詢動作，或者預先設定好相關的查詢讓使用者來運用，以上過程稱為線上分析（OLAP）；然而「資料採礦（Data Mining）」則是由資訊系統來發掘，由 ERP 系統中的交易資料來找出相關資訊，例如銷售資料與客戶屬性輪廓、客戶購買產品相關性，用以設定相關產品之銷售組合，以提高商品銷售量等，因此許多企業常透過資料採礦分析來瞭解他們的客戶、熟悉他們的客戶，進而透過企業行銷、業務行銷及客服的運作，來一同維繫客戶、經營客戶。

資料倉儲，是指運用統計或規則化相關分類技術，將資料中隱藏的資訊挖掘出來，在原始資料中尋找有用資訊，最後再透過一個整合型的圖形化介面提供使用者與系統交談和互動模式，用來取代傳統報表呈現方式。以往企業維運運用報表，雖能夠提供經營者相關的決策支援，但總是不夠即時，且各系統所產出的報表格式與時間不一，甚至資料常有不對稱情況，增加了決策困難度。

3-2　商業智慧流程作用

3-2-1　商業智慧流程

整個商業智慧於企業中的實施流程如下圖 3-2 所示。圖中可以知道，企業先經由內部及外部不同資料來源獲取原始資料後，可依據資料擷取（Data Extraction）、資料轉換（Data Transformation）及資料裝載（Data Load）的步驟，進一步建置資料倉儲，之後利用資料採礦及線上即時分析來執行分析任務。

所謂的資料倉儲是為了滿足企業從大量的資料中快速獲取決策所需的資訊而產生的方法，因此通常存在不同來源、不同型態的資料，其經過擷取、轉換及裝載的處理後，將會以有組織性地排列儲存在資料倉儲內以供分析，因此「Building the Data Warehouse」的作者 William Inmon 認為資料倉儲必須具備有「主題導向（subject-oriented）」、「整合性（Integrated）」、「時間轉化（Time-variant）」及「不易變化（Non-volatile）」等 4 個特性，事實上資料倉儲是有別於傳統的資料庫系統，且是企業所必須特別注意的。

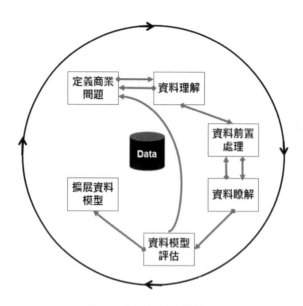

圖3-2　商業智慧實施流程

企業在建構商業智慧基礎建設的過程中，即時資料的查詢分析功能扮演著非常重要的角色（遠勤管理顧問公司，2002）。簡單來說，線上分析處理（On-Line Analytical Processing, OLAP）就是能讓使用者依據本身決策需求來瀏覽資料、動態且即時的產生其所需數字涵義資訊，以提高分析效率。事實上，它除了能提供線上即時資料分析模組外，還能展示多維（Multi-dimensional）的資料。**商業智慧的另一項重要的功能為資料探勘，它是在大量資料庫中尋找有意義、或有價值的資訊過程。**

3-2-2　商業智慧優勢與導入階段

近年來，商業智慧的運用已受到企業重視，例如 ING 安泰人壽自 1998 年起，逐步導入 IBM 的商業智慧解決方案，逐漸蒐集資料與累積資料，透過相關資訊的分析，找出顧客區隔、消費行為、業務成本與效率等對其公司極為重要的資訊。因此藉由商業智慧應用，使 ING 安泰人壽能夠更深入瞭解客戶，並可協助業務開發及增加在顧客管理上的有效性。另外，全球企業可口可樂公司亦透過商業智慧的導入，以 mySAP.com 作為基礎平台規劃，統整財務資訊，提升財務規劃能力，以強化管理市值 200 億的企業管理能力。

上述例子都是企業運用商業智慧的最佳典範，因此在產業競爭越來越激烈的環境下，運用商業智慧將會成為企業強化競爭力的重要關鍵之一。企業藉由導入與建置商業智慧系統，可獲得以下優點：

- ✓ 自訂查詢動態報表：決策者可在預先設定好的查詢模式下，更方便查詢相關資料。

- ✓ 彈性化的線上分析處理：以多維度的方式分析資料，提供更具彈性的樞紐分析方式來分析大量歷史資料。

- ✓ 掌握關鍵 KPI 並轉換為視覺化企業儀表板：定義設定相關的企業經營 KPI，透過視覺化方式呈現，即時掌握企業現況與各項指標數據。

- ✓ 決策支援與規劃預測：彙整上述各項資料，協助管理者完成決策與預測的參考依據。

商業智慧運用 Data Cube 彙集不同來源資料，以提供使用者從不同角度分析資料的彈性，例如以產品、通路、地理區域等不同維度以進行效益分析，允許互動式地查詢既有資料。藉由這些優點，讓企業決策者與經理人能夠藉由資訊科技輔助，增加企業資訊整合與資料分析能力，彙整企業內、外部的相關資料，提升決策效率與改善決策品質，並透過這個平台來統合企業內相關利害關係人的資訊取得，更能減少資訊落差，更可凝聚組織成員的共同目標，進而改善企業的經營體質以及文化。因此企業導入商業智慧，一般來說會有以下幾個階段需要執行的過程：

- ✓ 先確立企業導入商業智慧的目標：洞悉真正需求，明確訂定可達成的目標，才知道需要什麼資料，需要做什麼樣分析，才能在成果階段發揮最大效用。

- ✓ 蒐集、整理及準備資料：從企業內部及外部蒐集到的資料可能因為編碼或表達方式而有不同，因此要先解決資料衝突、不尋常或例外資料，這部分是最為費工時的一段路程，需要花費許多心力來完成它。

- ✓ 整合內部及外部資料：許多企業會把焦點放在企業內部資料，但是在今日高度變化的市場環境，許多變化來自於外在環境，要同時整合外部資料（通常指 Open Data），與重視外部資料。

- ✓ 建立資料模型：建立模型包含選擇適當的資料採礦演算法、轉換與純化資料、產出測試模型與驗證模型等步驟流程。

- ✓ 部署模型：部署模型需要仰賴資訊系統資料、即時產生預測分析結果，提供決策者才能進行評估。

- ✓ 監控模式執行狀況：模型在過程當中，會隨著外在環境改變時，客戶消費行為亦隨之改變，因此系統需隨時監控執行情況，並調整模式，做出不同分析及策略建議。

- ✓ 評估投資效益：是衡量商業智慧投資效益最重要的一件事情，同時也是不容易的事。

一般來說，無論是否能夠達成原先所設定的目標。商業智慧系統都必須要妥善運用和審慎長遠規劃，才能提升企業經營績效與降低營運成本，達到永續經營，更能減少許多不必要之資源浪費。因此經營管理者要以資料來取代直覺，隨時掌握瞭解手邊有多少資料是如何蒐集來的？執行了那些分析技術？讓整個商業智慧的運用更加深入且徹底，使企業決策能以資料為依歸，運用商業智慧（系統）成為企業決策支援的最關鍵工具。

3-3 顧客關係管理（CRM）

接下來本章節內容將探討顧客關係管理重要性，無論是上述資料倉儲到商業智慧，或者即將說明的顧客關係管理，其實每個環節都是環環相扣。

3-3-1 何謂 CRM

顧客關係管理（Customer Relationship Management, CRM），有人稱為客戶關係管理，意指是蒐集顧客與公司聯繫的所有資訊，以便讓公司滿足顧客需求與顧客進一步建立關係，整合銷售、行銷、服務等流程，達成提升企業營收與客戶滿意度等多重目標。

關於顧客關係管理（CRM）之定義，不同研究機構學者各自不同的表述。

- ✓ 最早提出來的是 Gartner Group，他認為顧客關係管理就是為企業提供全方位管理方針，賦予企業更完善的客戶交流能力，極大化客戶收益率。

- ✓ Hurwitz Group 認為顧客關係管理的焦點是自動化改善與銷售、市場行銷、客戶服務和支持等領域的客戶關係之商業流程。同時認為 CRM 既是一套原則制度，也是一套軟體和技術。目標是縮減銷售週期和銷售成本、增加收入、尋找擴展業務所需的新市場和渠道以及提高客戶的價值、滿意度、盈利性和忠誠度。

- ✓ IBM 則認為，顧客關係管理包括企業識別、挑選、獲取、發展和保持客戶的整個商業過程。IBM 把客戶關係管理分為三類，分別是關係管理、流程管理和接入管理。

- ✓ 從管理科學角度來檢視，顧客關係管理（CRM）來自於市場行銷理論。

- ✓ 從解決方案的角度來檢視，顧客關係管理（CRM）是將市場行銷的科學管理理念通過訊息技術的手段結合在軟體上面，得以應用在全球大規模之下。

顧客關係管理（CRM）已在實務界是被廣為運用的名詞，從供應商、供應端有不同觀點，主要由於各系統供應商所推出的功能項目不完全相同有關，因此並無統一定義。一般來說顧客關係管理（CRM）之系統定義可歸納如下表 3-2。

表3-2　各CRM之系統定義

提出學者	定義
Kalakotw & Robin（1999）	運用在整合性銷售、行銷與服務策略下的一套系統，企業根據此發展出一致性行動滿足顧客需求。即在企業結合流程與科技整合之下，找出顧客真正需求，同時並要求企業內部在產品與服務上求改進，以致力於創造新價值與建立顧客忠誠關係。
Pepper Roger & Dort（1999）	認為CRM與「一對一行銷」具有相同意義，都是一種聆聽顧客需求進而瞭解顧客的一種方式。在進行時，必須與顧客建立「學習」關係，並從企業對顧客最有價值點處開始。
Philipson（1999）	指能從企業現存資料中萃取所有的有關資訊，以自動管理現有顧客和潛在顧客資料的系統。
Mulinder（1999）	與顧客間建立終身關係，包含4大要素：個體、誠實、熟悉與互動。
Khirallah（1999）	一種銷售和服務的商業策略，指企業機構環繞著它的顧客，每當有互動關係時，訊息會和適當的顧客產生交流。
Bhatia（1999）	是利用軟體與相關科技的支援，針對銷售、行銷、顧客服務與支援等範疇，自動化與改善企業流程。
NCR Co.（1999）	CRM引導企業不斷與顧客溝通以了解並影響顧客的行為，因此能主動爭取新客戶與鞏固現有客戶以及增進顧客利潤頁獻度。
Pivotal Co.（1999）	一種管理方法，利用特殊的工具、技術與技巧使得企業行政運作上容易操作並獲得改善，其目的在於將企業取得的顧客關係總價值予以最大化。
Sybase Co（1999）	利用既有的資料倉儲，整合所有相關資料，使其容易讀取以進行分析，讓組織能夠確定衡量現有和潛在顧客之需求、機會、風險及成本，以最大化企業價值。
美國資料庫行銷協會	CRM是協助企業與顧客建立關係，使得雙方都互利的管理模式。
勤業顧問公司	CRM指企業與顧客建立一種學習性關係，亦即獲取顧客資訊與情報，來滿足其需求。
遠擎顧問公司	將CRM系統依項目區分為：一對一行銷、資料庫行銷、企業組織重整、資料倉儲、資料採礦、電腦電話整合式客服中心，以及資訊亭等7項。

3-3-2 CRM 與 Data Mining 關係

上述顧客關係管理（CRM）根據不同領域的專家學者解釋，有著不同敘述，但整體來說定義是接近的。倘若在 Google 輸入「何謂顧客關係管理」關鍵字進行搜尋，至少可得到超過 5 萬個不同解釋。資料採礦（Data Mining）是大數據時代當中，相當流行的領域代表字眼。其在範圍定義、推理和期望都與傳統統計分析有些許不同；挖掘的資訊和知識從巨量資料庫而來，它被許多研究者在資料庫系統和機器學習當做關鍵研究議題，且也被許多企業當作主要利基的重要所在，有許多不同領域的專家，對資料採礦（Data Mining）展現出極大興趣。本章節內容將針對顧客關係管理（CRM）與資料採礦（Data Mining）的關係進行整合及探討。

顧客關係管理（CRM）不僅可提升企業與顧客之間的互動關係，同時也藉由互動關係來蒐集顧客資料。一般來說，蒐集顧客資料包括行銷活動顧客反應度、運銷和產品供應之相關數據資料、銷售與購買之資料、顧客資料、顧客網站註冊資料、相關服務之數據、產品市場資料及網路銷售數據等。由於各項資料均為顧客與企業間之互動而產生，**而掌握資料到分析資料的主要技術之一即為資料採礦。**

目前資料採礦技術應用的產業相當廣泛，大致包含了零售、金融、行銷、醫學、法律、製藥及教育等，其中大部分應用還是在顧客關係管理上，故以下就以資料採礦在顧客關係管理上的應用討論之。

基本上，企業在進行顧客關係管理上，存在著許多不同層次與相互關聯的策略考量，主要包括顧客之獲取、增加顧客對於企業之價值以及顧客之留存。而資料採礦可有效的在各不同層面增加公司收益，協助達成對於企業營運之整體策略目標。故提出資料採礦可針對以下幾類商業問題提供解決方案，創造商業價值：分別是顧客市場區隔（Customer Segmentation）、交叉銷售（Cross Sell）、顧客獲取（Customer Acquisition）、顧客利潤（Customer Profitability）、顧客維繫（Customer Retention）與顧客流失（Churn）等 5 項。顧客關係所指的是組織與其顧客之間所存在之各種互動關係，不僅可提昇企業與顧客間之互動關係，同時藉由互動關係來蒐集顧客資料。

顧客關係管理並非全然為資訊科技，因此企業主應該瞭解在尋找合宜的顧客關係管理軟體上，著重於既有顧客關係管理層面之考量，而非尋找顧客關係管理之解決方案，因為任何一種顧客關係管理之軟體絕對無法徹底解決企業與顧客間關係之維繫與建立。完整的 CRM 運作機制在相關的硬軟體系統能健全的支持之前，有太多的資料準備工作與分析需要推動。企業透過資料採礦（Data Mining）可分別針對策略、目標定位、操作效能與測量評估等 4 個切面之相關問題，有效率地從市場與顧客所蒐集累積之大量資料中挖掘出對消費者最關鍵、最重要的答案，賴以建立真正由客戶需求點出發的客戶關係管理。

資料採礦（Data Mining）在 CRM 中扮演重要的角色。CRM 是持續引起熱烈討論與高度關切的議題，尤其在直效行銷的崛起與網路的快速發展帶動之下，跟不上 CRM 的腳步就如同跟不上時代。事實上 CRM 並不算新發明，像是奧美直效行銷推動十數年的 CO（Customer Ownership），其實就是現在大家談的 CRM。

資料採礦應用在 CRM 的主要方式可對應在 Gap Analysis 之 3 個部分：

1. **Acquisition Gap**，可利用 Customer Profiling 找出客戶的一些共同特徵，藉此深入了解客戶，透過 Cluster Analysis 對客戶進行分群後再由 Pattern Analysis 預測哪些人可能成為我們的客戶，以幫助行銷人員找到正確的行銷對象，降低成本，提高行銷成功率。

2. **Sales Gap**，可利用 Basket Analysis 幫助瞭解客戶的產品消費模式，找出哪些產品客戶最容易一起購買，或利用 Sequence Discovery 預測客戶在買了某一樣產品之後，在多久之內會購買另一樣產品等。利用資料採礦（Data Mining）更有效的決定產品組合、產品推薦、進貨量或庫存量，甚或是在店裡要如何擺設貨品等，同時用來評估促銷活動之成效。

3. **Retention Gap**，可由原客戶後來卻轉成競爭對手的客戶群中，分析其特徵，再根據分析結果到現有客戶資料中找出可能轉向、移轉客戶，然後設計一些方法預防客戶流失；更有系統的做法是藉由 Neural Network 根據客戶的消費行為與交易紀錄對客戶忠誠度進行 Scoring 的排序，如此則可區隔流失率的等級進而配合不同的策略。

3-3-3　CRM 指標

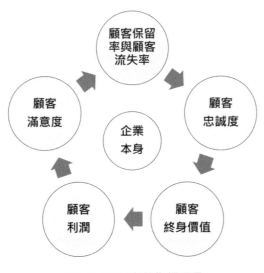

圖3-3　CRM各類指標項目

探討顧客關係管理的成功與否，常有相對應的指標來衡量績效，包含顧客保留率（Customer Retention Rate）、顧客流失率（Customer Attrition Rate）、顧客忠誠度（Customer Loyalty）、顧客利潤（Customer Profitability）、顧客終身價值（Customer Lifetime Value）及顧客滿意度（Customer Satisfaction），如同圖 3-3。

接下來我們就來說明常見的幾個 CRM 指標有哪些？

顧客保留率（相對意思是顧客流失率）

「沒利潤的企業客戶為何要保留？」。顧客保留率是很直覺的衡量指標，衡量的是顧客經過時間後是否仍然不會叛離。通常以新顧客為主，**針對隔年是否繼續消費來計算比率**，也就是針對某年新進顧客於隔年仍會對企業所提供的產品或服務進行消費的比率。

保留率（Retention Rate, RR）＝隔年顧客數 / 某年顧客數。

流失率＝1 - RR（Retention Rate, RR）。

根據研究調查指出，倘若顧客保留率能夠達到 5%就表示達到良好的顧客保留績效。另一方面，顧客流失率則與顧客保留率相反，是一體兩面的衡量方式；且若某公司顧客流失率為高達 90%，乍看之下很高，但若思考留住一位新顧客要比保留一位**舊顧客要花 5～7 倍的成本**，那麼顧客保留率的確是一個值得思考的衡量指標。

顧客忠誠度

「不要把錢浪費在改變顧客的行為，應該用來吸引正確的顧客」。顧客忠誠度也是常被提出來衡量的指標，**通常是指顧客對特定的廠商、產品或服務重複購買的程度**。影響顧客忠誠度的原因最主要是環境影響，價格會有變動，造成顧客對產品的敏感度增加，再加上幾乎面臨的都是完全競爭的市場，例如目前的信用卡市場，競爭激烈程度如此之大。**因此，良好服務態度與持續服務創新，才是提升顧客忠誠度之最有效方式。**有許多企業會以顧客保持比率或顧客市場佔有率來粗略估計顧客忠誠度。

顧客滿意度

「95%的忠誠客戶流失原因，幾乎都是客戶滿意度降低」。顧客滿意度指的是顧客購買產品或服務的滿意程度。會直接影響到商品的銷售率，曾有研究調查指出，1 個顧客會把好的經驗告訴 3 個朋友，但卻會把不好的經驗告訴 10 個朋友，100 位滿意的顧客有可能會衍生出 15 位新顧客，這就是顧客滿意度所造成口碑（Word of Mouth）的影響力。影響顧客滿足有 4 大基本要素：品質（Quality）、價格（Price）、時間（Time）、態度（Attitude）。**產品品質的可靠、耐用與方便會影**

響滿意程度，價格會讓顧客對於產品的敏感度增加，時間通常是能否及時滿足顧客需求，態度則是企業所表現出與顧客接觸的友善程度。

顧客利潤

「新客戶利潤貢獻金額若偏低，是由於被低價折扣品吸引，隨著降價促銷的結束而消失，就是所謂的 Easy Come，Easy Go！」。一般來說，企業計算顧客利潤會是使用顧客區隔（常用方法是 **RFM Model**）。市場區隔（Market Segmentation）的概念是由 Smith（1956 年）所提出，他認為：「市場區隔的基礎建立在市場需求發展上，針對產品和行銷活動做合理和確實調整，使其適合消費者需求」。因此，在瞭解市場區隔的重要性後，接著便要選擇適當的市場區隔方法，依據 Hughes（1996 年）研究描述，RFM 分析模型在直效行銷（Direct Marketing）領域中已被使用超過 30 年，但隨著電腦科技進步與資料庫系統之成熟應用，RFM 分析模型直到 1990 年後才被廣泛使用，後來成為資料庫行銷代表。

RFM Model 是應用最為廣泛的分析方法之一。利用 RFM Model 可以更簡單、快速分析、篩選公司顧客；另一方面，從行為觀點來看，RFM 是最常用來測量與顧客強度的方法。

RFM 分析模型的概念，是利用顧客過去的歷史交易紀錄，**包括最近一次購買日期（Recently）、某時段的購買頻率（Frequency）及某時段的購買金額（Monetary）來進行顧客價值衡量**，但施行此行銷方式必須有個先決條件，就是企業本身一定要蒐集顧客交易行為紀錄，如此才能做後續靜態資料分析，以下針對RFM Model 做個別說明，詳細請參考圖 3-4。

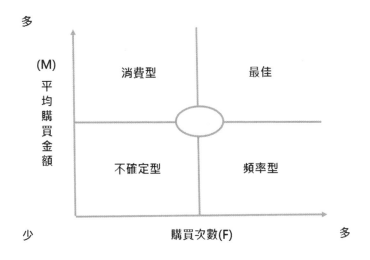

圖3-4　RFM模型示意（資料來源：Marcus, 1998年）

✓ 近期性：指的是最近購買日期，其為測量時間的量度，由最後一次購買日起至現在之時間計算，若最近購買日期離現時愈遠，則表示著此顧客的購買行為可能已經改變。

✓ 購買頻率：購買頻率測量一個時段內顧客所購買的次數，例如一季、一個月、甚至一個星期、或測量顧客在此時間內與公司互動程度，互動頻率愈高代表此顧客與公司互動程度愈高。

✓ 購買金額：購買金額則決定在某個時段內購買的總金額。

顧客終身價值

「把主要資源運用在最有價值的顧客身上，不要把時間浪費在不重要的顧客身上」。顧客終身價值就是能夠掌握關鍵顧客的衡量指標，終生價值通常是選擇總額或淨額為計算基礎。**總額是指顧客在某段時間的總消費金額；淨利是指總消費金額扣除成本(產品、行銷、服務)所得到的值。**企業最常使用的方法為作業基礎成本法（Activity Based Costing, ABC），以銷售額累計為主要分析軸，區隔出不同等級的顧客群。

3-3-4 RFM 指標分析結構

RFM 值方法

Stone（1989 年）提出計算 RFM 值方法來計算 R、F、M 分數。在 R 值部分，將時間分為本季、距今 6 個月內、距今 9 個月內以及今年等 4 種，並分別給予 24、12、6、3 分等分數；在 F 值部分，就把購買次數乘以 4 當作 F 值的分數；在 M 值計算部分，以消費金額的百分之 10 當作分數，但若 M 值大於 9，則只取 9，**主要是避免購買頻率低卻具有大量消費金額的情形。**將顧客的 R、F、M 分數給予以加總後，若其 **RFM** 總分大於使用者設定的門檻值，則將其視為**潛在型顧客或為黃金顧客**。

顧客行為 5 等分法

Miglautsch（2000 年）提出顧客行為 5 等分法，是將顧客消費紀錄之最近購買時間、購買次數及購買金額等 3 個維度分別平均分成 5 等分，亦即（R,F,M）=（1,1,1）…（5,5,5），至多將分出 125 組級別之顧客。（**5,5,5**）即為 **15 分**，（**5,4,3**）為 **12 分**，分數愈高者代表後續購買產品之潛在持續購買力愈大。

行為 5 等分法

行為 5 等分法（Miglautsch, 2000 年）是依顧客購買行為將顧客排序。和顧客 5 等分法一樣，也將 3 個維度各分成 5 等分，**但不同的是 R 值與 F 值部份**。其中 R 值分為前 3 個月、前 4 至 6 個月間、前 7 至 12 個月間、前 13 至 24 個月以及前 25 個月等 5 類，分別給予 5、4、3、2、1 分；F 值是先將只購買 1 次的顧客分為 1 等分，然後計算其餘顧客的平均購買次數，高於此平均者分為 1 等分，再計算其餘顧客的平均購買次數，高於此平均者再分為一等分，重複此方法，將購買頻率由高至低分為 5 群，分別給予 5 分至 1 分；M 值是依據購買金額由多至寡分別給予分數 5 分至 1 分。將顧客的 R、F、M 分數予以加總，若其 RFM 總分大於使用者設定的門檻值者，則視為潛在型顧客或為黃金顧客。

RFM 分析模型適用於各產業且計算邏輯並不複雜，是許多行銷人員在不需要資訊系統的輔助下也能進行的一種顧客分析方法。然而 RFM 分析模型存在兩個基本問題：

✓ 個別 RFM 屬性針對不同產業有不同的差異性，例如：某些產業對 R 屬性有很好區隔能力，但其他產業可能對 FM 屬性有較佳的區隔能力；而 RFM 分析模型並無針對 RFM 屬性及敏感性不同，整合成單一區隔指標。

✓ RFM 分析模型不具有預測能力，僅就顧客過去的歷史交易資料區隔顧客。

以下表 3-3 是關於 RFM 分析方法比較。

表3-3　RFM模型比較

模型名稱 缺點	RFM值方法	顧客5等分法	行為5等分法
過於主觀	(1) 門檻值設定 (2) 給分偏向行銷人員主觀認定	(1) 門檻值設定	(2) 門檻值設定 (3) 給分偏向行銷人員主觀認定
產品生命週期問題	R的部分採用固定式區間長度的切割方式來給分，難適合所有產品。		
同分比較	(12,24,4)、 (6,32,2)、 (24,8,8) 同樣為40分 但代表意義不同	(1,4,5)、(4,1,5)、(5,1,4) 同樣為10分，但代表意義不同。	
群數		分成125群，但有時顧客人數及消費紀錄未具如此規模	

3-3-5　CRM 過程

CRM 具有 4 大重複循環過程（台灣力劦, 2003 年），首先要有敏銳觀察力，能有效地協助目前既有顧客及潛在顧客需求，其次是利用現有資訊區隔每一位顧客，特別著重在區分高價值顧客上，接下來訂出行銷組合以符合每一位顧客的需求。經過循環不斷地執行並有所修正，將有助於企業與顧客之間的關係。

CRM 的四大循環過程為（李佳臻, 2004 年）：

1. **知識發掘**：對蒐集後的顧客資料進行分析，目標在於找出以往未發現的可能商機、投資方向與策略，此階段著重於顧客確認、客群區隔以及顧客預測。

2. **市場規劃**：針對特定的顧客提供適合產品，進行客群市場規劃，定義特定活動種類、通路與計畫等。

3. **顧客互動與回饋**：使用及時互動管道，對現有顧客與潛在顧客進行溝通與服務，並取得回饋。

4. **反覆分析與修正**：將分析出來結果當作不斷修正的基礎，藉以改善系統，提供更好的服務。

圖3-5　CRM資料來源過程（資料來源：李佳臻，2004年）

3-3-6　顧客市場區隔

不同之顧客群必然存在著不同的特質，將顧客群進行有系統的分類，可協助企業從一個較為寬闊的視野來審視與檢驗公司既有的營運策略，針對不同的顧客特性來設計商品與服務，擬定不同的行銷策略與廣告模式以取代舊式，以企業觀點出發之行銷模式。

每一個企業的利潤來源，都是來自於某一部份顧客群所貢獻的，所以只要瞭解顧客群的組成狀況，就可讓企業的有限資源發揮最大功效，也就是我們所謂的 80/20 法則，由這個定理引申出一家公司 80%利潤來自 20%顧客，例如就航空業來說，持有認同卡的會員，其平均貢獻度會比非會員來的高，而持有金卡或白金卡的會員又比一般的會員高，這就是所謂的顧客生而不平等定律。因此，如何找到這 20%的顧客，提供完整顧客服務，進而增加他們的交易次數及企業利潤，對企業來說是一件相當重要的事。

顧客區隔主要目的為找出哪些顧客是可以為企業帶來最多的利潤，給予他們獎勵和最好服務，以鼓勵他們繼續消費。相對來說，哪些顧客花費太多的行銷成本，無法為企業創造利潤，更甚者會減少企業利潤，就不用花費太多心思及企業資源在他們身上。依據顧客為企業創造利潤的程度，配置企業資源，因此為顧客進行市場區隔時，要考慮以下問題：

✓ 在現有顧客群中，哪些人可以為企業貢獻實質利潤？

✓ 企業主要的獲利來源，是由哪一類型的顧客所貢獻？

✓ 現有顧客群中，哪些消費者是無法為企業帶來利潤，所以不用花費太多心思在他們身上？

✓ 哪一類型的顧客，能長期持續消費，累積可觀的終身價值？

考慮上述問題後，試著找出對企業有利顧客，好好經營彼此之間關係，把較多企業資源投注在這些顧客身上，加強對他們的行銷活動，而對於不能為企業增加利潤的顧客，相對可以斟酌所挹注花費的時間和心思，畢竟企業資源有限，適度的割捨，才是顧客關係管理之道。

最佳顧客市場區隔，便是所謂的目標行銷。顧客市場區隔，就是一群有相同特性的顧客，**因為相同特性讓這群顧客和其他的顧客群不同。**因為每個人都是不同的個體，所以在市場區隔中有不同需求，甚至對不同產品也會有不同形式需求。當顧客在不同地方購物時，所願意付的價格當然也有所不同。**顧客市場區隔的消費市場可運用資料採礦等技術將年齡、性別、居住地、生活形態、薪資等許多變數，將顧客做分類。**若以組織型市場或工業市場來看，通常是以企業型態、企業大小、地點、企業文化、營運方式等，將顧客分成潛在顧客與一般顧客。因此就可以依據其對於特定的產品或服務的使用量，還有對特定品牌的忠誠度做進一步市場區隔。

目標行銷便是找出最佳市場區隔，這同時也是極為重要的行銷技能。為了提高銷售額花時間瞭解顧客，絕對是划得來的事情。加上在不同的市場區隔內，不管是以哪一種市場作為目標市場，都要依據不同的市場選擇不同的處理方法以達到企業的目標。因為在不同的市場區隔內，顧客會見到不同傳媒，接觸到不同產品，所以顧客所願意付出的代價也會有所不同。因此，在不同的市場區隔需要不同的解決方法，著手找出最佳市場區隔，便是企業一大工程。

另外，**顧客市場區隔還可運用在弊端之偵測及產品於市場之定位等**。對於零售業者而言，資料採礦可以協助業者瞭解顧客依據人口統計學之分類所產生的消費特性，發掘消費者採購模式，以及改善直接郵寄之廣告宣傳效益。對於銀行業者，資料採礦可以協助銀行瞭解顧客信用卡發放與使用所可以產生的弊端，協助找出對銀行而言最有利潤以及忠誠度最佳之顧客群。電信業者可利用資料採礦之資料分析瞭解顧客拒絕續約之原因，並藉以提供消費誘因以留住消費者。保險業者則利用資料採礦來分析保戶通常要求理賠之模式，除了可以調整作業流程外，並可加強稽核，以防止詐財之可能性發生。

如今人們在購買東西時，所受到的影響除了廣告傳媒外，還會受到周遭人們影響。因此企業所做的市場區隔的調查，便是要找出市場區隔焦點，進而找出決策單位，然後交辦決策單位提出說服的方案。因此，企業在進行目標行銷時要特別慎重，時時留意市場區隔重要性。

3-3-7 交叉銷售

交叉銷售（Cross Sell），也有人稱為共同行銷、交叉行銷、跨售行銷等。簡單來說，交叉銷售的「交叉」標的物是不同產品之間的顧客資料庫、通路等資源，希望達成的目的是瞭解顧客的需求，在最適當的時機將公司其他的產品甚或不同公司之產品引薦給顧客，達到顧客與公司雙贏。

以金融服務舉例來說，一個人一生中需要的金融服務包羅萬象，因此對顧客來說，如果走進銀行分行或打通電話、上個網路，就可以得到所有自己想知道的資訊及專業建議，該有多好？如果銀行又聰明到可以將這些資訊去蕪存菁後適時的提供，順帶告訴自己現在有些什麼樣的優惠，豈不美哉！這就是交叉行銷（Cross Sell）的魅力所在！

由於現在企業和顧客之間的關係是經常變動的，當一個人或一間公司變為顧客，企業就要盡力維持和顧客之間聯繫。一般來說可以透過 3 種方法。

- ✓ 長時間關係
- ✓ 最多次數交易
- ✓ 最高交易利潤

因此企業就需要對已有的顧客進行交叉銷售。而顧客必須是可以追蹤且瞭解的，因為相關因素可以有很多種，像是銷售地點、品牌、提供廠商等，這是一種發現顧客多種需求的一對一行銷方式。以橫向角度開發產品的市場來看，如果瞭解這個顧客的消費屬性和興趣喜好，企業就可以有更多的客觀參考因素來判斷，資料採礦也可利用這些因素進行儲存跟分類，進而達到實現銷售目標之目的。

交叉銷售（Cross Sell）是建立在雙贏的基礎之上，也就是說對企業和顧客都有好處，顧客因為得到更多更好的服務而獲益，企業也因為銷售增加而得利。以前的傳統行銷要實現交叉銷售的目標，往往採用延伸品牌或產品線等策略，但那樣的效果不夠直接。如果有了顧客資料庫，交叉銷售就可實現跨行業銷售，資料來源產業和目標群眾要有一定的關聯性，這樣才能讓溝通資訊發揮作用。通過原有顧客銷售挖掘，在很多情況下和找出潛在顧客方式是相似的，交叉銷售的好處在於對原有顧客，可以比較容易得到相關訊息，在企業所掌握的顧客訊息，尤其是歷史交易資料，可能包含這個顧客進行一次購買的決策因素，這時資料採礦作用就會顯現出來，它可以幫助企業找到這些影響購買行為的因素。

國內許多零售業者，幾乎都會針對顧客交易資料，來探討顧客在相關性產品之購買行為，以決定最有可能做交叉銷售的商品與目標顧客；**並採用關聯法則，應用於購物籃分析，發掘顧客購買行為，以作為交叉銷售之參考。**又有許多網路業者利用網站會員及商品，如 BBS 頻道與財經頻道的資料檔，做為會員網路模式之資料分析的基礎，利用資料採礦找出入口網站的會員與商品之分群特徵，並發掘會員在兩頻道間網路行為的關聯法則。

3-4　資料庫行銷

在顧客關係管理中，強調的就是顧客資料蒐集與運用，當資料蒐集完善，可透過資料庫行銷方法將背後的價值發揮極致。1897 年，義大利經濟學家 Pareto 發現了 80/20 法則，在偶然機會中發現十九世紀英國人的財富和受益的模式是有跡可循，亦即大部份的財富流向少數人的手裡，之間有個一致的數學關係，經由數據對照得知：

- ✓　20%的產品，涵蓋了 80%的營業額。
- ✓　20%的客戶，佔企業組織體 80%獲利率。

Frederick（1999 年）認為 80/20 法則的概念為顧客關係管理中常見的理論基礎，其說道：「企業每年平均營業額中，有 80%利潤來自 20%顧客」，**顯示留下最佳顧客，是避免顧客流失的措施。**

然而行銷人員如何從資料庫中找到最大市場，並從中獲取市場佔有率呢？**顧客資料庫是相當寶貴工具，建置成本高變動成本低，花費的成本隨著使用次數而趨於平緩。**因此，要得到市場佔有率，最好機會並不單只在金字塔頂層的顧客，而是在較下層的顧客群；但是比起獨佔產業 10%市場佔有率，一般產業的 10%市場佔有率獲利相較之下偏低。因此，資料庫行銷扮演的角色，在於如何將顧客金字塔中不同顧客層級資料做有效分析運用，並藉此提升忠誠度與改善投資報酬率。

透過資料庫分析，除了瞭解基本客群外，亦能夠找出潛在顧客群在何處（年輕族群還是老年族群），並可瞭解顧客是透過何種管道與企業接觸（例如是一般經銷商還是量販店），且資料庫還反映一個很現實的現象，顧客需求到底在哪裡；往後當產品或服務提供給顧客時，並不代表顧客非全盤接受不可，如何能夠瞭解顧客真正願意掏錢的原因，也是資料庫的任務之一。

圖3-6　資料庫行銷客群對應策略

此外最重要的是，顧客到底願意花多少錢購買產品或服務。對於企業來說，沒有比顧客掏出錢來購買還重要的。因此，資料庫中必須詳實記錄每一筆購買金額及蒐集行為軌跡紀錄，以便使資料庫行銷能夠發揮更大效益。張瑋倫（2005 年）認為除了 Graeme（2000 年）提出 3 個傳統資料庫能回答的基本問題外，現今資料庫還能夠額外回答兩個問題，一併整理如下：

- ✓ 目標顧客是誰？（Who）
- ✓ 從何種管道接觸到的？（Where）
- ✓ 顧客需要什麼？（What）
- ✓ 產品服務為什麼吸引顧客？（Why）
- ✓ 顧客消費的金額為多少？（How Much）

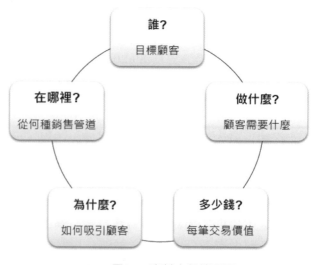

圖3-7　資料庫行銷五問

何謂 T-SQL 及案例資料說明

4 chapter

SQL 是一種用來讀取資料庫與儲存資料的電腦語言。更重要的涵義，SQL 可說是查詢顧客、瞭解顧客等行為的最佳工具。本章節內容將說明結構化查詢語言（Structured Query Language）的歷史及結構組成。以目前大數據分析領域來看，SQL 的重要性已經是越來越高了，甚至要進入大數據分析領域工作的話，一位資料分析人員應該具備的基本武器就是 SQL。因為對於分析人員來說，在執行資料分析、撈取資料或查詢資料等過程，都須具有獨立完成能力，想當然目前市場上人才趨勢也是如此，所以對於想要成為專業的分析人員，甚至未來想要邁向資料科學家的人來說，SQL 能力算是基本配備。

什麼是 Transact-SQL？它是適用於 Microsoft SQL Server 的資料庫語言，同時是本書的重點項目之一（後續章節內容提及 SQL Server 2016 新功能與執行資料分析範例過程常會使用的 T-SQL 指令，筆者稱之為分析型 SQL）。

另外，介紹本書主要使用的案例資料，乃屬於零售業範疇，該產業在台灣有不少企業投入資源在資料分析領域。書中內容根據筆者經驗，會盡量以簡單明瞭的方式來闡述資料分析過程中，常會使用哪些 T-SQL 指令來解決問題、產出分析結果，以及中間過程當中可能會遇到的一些情境案例，而不同於目前市面上的資料庫軟體操作種類，本書是以目前最新的 SQL Server 2016 進行操作說明。

4-1 結構化查詢語言

SQL 全名是結構化查詢語言（Structured Query Language），一般讀成「sequel」，它是針對關聯式資料庫在查詢正規化資料表的專屬語言。

SQL 語言特性結構簡潔、功能強大及簡單易學，最早是由 IBM 公司使用在其開發的資料庫系統裡面的一種語言，沒想到推出以來，就得到了廣泛的應用。**還有利用 SQL 來定義資料庫結構、建立表格、指定欄位型態與長度，同時也能新增、異動或查詢資料，儼然成為關聯式資料庫的標準語言代名詞。**

如今像是 Microsoft SQL Server、Oracle、Sybase、Informix 等這些大型的資料庫管理系統，還是 Visual Foxporo、PowerBuilder 等這些微機上常用的資料庫開發系統，都已支援 SQL 語言做為查詢語言。**1986 年美國國家標準協會（ANSI）機構已經將 SQL 語言列入關聯式資料庫管理系統的標準語言**，接著 1987 年獲得國際標準組織（ISO）認定，將其列為國際標準。在該標準之下，雖市售不同關聯式資料庫產品，各自發展特殊的 SQL 語言，但都不能脫離此標準範圍，例如 Microsoft 資料庫使用 Transact-SQL（簡稱 T-SQL）、Oracle 則使用 PL／SQL 等。

關聯式資料庫查詢語言在處理資料時，是以「集合」基礎方式為主，主要有以下兩個好處：

1. **使用較少陳述式指令，可處理整批資料**：因為相較於對應集合基礎的單一列資料處理方式，需要額外使用迴圈，搭配變數控制程式的執行，雖然這樣可完成相同效果，但是需要撰寫更多且複雜的指令。

2. **使用較快速度與較少 IO，可加快大量資料處理**：若使用單一列資料處理方式，必須得在每一筆資料處理過程，產生獨立 I／O 作業，無形中也會增加處理時間，可是使用集合基礎方式，僅一次性確認所有的資料變更即可。

4-1-1 標準 SQL 語言

美國國家標準協會（ANSI）與國際標準組織（ISO），兩者乃是推動 SQL 語言標準化的重要組織。

最初是在 1986 年由美國國家標準協會（ANSI）制定其標準化規格，隨後在 1992 年時再推出更新的版本，就是所謂的「ANSI-SQL 92」或稱「SQL2」，同時也是微軟目前關聯式資料庫的標準語言；「ANSI-SQL 99」稱為「SQL 3」，適用在物件關聯式資料庫的 SQL 語言。Microsoft SQL Server 的 T-SQL 也支援最新的「ANSI-SQL 2011」的特點。表 4-1 是各階段的 ANSI-SQL 語言定義說明。

表 4-1 各階段 ANSI-SQL 定義說明

年代	版本	備註說明
1986年	SQL - 86	為ANSI最早發表的SQL語言標準。
1989年	SQL - 89	小幅度變更後的版本。
1992年	SQL - 92	屬於大幅度變更版本，微軟SQL Server資料庫是以此為標準。
1999年	SQL：1999	有加入遞迴查詢、非純量類型和物件導向功能。
2003年	SQL：2003	有加入XML相關功能及Windows函數等。
2006年	SQL：2006	有加入Merge、GROUPING SETS及XML等進階功能。
2008年	SQL：2008	把CURSOR定義合理化。加入triggers和TRUNCATE語句。

2011年	SQL：2011	<ul><li>在 Merge 語句中加入 delete。</li><li>可 Select 一個 DML 語句結果（Pipelined DML）。</li><li>加入可 Call 支持命令參數。</li><li>集合類型增強。</li><li>能臨時關掉約束。</li><li>窗口函數增強。</li></ul>

圖 4-1 則是標準 SQL 和其餘各系統 SQL 的涵蓋比較，不難發現 Microsoft SQL Server、Oracle、Sybase、Informix 等這些大型的資料庫管理系統，當初在進行產品設計時，都環繞著 ANSI－SQL 語言標準。

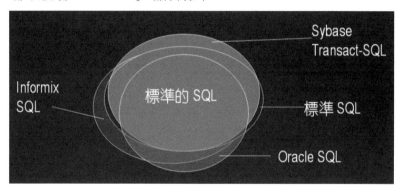

圖 4-1　標準 SQL 與 SQL 種類

4-1-2　組成 SQL 語言要素

建議讀者一開始在接觸 **SQL** 語言之前，可先認識 **SQL** 指令的結構。SQL 指令也稱做陳述式（Statement），是最常使用的資料庫語言。

圖 4-2 是筆者用來說明何謂一個完整的 **SQL** 指令（陳述式, **Statment**）所舉的例子。其實整個結構非常容易理解，首先它是由數個子句（Clause）所組成，分別是 SELECT、FROM 和 WHERE。各類型子句說明如下：

- **SELECT** 子句：內容表示指定查詢取得的資料行。
- **FROM** 子句：內容表示指定查詢的資料表來源。
- **WHERE** 子句：內容表示指定查詢所要篩選的條件。

該部份為運算式，意思是將工時單位換算成以"天數"單位。

該部分稱為子句，像是SELECT、FROM 和WHERE等都是子句。

> **SELECT** 會員編號, 性別, 工時/24.0
>
> **FROM**   dbo.GNC會員基本資料檔
>
> **WHERE** 性別='F' AND 職業='家管'

整個SQL指令，又稱陳述式（Statement）。

過濾（Filter）條件，像是只需要"女生"跟職業是"家管"資料。

圖 4-2 標準 SQL 指令（陳述式, Statment）

一般來說 SQL 語言組成元素，可分為 3 個部分。說明如下：

1. **資料定義語言（Data Definition Language，DDL）**，它用於定義資料庫的資料表（或稱物件），例如：資料表的名稱、屬性的名稱、屬性的資料型態...等，主要指令有 3 種。依序說明如下：

   - CREATE，屬於語言元素。可用來定義所有的資料庫物件，除了常用的資料表、資料庫外，還有進階函數和預存程序等。

   - ALTER，屬於資料庫定義指令。可用來修改已存在資料庫的物件，且不影響既有資料庫物件。

   - DROP，屬於資料庫定義指令。可用來移除資料庫的物件，並且該物件所包含的資料與相關物件全部移除。

2. **資料操作語言（Data Manipulation Language，DML）**，資料操作語言用於執行有關資料庫中資料的新增（Insert）、修改（Update）、刪除（Delete）、與查詢（Select）之動作。依序說明如下：

   - INSERT INTO，增加一筆資料（或紀錄）。

   - UPDATE，更正合乎條件的資料（或紀錄）。

   - DELETE，刪除合乎條件的資料（或紀錄）。

   - SELECT，找出合乎條件的資料（或紀錄）。

3. **資料控制語言（Data Control Language，DCL）**，確保資料庫的資料能依照權限的設定給予正確與安全的存取限定，例如：限制某使用者是否可修改某資料表的設計...等。GRANT 代表是授與指令、DENY 代表是拒絕指令、ROVOKE 代表是移除指令。依序舉例：

- 將員工資料表授與查詢權限給指定的使用者。

  GRANT 使用方式：GRANT SELECT ON 員工資料表 TO 使用者名稱

- 將員工資料表**拒絕授與**指定的使用者。

  DENY 使用方式：DENY SELECT ON 員工資料表 TO 使用者名稱

- **移除**指定的使用者名稱**查詢權限**。

  REVOKE 使用方式：REVOKE SELECT ON 員工資料表 TO 使用者名稱

4-2 何謂 Transact-SQL

4-2-1 前言

所謂 Transact-SQL（T-SQL）其實就是標準 SQL 語言的增強版，主要是用來控制 Microsoft SQL Server 資料庫的一種語言，同時也是使用核心。目前的標準 SQL 語言是屬於非程序性語言，使得每一 SQL 指令都是單獨的被執行，導致指令與指令之間是無法傳遞參數，所以在使用上，往往不如傳統高階程式語言來的方便。

有鑑於此，Microsoft SQL Server 提供 T-SQL 語言，它除了符合 SQL-92 的規則（DDL, DML, DCL）之外，另外增加了變數、程式區塊、流程控制及迴圈控制…等功能，使其應用彈性大幅提升。

Transact-SQL（T-SQL），它是屬於具有批次與區塊特性的 SQL 指令集合，資料庫開發人員可以利用它來撰寫資料內的商業邏輯（Data-based Business Logic），以強制限制前端應用程式對資料本身的控制能力，同時它也是資料庫物件的主要開發語言。另外，Microsoft SQL Server 執行個體通訊的所有應用程式，都是透過 Transact-SQL 陳述式來傳給伺服器來執行，且不論應用程式的使用者介面為何，一向都是如此。以下是能產生 Transact-SQL 的應用程式類型清單：

✓ 一般企業辦公室系統生產所用之應用程式。

✓ 利用圖形化使用者介面（GUI），讓使用者選取要查看的所屬資料（表）資料表和資料應用程式。

✓ 利用一般語句指令來判斷使用者需要查看哪些資料的應用程式。

✓ 將資料儲存在 SQL Server 資料庫中的應用程式系列。而這些可包括供應商撰寫的應用程式和自行撰寫的應用程式。

✓ 利用 Transact-SQL 之類的公用程式來執行 sqlcmd 指令碼。

✓ 利用 Microsoft Visual C++、Visual Basic 或 Visual J++ 等使用 ADO、OLE DB 和 ODBC 之類資料庫 API 開發系統所建立的應用程式。

✓ 從 SQL Server 資料庫中擷取網頁的資料。

✓ 將 SQL Server 的資料複寫至各種資料庫，或執行分散式查詢資料庫系統。

✓ 從線上交易處理（OLTP）系統擷取其中資料至資料倉儲，並摘要後進行決策支援分析。

另外，關於 Transact-SQL（T-SQL）語言，基本上大致可分成幾大類：

✓ INSERT, UPDATE, DELETE

✓ GRANT, REVOKE, DENY

✓ CREATE, ALTER, DROP

✓ COMMIT, SAVEPOINT, ROLLBACK

✓ SELECT

✓ IF…ELSE, WHILE, BREAK, CONTINUE

✓ 批次結束指令（GO）

✓ 註解

✓ 識別碼和語法習慣

✓ 資料類型

✓ 變數使用

✓ 系統函數

✓ 運算子和運算式

✓ 陳述式

✓ 保留字

以上內容為 Transact-SQL（T-SQL）語言分類，接下來的內容筆者會根據本身實務經驗，說明在 CRM 分析領域上常會使用到哪幾類 T-SQL，同時也是一位分析人員應具備的其中一項技能。

4-2-2 Microsoft SQL Server 的 Go 指令

GO 指令，是適用 Microsoft SQL SERVER 2005 之後版本。它是指一個命令來表示批次的結束，並非是 T-SQL 的陳述式。倘若整個陳述式最後加上 GO 指令之後且按下執行，整個 SQL Server 的資料庫引擎，會針對整個批次的陳述式執行；同理，在每一個陳述式之後加入 GO 指令，則會產生不同批次的陳述式執行。

批次，意思指得是從應用程式中同時傳送至 SQL Server 執行一個或多個 T-SQL 陳述式群組。SQL Server 可將批次的陳述式傳換成可執行的單一執行計畫，然後一次執行完畢執行計劃內的所有陳述式。

GO 語法結構：

```
GO [Count]
```

Count 是一個引數且為正整數。指的是在 GO 之前的批次將會執行指定的次數。

📄 **範例一》**

```
--GO之前的批次將會執行2次
SELECT * FROM [dbo].[Product_Detail]
GO 2
```

📄 **範例二》**

```
--產生2個執行批次
USE [邦邦量販店]
GO

SELECT * FROM [dbo].[Product_Detail]
WHERE Productname LIKE'%巧克力%'
GO
```

4-2-3 Microsoft SQL Server 的註解

註解，指的是不會被執行的文字字串和任何字元，主要的功用是用來記錄程式名稱的執行過程、作者姓名，以及主程式碼的修改日期。另外也可用來描述複雜的計算或說明程式撰寫的方法。通常註解若描述得越詳細，會對於單位組織內部人員異動相當有幫助，因為會影響下個人員適應該任務的速度與品質。

註解的標記方式有兩種：

1. **--單行註解（又稱雙連字號）**：這些註解字元如同程式碼放在同一行來執行，或是自己本身全部放在同一行。從雙連字號到該行結尾之間，全部都是註解的一部分。對於多行註解而言，雙連字號須出現在每一行註解前面。

範例》

```
--此行是單行註解，不會被執行
SELECT * FROM [dbo].[VIP_Profile]
--WHERE Marriage=2
GO


--此行是單行註解，不會被執行
SELECT * FROM [dbo].[Product_Detail] --查詢產品組成貨號資料表內容
GO
```

2. /*...*/ 區塊註解（斜線和星號字元配對）：這些註解字元可以如同程式碼放在同一行來執行，也可全部放在同一行，或甚至在可執行的程式碼中執行。從開始註解配對（/*）到結束註解配對（*/）之間，全部都可視為註解的一部分。

範例》

```
/*…*/ 表示區塊註解，不會被執行

/*
查詢時間：2016年 作者：Edison Sung
*/
SELECT * FROM [dbo].[Product_Detail]
GO


/*…*/ 表示區塊註解，不會被執行
SELECT * FROM [dbo].[VIP_Profile]
WHERE Marriage=2 /* AND Occupation='生產及有關工人' */
GO
```

4-3 範例資料來源說明

後續章節內容將以實作範例方式闡述相關功能。在此之前先說明本書所使用的範例資料，該內容屬零售產業範疇。

1. 使用範例資料名稱與時間範圍：「邦邦量販店」在 1999 年至 2007 年在 CRM 部門會員銷售資料。

2. 資料種類：「會員基本屬性資料檔」、「交易訂單明細檔」與「產品組成貨號檔」。

3. 時間範圍：1999 年至 2007 年食品部門會員銷售紀錄。

資料內容說明，「GNC_member」會員人數共 81,035 人，「VIP_member」會員人數共 3,2811 人；來自於「GNC_Transaction」交易明細資料共 451,455 筆，而「VIP_Transaction」交易明細資料共 379,824 筆。值得注意的是，在資料庫中每一張訂單中囊括的產品項目往往含有多項產品，且每一項產品的訂購在訂單明細檔中皆完整地紀錄在一列，故訂單明細檔中每一項產品售出皆為一筆資料紀錄，成為資料庫中訂單明細檔中的一筆訂單明細資料。

「Product_Number」產品組成貨號資料共 61 筆，代表為「邦邦量販店」CRM 部門的控管產品數目（包括單項產品及組合產品），何謂單項產品及組合產品呢？例如：單項產品 P0001 調味薯片（六入；組合產品 CBN-001 巧克力（盒）x1+泡芙（打）x1+調味薯片（六入）x1。

表 4-2　各資料表檔案筆數說明

資料表名稱	資料表定義	總筆數
GMC_Profile	一般會員基本資料	81,035
GNC_ TransDetail	一般會員交易資料	451,455
VIP_Profile	VIP會員基本資料	32,811
VIP_ TransDetail	VIP會員交易資料	379,824
Product_Detail	產品組成貨號資料	61

以下表 4-3 是各資料表檔案的欄位選項說明。

表 4-3　各資料表定義內容選項說明

資料表名稱	資料表定義說明	資料表欄位變數 （英文）	資料表欄位變數 （中文）
GMC_Profile	一般會員基本資料	MemberID	會員編號
		Sex	性別
		Birthday	生日
		Marriage	婚姻狀態
		Occupation	職業
		Location	居住地
		Channel	入會管道
		Start_date	會員入會日
		End_date	會員到期日

資料表名稱	資料表定義說明	資料表欄位變數 (英文)	資料表欄位變數 (中文)
VIP_Profile	VIP會員基本資料	MemberID	會員編號
		Sex	性別
		Birthday	生日
		Marriage	婚姻狀態
		Occupation	職業
		Location	居住地
		Channel	入會管道
		Start_date	會員入會日
		Create_date	VIP建立日
		End_date	會員終止日
GNC_ TransDetail 及 VIP_ TransDetail	一般會員交易資料 及 VIP會員交易資料	MemberID	會員編號
		TransactionID	交易編號
		ProductID	產品編號
		Productname	產品名稱
		Trans_Createdate	交易建立日
		Unit_price	產品單價
		Quantity	產品數量
		Money	金額
		Point	紅利積點
Product_Detail	產品組成貨號資料	ProductID	產品編號
		Productname	產品名稱
		Product_Combine1	產品組成一
		ProdQuantity_Combine1	組成一數量
		Product_Combine2	產品組成二
		ProdQuantity_Combine2	組成二數量
		Product_Combine3	產品組成三
		ProdQuantity_Combine3	組成三數量
		Product_Combine4	產品組成四
		ProdQuantity_Combine4	組成四數量
		Price	價格

以下表 4-4 是會員資料表檔案與交易資料表檔案的欄位變數水準說明。

表 4-4　各資料表檔案欄位變數水準說明

欄位名稱	變數水準	變數說明
會員編號	會員編號以DM000001開始	
性別	F	女性
	M	男性
生日	會員生日以(西元年/月/日)來表示	
婚姻狀態	1	未婚
	2	已婚
	3	其他（包含未填答者）
職業	生產及有關工人	
	行政及主管人員	
	技術性人員	
	服務工作人員	
	家管	
	農林漁牧工作人員	
	運輸設備操作工	
	監督及佐理人員	
	其他	
居住地	臺灣各縣市及區別	
入會管道	Advertising	看到廣告而申請加入會員者
	Credit Card	銀行合作申請信用卡入會者
	DM	看到DM申請入會者
	Voluntary	自動前來申請入會者
會員入會日	會員入會日以(西元年/月/日)	
GNC到期日	GNC到期日以(西元年/月/日)	
VIP建立日	VIP建立日以(西元年/月/日)	
VIP終止日	VIP終止日以(西元年/月/日)	
交易編號	以BEN-1開始	
產品編號	以P0001開始	為單項產品
	以CBN-001開始	為組合產品
交易建立日	交易建立日以(西元年/月/日)	
產品名稱		各項產品名稱
產品單價		等於該產品價格
產品數量		等於該產品購買數量
金額		等於「產品價格 * 產品購買數量」
紅利積點		每買滿100元，為1點

4-4 範例資料匯入

接下來將陸續介紹 SQL Server 2016 的一些新增功能，也會提到一般分析人員在資料分析過程中，常會使用到的 T-SQL 指令，藉此提升分析效率。（**讀者請先到碁峰本書的網頁 http://books.gotop.com.tw/v_AED003400 下載附錄 PDF 電子書－安裝 SQL Server 2016**）

首先，說明如何將本書會使用到的範例資料匯入 SQL Server 2016 資料庫中。

Step1. 在所有應用程式之下，找到「Microsoft SQL Server Management Studio」並執行。

Step2. 點選連接伺服器類型 → 選擇「Database Engine」或「資料庫引擎」→ 伺服器名稱使用「本機帳號（電腦使用者帳號）」或「localhost」→ 按「連接」進入查詢介面。

Step3.（如有需要）若連接伺服器出現以下錯誤訊息時，代表未啟動「SQL Server 服務」。

Step4.（如有需要）此時請至所有程式集之下點選「SQL Server 2016 組態管理員」

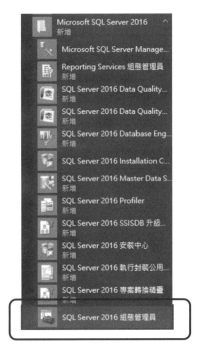

Step5. （如有需要）至「SQL Server(MSSQLSERVER)」，利用滑鼠右鍵啟動服務。

Step6. （如有需要）完成啟動服務畫面，狀態顯示為「正在執行」。同理，若讀者欲啟動其他 SQL Server 服務功能，仍可按照此模式來啟動服務。

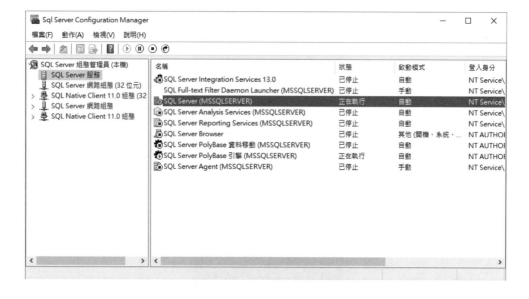

Step7. （如有需要）若完成以上錯誤訊息排除後，即可成功連接伺服器。

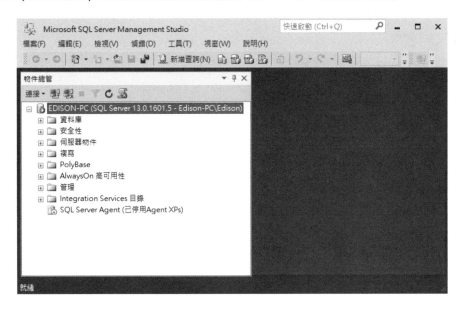

Step8. 完成連接伺服器後，正式進入如何把資料匯入資料庫的流程。將滑鼠移至資料庫後，利用滑鼠右鍵點選「新增資料庫」。

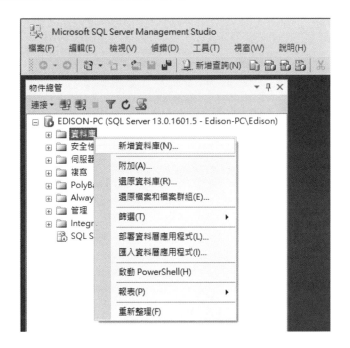

Step9. 在資料庫名稱之下,建立一個名為「邦邦量販店」的資料庫。

Step10. 若想知道建立好的資料庫是置於哪個位址,請在資料庫檔案之下,利用滑鼠將畫面拉至最右方,即可檢視資料庫存放位址 → 沒有問題後可按下「確定」。

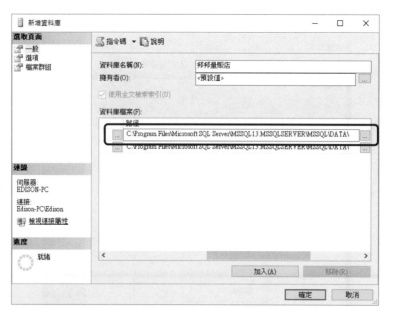

Step11. 展開資料庫,即可看到剛新增建立的「邦邦量販店」資料庫。

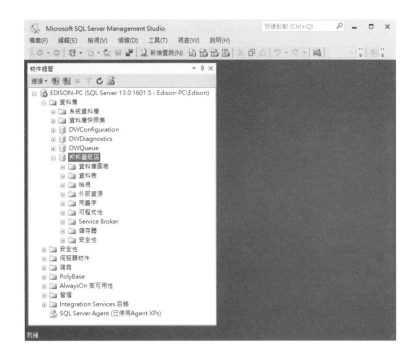

Step12. 在匯入資料時，我們可以透過「SQL Server 匯入和匯出」功能來進行，首先在所有程式集之下找到　「SQL Server 2016 匯入和匯出資料(64 位元)」並執行。選擇 64 位元是因為電腦作業系統屬於 64 位元的關係，倘若讀者電腦作業系統是 32 位元，則可選取「SQL Server 2016 匯入和匯出資料(32 位元)」。

Step13. 來到使用「SQL Server 匯入和匯出精靈」畫面，按「下一步」。

Step14. 「選擇資料來源」畫面，資料來源請選取「Microsoft Excel」 → 在 Excel 檔案
路徑選擇，請根據資料在哪個路徑之下做點選，在這裡我們選用「GNC_一般
會員資料檔案」 → 在 Excel 版本選擇 Microsoft Excel 2013 版本 → 將「第一
個資料列有資料行名稱」勾選起來後，按「下一步」。

Step15. 「選擇目的地」畫面，目的地部份選取「SQL Server Native Client 11.0」 →
伺服器名稱使用「本機帳號（電腦使用者帳號）」或「(local)」 → 資料庫為
「邦邦量販店」，完成後按「下一步」。

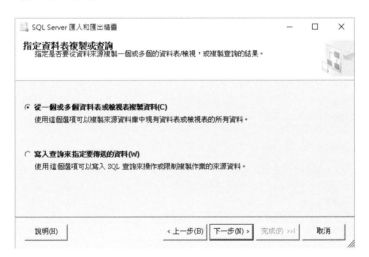

Step16. 「指定資料表複製或查詢」畫面，勾選「從一個或多個資料表或檢視表複製資
料」，按「下一步」。

比較「從一個或多個資料表或檢視表複製資料」和「寫入查詢來指定要傳送的資
料」兩者不同之處。

✓ 從一個或多個資料表或檢視表複製資料：意指藉由複製動作，把資料庫來源
   或其他來源現有資料表複製至另一目的地。

✓ 寫入查詢來指定要傳送的資料：表示透過寫入 T-SQL 查詢語法，把資料庫來
   源現有資料表透過條件篩選限制進行複製至另一目的地。

Step17. 「選取來源資料表和檢視」畫面，將目的地資料表更名為[dbo].[GMC_Profile] → 此時可點選「預覽」，再次檢視資料內容是否正確 → 若無誤，按「下一步」。

說明「編輯對應」功能：觀看資料類型是字串或數值…等型式，大小部分則為欄位寬度，目的地是修改資料欄位名稱地方，以上都可依讀者需要進行修改。

Step18. 「儲存並執行封裝」畫面，直接按「下一步」。

Step19. 「已成功執行」畫面，完成匯入[dbo].[GMC_Profile]，共 81,0351 筆資料列，
按「關閉」。

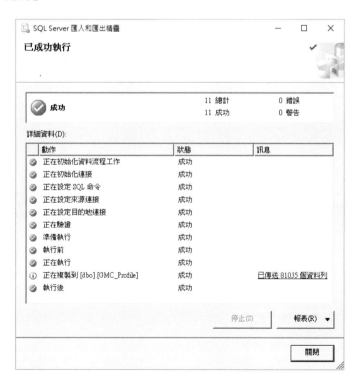

Step20. 接下來重複以上資料匯入動作，將剩餘 3 張資料表，
[dbo].[GNC_ TransDetail], [dbo].[VIP_Profile], [dbo].[VIP_TransDetail],
[dbo].[Product_Detail]分別一同匯入同一目的地（邦邦量販店），資料筆數依
序為 451,455 筆、32,811 筆、379,824 筆、61 筆。

Step21. 資料匯入成功後，讀者可至左邊物件總管處點選資料庫（邦邦量販店）→ 展
開資料表 → 就可看到剛剛匯入的這 5 張資料表，其中在一個資料表上利用滑
鼠右鍵點選「選取前 1000 個資料列」進行瀏覽資料，可再次確認資料是否完
成匯入。

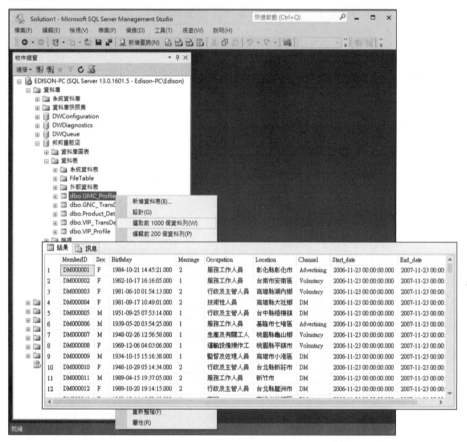

SQL Server 2016 概述 與新功能案例介紹

5 chapter

Microsoft SQL Server 2016 有別於以往，加強資料庫運算效能和安全性，全面提升在記憶體內的運算技術，新增 Always Encrypted 加密技術，**同時因應大數據熱潮，也內建支援 R 語言分析服務，**未來 SQL Server 2017 更支援 Python 程式語言。

SQL Server 2016 是目前世界上唯一具有混和雲的關聯式資料庫（以筆者當時撰寫本書時間點起算，詳細以實際情況為準），Stretch Database 為業界首創技術，透過此新功能，用戶可把較少使用的暖交易式與冷交易式資料動態「延展」到 Microsoft Azure 雲端，確保企業所有營運資料隨時都可使用，**能讓用戶在考量成本效益之下，同時加強對機密資料保障。**微軟在 SQL Server 2016 推出 4 個版本，分別是企業版（Enterprise Edition）、標準版（Standard Edition）、開發人員版（Developer Edition）及 Express 版。以免費下載的方式提供開發人員版（Developer）與 Express 版。

本章節針對 SQL Server 2016 的幾項新功能做說明，像是在實戰資料保護部分，提供三大安全保護企業資料功能，包含一律加密（Always Encrypted）、資料列層級安全性（Row-Level Security）和動態資料遮罩（Dynamic Data Masking）。在大數據分析領域也提供內建 R 程式語言，不但可以讓分析人員在 SQL Server 內執行 R 指令，此項創舉更是縮短資料分析人員和資料庫管理員之間的差距（這也是筆者撰寫本書主要目的之一）。

5-1 Microsoft SQL Server 2016 新價值特性

5-1-1 SQL Server 2016 企業價值

自從微軟公司推出 SQL Server 2016 後，有關它的功能話題就備受關注和討論，其中在大數據分析部分內建了許多進階分析工具，例如支援資料以多種報表方式產出或是傳送到行動裝置以便使用者們大量閱讀視覺化資訊進行快速判斷。另外，SQL Server 2016 支援 Linux，讓 Windows Server 可至 Linux 運作，使用者可以享用一致性的數據平台，為企業數據解決方案帶來更多彈性與便利。

SQL Server 2016 可說是全球速度最快且性質、價值最高的混合交易和分析流程（Hybrid Transactional and Analytical Processing, HTAP）資料庫。它除了保有原來資料庫的功能之外，在分析整合功力上更是一大突破，透過與 R 預測分析服務（R Services）的深度整合，提供記憶體內欄位儲存（in-memory column stores）和可更新的進階分析（Azure 與 Power BI），比起其他將數據分析與機器學習都部署在資料庫外部的模型相比，SQL Server 2016 讓應用軟體可在資料庫內進行精細分析和機器學習，查詢效能與其他模型相比，更是它們的 100 倍以上。

可說是提供最完整且安全的資料庫、全方位商業智慧分析、內存資料庫預測分析、一致體驗高效能表現、降低成本與提高敏捷度等價值的資料庫服務。以下幾項是關於 Microsoft SQL Server 2016 新推出的功能說明。

🟦 SQL SEVER 2016 & R

R 軟體可說是目前在統計分析領域中最熱門的工具之一，目前全球約有超過 200 萬名使用者，R 在使用上具有相當高的彈性及公開資源（Open Source）。自從微軟買下 Revolution R 後，其能在大規模的資料倉儲及 Hadoop 系統上運行，且宣稱可比競爭對手快 42 倍的效能。此次將 R 與 SQL Server 整合的核心在於可讓企業、開發者以及資料科學家們在跨平台的環境使用 R，包括私有雲、Azure 公有雲以及混合雲等環境。

在 SQL Server 2016 中，使用者在執行 R 分析時，不需要特地先將資料萃取出來，就可直接執行運算。進行複雜的資料處理時，R 語言比起常規 SQL 具有較大優勢。一位程式設計師 Casimir Saternos 提到，SQL 是一種資料庫查詢語言，它的長處在於從資料庫中獲取資料，在許多情境下，這是唯一一種從資料庫中取出資料的方法。但是進行資料轉換時，SQL 又有可能變得笨重。

SQL 本身是一種靈活的資料庫語言，同時支援以大量不同方式進行資料轉換，但這些轉換往往需要使用冗長且難以維護的 SQL 語句來處理。可是透過 R 語言所組成的大量模組包，讓它可以用一種簡潔、清晰、簡單的方法執行相同操作，且會讓使用者認為付出一定時間去學習這些模組包是值得的。**因此讓我們能夠充分利用 SQL 與 R 語言取出兩者最好的部分，解決一系列易於理解與掌握的步驟並實現真正資料分析的精神。**

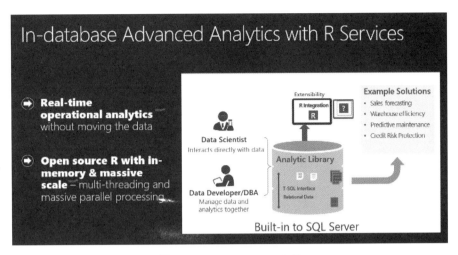

圖5-1　SQL Sever With R

SQL SEVER & Power BI

SQL Server 2016 內建 Power BI 和進階分析功能，能處理所有的資料工作負載，而非被動回應資料。**表格式模型是使用表格式模型專案範本，是在 SQL Server Data Tools 中的** Business **Intelligence for Visual Studio（SSDT BI）中撰寫。**它可連接多種來源的資料，然後加入關聯性、導出資料行、量值、KPI 和創建階層以豐富模型。完成之後再將模型部署到 SQL Server Analysis Services 執行個體，便可使用 Power BI 進行瀏覽、交互運用及視覺化處理模型中的資料和度量，也可結合上述內容所提及的 R。SQL Server 2016 藉此讓企業端的用戶能利用 R 語言打造各類智慧型應用程式，再透過 Power BI 執行視覺化分析、預測分析後，立即分享到指定行動裝置上，提供在行動、雲端、社群與巨量數據等 4 大趨勢快速掌握資料，進行即時分析、加快回應速度。

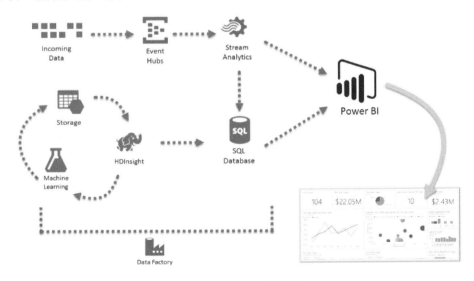

圖5-2　Power BI和資料庫

🔷 全面加密安全功能

大數據時代來臨，不僅資料分析越來越重要，對於資料安全性也越來越重視。針對此部分的加強，SQL Server 2016 採取了資料全面加密措施，不論是靜態（At rest）、動態（In motion），以及記憶體內（In-memory）的資料，都處於可使用加密狀態，且只有在用戶端才能執行解密，同時將加解密行為對於效能的影響降至最低。

透過使用 Always Encrypted 全面加密功能，SQL Server 2016 可對加密資料執行操作，最重要的是駐留在應用程式的加密密鑰將會在客戶信任的環境中，提供了無與倫比的安全性。全面加密安全功能的誕生對重視安全性的產業非常重要，以金融業為例來說，資料保護是其和利害關係人最重要的一環，甚至在這越來越重視個資的時代，此項新功能帶來了一個便利的轉換方式。

🔷 記憶體運算 In-Memory OLTP

在效能部分，SQL Server 2016 亦針對記憶體內運算做最佳化，微軟宣稱強化的記憶體運算技術效能可提供快 30 倍的交易速度，且查詢速度比起磁碟關聯式資料庫的即時營運分析快 100 倍以上。**In-Memory OLTP 雖然和傳統的關聯式資料庫儲存在同一個資料庫當中，但此為微軟結合內存分析的獨特功能，盼此可為企業實現即時分析業務。**

🔷 服務功能優化

SQL Server 2016 在分析服務（SSAS）和報表服務（SSRS）的功能有顯著提升，能更快速的協助使用者洞察各項指標並提高生產力。報表服務（SSRS）提供了分頁報告和更新工具，能夠更輕鬆地設計出圖文檔。然而為了從投資於報表服務（SSRS）的資本中獲得更多回饋及提供更方便的存取管道，使用者可以固定分頁報表項目部署到 Power BI 儀表板。微軟也添加新的行動 BI 功能至報表服務，讓使用者更便利在行動裝置創建最佳模式以及互動式 BI 儀表板。

🔷 Stretch Database

Stretch Database 技術可以輕鬆保留更多客戶的過往資料，透過安全的方式將線上半結構化、非結構化資料以及離線 OLTP 資料利用成本較低的計算與儲存雲端經濟優勢延伸到 Microsoft Azure，完全不需要變更應用程式，過程中也可暫停和重新啟動。使用者可以使用 Always Encrypted 與 Stretch Database 以更安心和安全的方式來使用數據。

5-1-2　加值服務-Windows Azure

🔷 什麼是 Windows Azure?

Windows Azure 是微軟所提供的一個雲端服務平台,其功能相當多樣化,包含近來熱門的機器學習(Machine Learning)、深度學習(Deep Learning)、雲端存取到關聯式資料庫...等功能。這些功能不論在大企業或小公司多多少少都會用到,微軟將其整合在同一平台並採取向使用者收費方式及提供有需要者訂閱、訂購。

Windows Azure Platform

- Internet-scale, highly available cloud fabric
- Globally distributed Microsoft data centers (ISO/IEC 27001:2005 and SAS 70 Type I and Type II certified)
- Consumption and usage-based pricing; enterprise-class SLA commitment

Windows Azure

- Compute – auto-provisioning 64-bit application containers in Windows Server VMs; supports a wide range of application models
- Storage – highly available distributed table, blob, queue, & cache storage services
- Languages – .NET 3.5 (C#, VB.NET, etc.), IronRuby, IronPython, PHP, Java, native Win32 code

SQL Azure

- Data – massively scalable & highly consistent distributed relational database; geo-replication and geo-location of data
- Processing – relational queries, search, reporting, analytics on structured, semi-structured, and unstructured data
- Integration – synchronization and replication with on-premise databases, other data sources

.NET Services

- Service Bus – connectivity to on-premises applications; secure, federated fire-wall friendly Web services messaging intermediary; durable & discoverable queues
- Access Control – rules-driven federated identity; AD federation; claims-based authorization
- Workflows – declarative service orchestrations via REST-based activities

圖5-3　Windows Azure Platform

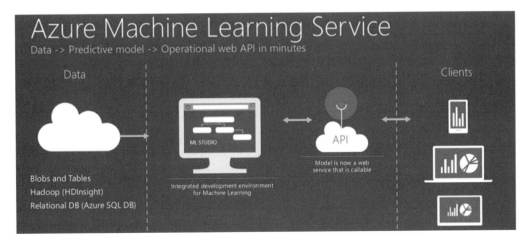

圖5-4　Azure Machine Learning Service

🗄 機器學習

在 2016 年初，Alphago 與南韓棋士的圍棋比賽讓機器學習（Machine Learning）領域議題多次出現在大眾眼裡，讀者們對此若有興趣的話可利用 Windows Azure 進行一些操作加深相關經驗。Windows Azure 在機器學習部分採取部署模組的方式，使用者可先將模組一步一步的部署完成後再將資料放入使其根據預先部署的流程輸出最後結果。

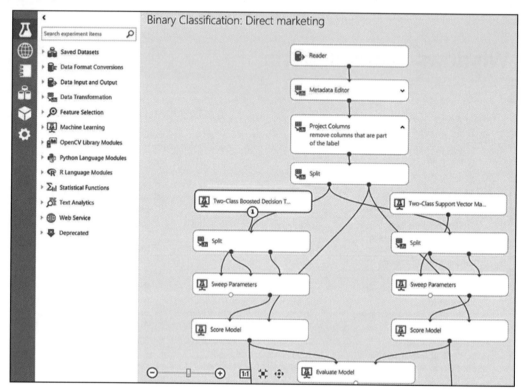

圖5-5 Machine Learning（Azure）模組示意圖

5-1-3 SQL Server 2016 特性

全新 SQL Server 2016 展現了資料庫關鍵性與應用性能的突破，更先進的 In-Memory 技術、即時運算分析、全新安全和加密技術、內建 R 語言進階分析及全新 Power BI 功能等，更有業界首創的全新 Stretch Database 功能可動態地向 Azure 延展資料，實現高 CP 值的歷史資料存取。

以下是針對 SQL Server 2016 最值得關注的幾項特性進行整理及說明。

動態資料遮罩（Dynamic Data Masking）

該功能對於保護敏感資料訊息是很有幫助的，如果希望某一部分人可以看到加密資料，而另一些人只能看到加密資料混淆後的亂碼，那這個功能肯定值得使用。**利用動態資料遮罩**功能，可將 SQL Server 資料庫的資料表中待加密資料列為混淆（Mask），就可讓那些未授權用戶看不到這部分資料訊息。**利用動態資料遮罩功能**，還可定義資料的混淆方式。例如，如果在表中接收儲存信用卡號，但只希望看到卡號後四位號碼，我們就可使用動態數據遮罩功能定義遮罩規則，進而限制未授權用戶只能看到信用卡號後四位號碼，而有權限的用戶可看到完整信用卡訊息。

JSON 支援

JSON 就是 Java Script Object Notation（輕量級數據交換格式）。現在可以和 SQL Server 資料庫引擎之間使用 JSON 格式交互替換。微軟在 SQL Server 2016 中增加對 JSON 格式的支持，可解析 JSON 格式資料然後以關聯式格式儲存。相反的，利用對 JSON 格式的支持，還可把關聯式格式資料轉換成 JSON 格式資料。還增加了一些函數提供對儲存在 SQL Server 中的 JSON 資料執行查詢。有了這些內建增強支持 JSON 操作的函數，**日後應用程式使用 JSON 資料與 SQL Server 交互就更容易了**。

自從 SQL Server 2005 開始支援 XML 資料格式，提供原生的 XML 資料類型、XML 索引以及各種管理 XML 或輸出 XML 格式的函式以來。相隔 4 個 SQL Server 版本之後，終於在新一代的 SQL Server 2016 正式支援另一種應用系統中常用的資料格式－JSON（JavaScript Object Notation）。雖說 SQL Server 2016 並未打算替 JSON 新增專屬的資料類型，是將重點放在提供一個方便使用的框架，協助使用者在資料庫層級處理 JSON 資料時，不需要為此改變既有結構描述，仍可將 JSON 文件儲存在 NVARCHAR 資料類型的資料行裡，同時相容於現有的記憶體最佳化、資料行存放區索引、預存程序或使用者自訂函式、全文檢索搜尋等功能，而且應用程式更不需因此而配合修改。所以使用者不須像過去在應用程式裡自行撰寫程式或透過 JSON.Net 這類的工具來剖析或處理 JSON 資料，而是利用 SQL Server 內建 JSON 支持功能來處理 JSON 資料格式的函式，就可輕鬆將查詢結果輸出為 JSON 格式，或是搜尋 JSON 文件內容。

TempDB 資料庫文件

倘若我們的運算是多核計算機時，那麼運算多個 tempdb 數據文件就是最佳實踐做法。以前在 SQL Server 2014 版本之前，安裝 SQL Server 之後總是不得不手工添加 tempdb 數據文件。但在 **SQL Server 2016** 中，現在可以在安裝 **SQL Server** 的時候**直接配置需要的 tempdb 文件數量**。不需要安裝完成後再手工添加 tempdb 文件。

🔲 PolyBase

PolyBase，它是一種技術，可用來存取與合併非關聯式和關聯式資料，而且所有資料都是在 SQL Server 內。還有它可以對 Hadoop 或 Azure Blob 儲存體中的外部資料執行查詢;倘若查詢已最佳化，則可將計算結果推送到 Hadoop。只要使用 Transact-SQL（T-SQL）陳述式，就可在 SQL Server 中的關聯式資料表與 Hadoop 或 Azure Blob 儲存體之間，與所儲存的非關聯式資料之間進行反覆匯入和匯出資料。也可透過 T-SQL 來查詢外部資料，並將它與關聯式資料聯結。

因此，PolyBase 可以執行幾項重要事情:

1. 查詢 Hadoop 中儲存的資料。使用者必須將資料儲存於符合成本效益的分散式且可擴充的系統中，例如 Hadoop。PolyBase 就可使用 T-SQL 查詢資料。

2. 查詢 Azure Blob 儲存體中所儲存的資料。Azure Blob 儲存體是儲存資料以供 Azure 服務使用的便利位置。PolyBase 同樣可使用 T-SQL 來存取資料。

3. 從 Hadoop 或 Azure Blob 儲存體匯入資料。它可將 Hadoop 或 Azure Blob 儲存體中的資料匯入到關聯式資料表，以利用 SQL Server 資料行存放區技術和分析功能的速度。個別 ETL 或匯入工具則不需要。

4. 將資料匯出至 Hadoop 或 Azure Blob 儲存體。將資料封存至 Hadoop 或 Azure Blob 儲存體以達成符合成本效益。

5. 可與 BI 工具整合。搭配使用 PolyBase 與 Microsoft 的商業智慧和分析堆疊，或使用與 SQL Server 相容的任何協力廠商工具。

🔲 Query Store

該功能是適合經常使用執行計劃的使用者。在 SQL Server 2016 之前版本中，可使用動態管理視圖（DMV）來查詢現有執行計劃。DMV 只支援查看計劃緩存中當前活躍的計劃;倘若出了計劃緩存，則就看不到計劃的歷史情況了。**不過有 Query Store 功能，可保存歷史執行計劃及那些歷史計劃的查詢統計。**所以這會是一個很好的補充功能，利用該功能就可以隨著時間推移跟蹤執行計劃的性能。

🔲 資料列層級安全性（Row Level Security）

資料列層級安全性的出現，能讓客戶控制以存取使用者的執行查詢(例如，群組成員資格或執行內容），其特性為基礎的資料庫資料表中之資料列。資料列層級（RLS）有效簡化應用程式中安全性的設計和編碼。能讓在資料列存取進行實作限制。例如，確保工作者只能存取其部門的相關資料列，或限制僅能存取其公司的相關客戶資料。

而存取限制邏輯是設定在資料庫層，並非要離開這些資料到另一個應用程式層。資料庫系統會在每次於任何層嘗試存取該資料時套用存取限制。並且透過安全性系統的介面區，讓系統更可靠和健全。

支持 R 語言

自從微軟收購 Revolution Analytics 公司後，**現在 SQL Server 可以針對大數據分析內容使用 R 語言做進階分析了**。SQL Server 支持 R 語言處理後，資料科學家們可直接利用現有的 R 模組在 SQL Server 資料庫引擎上運算，如此就不用為了執行 R 語言處理資料而把 SQL Server 資料匯出來處理。

> 註：Revolution Analytics公司是耶魯大學的派生公司（成立於2007年），是一家基於開源項目R語言做計算機軟體和服務的供應商。該公司2014年被微軟收購。

Temporal Table

時光回溯器之一，以往在記錄資料異動前後的內容，可以自行撰寫像是 DML 觸發程序（Triggers）以便在資料正在進行新增、修改或刪除時，能將資料異動的歷程記錄下來，以利後續追蹤或稽核。除了該種方法之外，還可利用 SQL Server 2008 開始支援的異動資料擷取（Change Data Capture）功能，進行自動化的記錄資料表插入、更新和刪除活動。

不過在 SQL Server 2016，資料庫引擎中內建一項符合 ASNI SQL 2011 標準的新功能－Temporal Tables，它能夠有效協助洞悉資料庫中資料趨勢、資料變化以及綜觀資料演進，真正達到任何時間點（any point in time）的資料異動，重要的是它都自動並忠實地留下完整軌跡（log）。因此，Temporal Tables 可適用幾種情境，像是洞察隨著時間演變的商業趨勢、追蹤隨著時間演變的資料變化、稽核所有資料異動、還有決策支援系統的 Slowly Changing Dimension，及提供 DBA 在資料意外被異動時，能有效快速更正。

5-2 Microsoft SQL Server 2016 新功能案例

5-2-1 新功能範例－Live Query Statistics

當一個資料庫查詢已經超時卻不知道原因時，啟動估計查詢計劃就可以揭露問題所在。可是過了一個小時甚至更久之後，該查詢仍然正在運行，卻無法獲得真正的執行計畫時，如果有一種方法可以找出伺服器內部實際正在發生的事情就好了。以上情境常常都在發生，開發者常抱怨 DBA 資料庫管不好，DBA 又嫌開發者程式撰寫非常差，終究無法有效釐清效能問題的真正原因並有效排除。

DBA 可以用來調校效能的工具大多除了 Windows 效能監視器之外，最常使用到的就是 SQL Server 內建活動監視器、SQL Trace、SQL Server Profiler 及 Performance Dashboard 等工具，或是透過執行計畫查詢成本等。可是為讓 DBA 能有更多工具來掌握上述情境問題的癥結點，在 SQL Server 2016 其實推出了一項新功能就非常好用，就是「即時查詢統計（Live Query Statistics）」，該功能公開了以往不容易看到的執行時期資訊，例如過程的查詢統計資料，藉由這樣就能夠有效地幫助找出長時間執行的查詢（long-running query），以瞭解真正的問題點。統計資料顯示方式，這與同在 Visual Studio 中運行 SQL Server 集成服務作業時看到東西相類似，但不同的是提供了更底層細節，包括「處理行數、耗時、操作進展等」。

🔘 啟動「實時查詢統計（Live Query Statistics）功能」

Step1. 開啟 SQL Server Management Studio，並連接伺服器後，請在工具列上，分別按一下「實際執行計畫（Include Actual Execution Plan）」和「即時查詢實際統計資料 Include Live Query Statistics」的圖示（呈現反黃狀態），並執行查詢如下的範例指令。

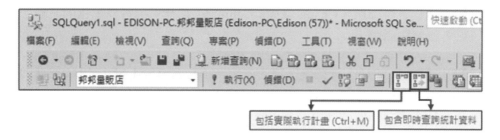

▶ 指令

```
/* Live Query Statistics */
USE 邦邦量販店
GO

SELECT A.*, B.*,C.*
FROM [dbo].[GMC_Profile]          A
LEFT JOIN
      [dbo].[GNC_ TransDetail]     B
ON      A.[MemberID]=B.[MemberID]
```

```
LEFT JOIN
      [dbo].[Product_Detail] C
ON     B.[ProductID]=C.[ProductID]
WHERE A.Sex='F'
AND A.Occupation LIKE '%人員%'
AND A.Channel LIKE '%V%'
GO
```

Step2. 在「即時查詢實際統計資料 Include Live Query Statistics」頁籤看到查詢所使用的運算子，及正在統計查詢耗費的時間，而頁籤的左上角亦可看到整體完成度。

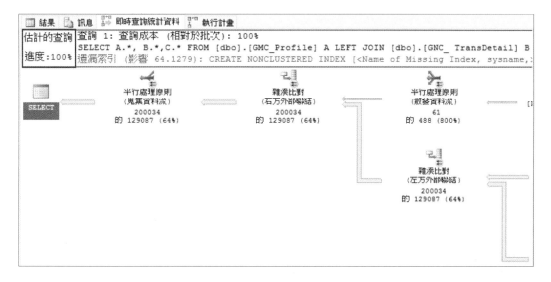

Step3. 如果使用「即時查詢實際統計資料 Include Live Query Statistics」功能，基本上會對效能有一定程度衝擊，若發現當查詢較為複雜時，所需等待時間亦隨之增加，在過程中當然也會耗用不少的運算資源（例如 CPU），因此使用時機必須審慎評估，否則關於效能問題還沒查出，反而造成資料庫更忙碌就不是很好了。

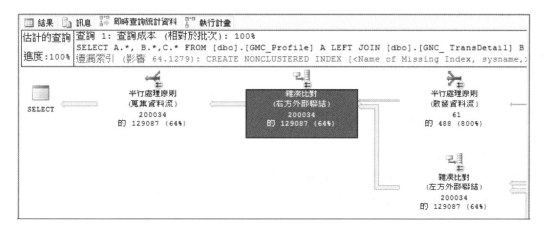

提示：若只啟用「即時查詢實際統計資料Include Live Query Statistics」，而未啟用「實際執行計畫（Include Actual Execution Plan）」，則Include Query Statistics頁籤所看到經過時間和完成率都會是0。

Step4. 在執行計畫中往下鑽研（Drill Down）：在「即時查詢實際統計資料 Include Live Query Statistics」執行過程當中，我們可以點選任何一個執行計畫中的子運算，來查看子運算層級的統計資料，例如經過時間（Elapsed Time）、子運算的處理進度（Operator Progress）、目前 CPU/記憶體使用率等，藉此查看每個子運算的相關資訊，以利找出真正影響效能的問題為何。

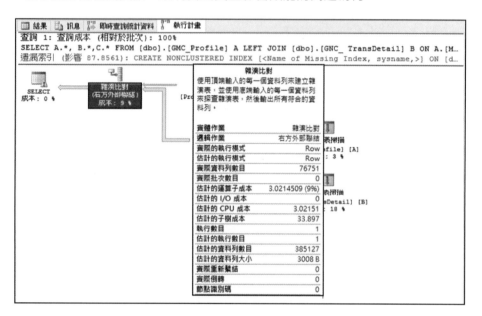

不過「即時查詢實際統計資料 Include Live Query Statistics」仍存在一些限制，例如不支援相關情境，包括資料行存放區索引（Columnstore Indexes）、記憶體最佳化資料表（Memory Optimized Tables）、原生編譯預存程序（Natively Compiled Stored Procedures）。

5-2-2 新功能範例－動態資料遮罩

大數據分析精神是必須擁有多元型態資料，這樣才能從中找到更精準的參考價值資訊，相對地資料的隱私是必須被注重的。

在 SQL Server 2016 的一項新功能－**動態資料遮罩（Dynamic Data Masking）**，它是可以讓開發人員或未經授權的使用者在查詢敏感資料時，事先定義好需要遮罩的資料。例如：遮罩信用卡卡號其中的 8 碼數字（1234-OOOO-OOOO-5550），而且透過這項功能就再也不用於開發時的測試階段自行撰寫程式或使用一些工具來產生遮罩資料，如此一來可以輕鬆保護敏感性資料，讓資料不外洩。

🔷 動態資料遮罩（Dynamic Data Masking）

Step1. 前置準備，利用測試資料來說明。首先在邦邦資料庫內建立測試資料集，以利說明動態資料遮罩（Dynamic Data Masking）功能。

▶ 指令

```
--1. 產生空白資料表
IF OBJECT_ID (N'[邦邦量販店].[dbo].[Customers_MaskingTEST]') IS NOT NULL
DROP TABLE [邦邦量販店].[dbo].[Customers_MaskingTEST];

CREATE TABLE [邦邦量販店].[dbo].[Customers_MaskingTEST](
    [Name] [nvarchar](5) NOT NULL,         --姓名
    [NameID] [varchar](10) NOT NULL,       --身分證
    [Email] [varchar](50) NOT NULL,        --EMAIL
    [MOBILE] [varchar](20) NOT NULL,       --手機
    [Address] [nvarchar](50) NOT NULL,     --地址
    [Salary] [money] NOT NULL,             --薪水收入
    [CreditCard] [varchar](19) NOT NULL)   --信用卡號
GO


--2.匯入空白資料表
INSERT INTO [邦邦量販店].[dbo].[Customers_MaskingTEST]
([Name],[NameID],[Email],[MOBILE],[Address],[Salary],[CreditCard])
VALUES (N'王杰名','A123456789','A01@hotmail.com','0910123456',
        N'台北市大安區和平東路11號',1000000,'5520-0001-1234-1234'),
       (N'陳京華','B123456001','B01@hotmail.com','0912123123',
        N'桃園市中山路200號',1500000,'4726-3495-1234-5678'),
       (N'林至為','C223456789','C01@hotmail.com','0915456789',
        N'台中市中正路168號3樓',2000000,'4726-3498-1111-2121')
GO

--結果
(3個資料列受到影響)

--3.查詢資料表
SELECT * FROM [邦邦量販店].[dbo].[Customers_MaskingTEST]
GO


--結果
(3個資料列受到影響)
```

▶ 結果（3 個資料列受到影響）

	Name	NameID	Email	MOBILE	Address	Salary	CreditCard
1	王杰名	A123456789	A01@hotmail.com	0910123456	台北市大安區和平東路11號	1000000.00	5520-0001-1234-1234
2	陳京華	B123456001	B01@hotmail.com	0912123123	桃園市中山路200號	1500000.00	4726-3495-1234-5678
3	林至為	C223456789	C01@hotmail.com	0915456789	台中市中正路168號3樓	2000000.00	4726-3498-1111-2121

接下來就使用這 3 筆測試資料來操作 SQL Server 2016 的動態資料遮罩功能來保護機敏資料。

遮罩功能敘述及事前設定

目前來說，SQL Server 2016 所支援的遮罩功能有 3 種，比起原先 Azure SQL Database 所提供的動態資料遮罩少了許多。以下就針對這兩者的遮罩功能比較彙整表 5-1。

表5-1　SQL Server 2016與Azure SQL Database動態遮罩差異

遮罩功能	SQL Server 2016	Azure SQL Database
Default	O	O
Credit card	X	O
Social security number	X	O
Email	O	O
Random number	X	O
Custom	O	O

從表 5-1 得知兩者在動態遮罩差異，若欲在 SQL Server 2016 使用動態遮罩資料功能，目前只能透過 T-SQL 進行設定，因此在啟動前必須執行下列 T-SQL，目的在於啟用指定的追蹤旗標，否則在 SQL Server Management Studio（SSMS）裡面會出現敘述錯誤訊息（ADD MASKED）。

▶ 指令

```
--動態遮罩資料事先執行設定語法
DBCC TRACEON(209,219,-1)

--結果
(DBCC 的執行已經完成。如果 DBCC 印出錯誤訊息，請連絡您的系統管理員。)
```

▶ 動態遮罩資料語法設定格式與順序

```
--1.動態資料遮罩功能設定
ALTER TABLE [資料表名稱]
ALTER COLUMN [資料行名稱]
ADD MASKED WITH（FUNCTION='遮罩功能'）

--2.查詢已設定的遮罩資料行
SELECT C.name,
       D.name AS table_name,
       C.is_masked,
       C.masking_function
FROM sys.masked_columns AS C
JOIN sys.tables          AS D
ON C.[object_id] = D.[object_id]
WHERE is_masked = 1

--3.建立新使用者，並授予資料表的SELECT權限。以便檢視遮罩資料並執行查詢
CREATE USER [使用者名稱] WITHOUT LOGIN;
GRANT SELECT ON [資料表名稱] TO [使用者名稱];

EXECUTE AS USER = '使用者名稱';
SELECT * FROM [資料表名稱];
REVERT;
```

以下就 SQL Server 2016 的 3 種遮罩功能輸出做說明。

1. Default：依據資料行之資料類型而有不同輸出效果（結果）。

   • 倘若是字元字串類型的資料行，輸出效果以「XXXX」來呈現。

   • 倘若是數值類型的資料行（bigint、bit、decimal、int, money、numeric、smallint、smallmoney、tinyint、float、real），輸出效果會以「0」來呈現。

   • 倘若是日期及時間類型資料行，輸出效果（結果）會以「01.01.2000 00:00:00.0000000」呈現。

2. Email：輸出效果（結果），會以資料行內容的第一個字元加上「XXX@XXXX.com」來呈現。

3. Custom：輸出效果（結果），依據自訂需求呈現格式，通常為「前面所要顯示的字元數, 遮罩字串, 後面所要顯示的字元數」。

🔲 案例說明

✪ 案例一：請針對[Name]資料行建立 custom 遮罩，輸出效果（結果）顯示
→ 請帶出最前面和最後面各一個字元，中間的字元以「X」取代。

▶ 指令

```
--1.動態資料遮罩功能設定
USE [邦邦量販店]
GO

ALTER TABLE [dbo].[Customers_MaskingTEST]
ALTER COLUMN [Name]
ADD MASKED WITH (FUNCTION='PARTIAL(1,"X",1)')
GO

--2.查詢已設定的遮罩資料行
SELECT C.name,
       D.name as table_name,
       C.is_masked,
       C.masking_function
FROM sys.masked_columns AS C
JOIN sys.tables        AS D
ON C.[object_id] = D.[object_id]
WHERE is_masked = 1

--結果
(1個資料列受到影響)

--3.建立新的使用者,並授予資料表的SELECT權限。以便檢視遮罩資料並執行查詢
DROP USER EdisonSung /*如有必要*/
CREATE USER EdisonSung WITHOUT LOGIN;
GRANT SELECT ON [dbo].[Customers_MaskingTEST]  TO EdisonSung;

EXECUTE AS USER = 'EdisonSung';
SELECT * FROM [dbo].[Customers_MaskingTEST];
REVERT;

--結果
(3個資料列受到影響)
```

▶ 結果 (查詢已設定的遮罩資料行)

	name	table_name	is_masked	masking_function
1	Name	Customers_MaskingTEST	1	partial(1, "X", 1)

▶ 結果 (查詢檢視遮罩資料結果)

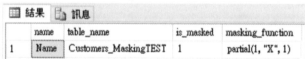

	Name	NameID	Email	MOBILE	Addr
1	王X名	A123456789	A01@hotmail.com	0910123456	台北
2	陳X華	B123456001	B01@hotmail.com	0912123123	桃園
3	林X為	C223456789	C01@hotmail.com	0915456789	台中

✪ 案例二：請針對[NameID]資料行建立 custom 遮罩，輸出效果（結果）顯示 → 請將中間 6 個字元以「OOOOOO」取代呈現，最前面和最後面的 2 個字元則顯示原內容。

▶ 指令

```
--1.動態資料遮罩功能設定
USE [邦邦量販店]
GO

ALTER TABLE [dbo].[Customers_MaskingTEST]
ALTER COLUMN [NameID]
ADD MASKED WITH (FUNCTION='PARTIAL(2,"OOOOOO",2)')
GO

--2.查詢已設定的遮罩資料行
SELECT C.name,
       D.name as table_name,
       C.is_masked,
       C.masking_function
FROM sys.masked_columns AS C
JOIN sys.tables          AS D
ON C.[object_id] = D.[object_id]
WHERE is_masked = 1

--結果
(2個資料列受到影響)

--3.建立新的使用者，並授予資料表的SELECT權限。以便檢視遮罩資料並執行查詢
DROP USER EdisonSung /*如有必要*/
CREATE USER EdisonSung WITHOUT LOGIN;
GRANT SELECT ON [dbo].[Customers_MaskingTEST]  TO EdisonSung;

EXECUTE AS USER = 'EdisonSung';
SELECT * FROM [dbo].[Customers_MaskingTEST];

REVERT;

--結果
(3個資料列受到影響)
```

▶ 結果（查詢已設定的遮罩資料行）

	name	table_name	is_masked	masking_function
1	Name	Customers_MaskingTEST	1	partial(1, "X", 1)
2	NameID	Customers_MaskingTEST	1	partial(2, "OOOOOO", 2)

▶ 結果（查詢檢視遮罩資料結果）

	Name	NameID	Email	MOBILE	Address
1	王X名	A100000089	A01@hotmail.com	0910123456	台北市大安[
2	陳X華	B100000001	B01@hotmail.com	0912123123	桃園市中山[
3	林X為	C200000089	C01@hotmail.com	0915456789	台中市中正[

✪ 案例三：請針對[Email]資料行建立 email 遮罩。

▶ 指令

```
--1.動態資料遮罩功能設定
USE [邦邦量販店]
GO

ALTER TABLE [dbo].[Customers_MaskingTEST]
ALTER COLUMN [Email]
ADD MASKED WITH (FUNCTION='email()')
GO

--2.查詢已設定的遮罩資料行
SELECT C.name,
       D.name as table_name,
       C.is_masked,
       C.masking_function
FROM sys.masked_columns AS C
JOIN sys.tables        AS D
ON C.[object_id] = D.[object_id]
WHERE is_masked = 1

--結果
(3個資料列受到影響)

--3.建立新的使用者，並授予資料表的SELECT權限。以便檢視遮罩資料並執行查詢
DROP USER EdisonSung /*如有必要*/
CREATE USER EdisonSung WITHOUT LOGIN;
GRANT SELECT ON [dbo].[Customers_MaskingTEST]  TO EdisonSung;
EXECUTE AS USER = 'EdisonSung';
SELECT * FROM [dbo].[Customers_MaskingTEST];
REVERT;

--結果
(3個資料列受到影響)
```

▶ 結果（查詢已設定的遮罩資料行）

	name	table_name	is_masked	masking_function
1	Name	Customers_MaskingTEST	1	partial(1, "X", 1)
2	NameID	Customers_MaskingTEST	1	partial(2, "OOOOOO", 2)
3	Email	Customers_MaskingTEST	1	email()

▶ 結果（查詢檢視遮罩資料結果）

	Name	NameID	Email	MOBILE	Address
1	王X名	A100000089	AXXX@XXXX.com	0910123456	台北市大安區
2	陳X華	B100000001	BXXX@XXXX.com	0912123123	桃園市中山區
3	林X為	C200000089	CXXX@XXXX.com	0915456789	台中市中正區

✪ 案例四：請針對[MOBILE]資料行建立 custom 遮罩，由於該資料行是 varchar 資料類型 → 請以「XXXX」來當作輸出效果（結果）。

▶ 指令

```
--1.動態資料遮罩功能設定
USE [邦邦量販店]
GO

ALTER TABLE [dbo].[Customers_MaskingTEST]
ALTER COLUMN [MOBILE]
ADD MASKED WITH (FUNCTION= 'default()')
GO


--2.查詢已設定的遮罩資料行
SELECT C.name,
       D.name as table_name,
       C.is_masked,
       C.masking_function
FROM sys.masked_columns AS C
JOIN sys.tables         AS D
ON C.[object_id] = D.[object_id]
WHERE is_masked = 1

--結果
(4個資料列受到影響)


--3.建立新的使用者，並授予資料表的SELECT權限。以便檢視遮罩資料並執行查詢
DROP USER EdisonSung /*如有必要*/
CREATE USER EdisonSung WITHOUT LOGIN;
GRANT SELECT ON [dbo].[Customers_MaskingTEST]  TO EdisonSung;
```

```
EXECUTE AS USER = 'EdisonSung';
SELECT * FROM [dbo].[Customers_MaskingTEST];
REVERT;


--結果
(3個資料列受到影響)
```

▶ 結果（查詢已設定的遮罩資料行）

	name	table_name	is_masked	masking_function
1	Name	Customers_MaskingTEST	1	partial(1, "X", 1)
2	NameID	Customers_MaskingTEST	1	partial(2, "OOOOOO", 2)
3	Email	Customers_MaskingTEST	1	email()
4	MOBILE	Customers_MaskingTEST	1	default()

▶ 結果（查詢檢視遮罩資料結果）

	Name	NameID	Email	MOBILE	Address
1	王X名	A100000089	AXXX@XXXX.com	xxxx	台北市大安區
2	陳X華	B100000001	BXXX@XXXX.com	xxxx	桃園市中山路
3	林X為	C200000089	CXXX@XXXX.com	xxxx	台中市中正路

✪ 案例五：針對[Address]資料行建立 custom 遮罩，輸出效果（結果）顯示
→ 請帶出最前面 6 個字元的原始內容，其餘則以「OOOOO」取代呈現。

▶ 指令

```
--1.動態資料遮罩功能設定
USE [邦邦量販店]
GO

ALTER TABLE [dbo].[Customers_MaskingTEST]
ALTER COLUMN [Address]
ADD MASKED WITH (FUNCTION= 'partial(6,"OOOOO",0)')
GO

--2.查詢已設定的遮罩資料行
SELECT C.name,
       D.name as table_name,
       C.is_masked,
       C.masking_function
FROM sys.masked_columns AS C
JOIN sys.tables          AS D
```

```
ON C.[object_id] = D.[object_id]
WHERE is_masked = 1


--結果
(5個資料列受到影響)


--3.建立新的使用者，並授予資料表的SELECT權限。以便檢視遮罩資料並執行查詢
DROP USER EdisonSung /*如有必要*/
CREATE USER EdisonSung WITHOUT LOGIN;
GRANT SELECT ON [dbo].[Customers_MaskingTEST]  TO EdisonSung;

EXECUTE AS USER = 'EdisonSung';
SELECT * FROM [dbo].[Customers_MaskingTEST];
REVERT;


--結果
(3個資料列受到影響)
```

▶ 結果（查詢已設定的遮罩資料行）

	name	table_name	is_masked	masking_function
1	Name	Customers_MaskingTEST	1	partial(1, "X", 1)
2	NameID	Customers_MaskingTEST	1	partial(2, "OOOOOO", 2)
3	Email	Customers_MaskingTEST	1	email()
4	MOBILE	Customers_MaskingTEST	1	default()
5	Address	Customers_MaskingTEST	1	partial(6, "OOOOO", 0)

▶ 結果（查詢檢視遮罩資料結果）

	Name	NameID	Email	MOBILE	Address	Sal
1	王X名	A100000089	AXXX@XXXX.com	xxxx	台北市大安區OOOOO	10
2	陳X華	B100000001	BXXX@XXXX.com	xxxx	桃園市中山路OOOOO	15
3	林X為	C200000089	CXXX@XXXX.com	xxxx	台中市中正路OOOOO	20

✪ 案例六：請針對[Salary]資料行建立 default 遮罩，由於該資料行是 money 資料類型 → 輸出效果（結果）顯示為 0。

▶ 指令

```
--1.動態資料遮罩功能設定
USE [邦邦量販店]
GO

ALTER TABLE [dbo].[Customers_MaskingTEST]
ALTER COLUMN [Salary]
ADD MASKED WITH (FUNCTION= 'default()')
GO

--2.查詢已設定的遮罩資料行
SELECT C.name,
       D.name as table_name,
       C.is_masked,
       C.masking_function
FROM sys.masked_columns AS C
JOIN sys.tables       AS D
ON C.[object_id] = D.[object_id]
WHERE is_masked = 1

--結果
(6個資料列受到影響)

--3.建立新的使用者，並授予資料表的SELECT權限。以便檢視遮罩資料並執行查詢
DROP USER EdisonSung /*如有必要*/
CREATE USER EdisonSung WITHOUT LOGIN;
GRANT SELECT ON [dbo].[Customers_MaskingTEST]  TO EdisonSung;

EXECUTE AS USER = 'EdisonSung';
SELECT * FROM [dbo].[Customers_MaskingTEST];
REVERT;

--結果
(3個資料列受到影響)
```

▶ 結果（查詢已設定的遮罩資料行）

	name	table_name	is_masked	masking_function
1	Name	Customers_MaskingTEST	1	partial(1, "X", 1)
2	NameID	Customers_MaskingTEST	1	partial(2, "OOOOOO", 2)
3	Email	Customers_MaskingTEST	1	email()
4	MOBILE	Customers_MaskingTEST	1	default()
5	Address	Customers_MaskingTEST	1	partial(6, "OOOOO", 0)
6	Salary	Customers_MaskingTEST	1	default()

▶ 結果（查詢檢視遮罩資料結果）

	Name	NameID	Email	MOBILE	Address	Salary	CreditCa
1	王X名	A100000089	AXXX@XXXX.com	xxxx	台北市大安區00000	0.00	5520-000
2	陳X華	B100000001	BXXX@XXXX.com	xxxx	桃園市中山路00000	0.00	4726-349
3	林X為	C200000089	CXXX@XXXX.com	xxxx	台中市中正路00000	0.00	4726-349

✪ **案例七：**請針對[CrediteCard]資料行建立 Custom 遮罩 → 於輸出效果（結果）的最後 4 個字元以原始呈現，其餘前面字元則以「XXXX-XXXX-XXXX」取代呈現。

▶ 指令

```
--1.動態資料遮罩功能設定
USE [邦邦量販店]
GO

ALTER TABLE [dbo].[Customers_MaskingTEST]
ALTER COLUMN [CreditCard]
ADD MASKED WITH (FUNCTION='partial(0,"xxxx-xxxx-xxxx-",4)')
GO

--2.查詢已設定的遮罩資料行
SELECT C.name,
       D.name as table_name,
       C.is_masked,
       C.masking_function
FROM sys.masked_columns AS C
JOIN sys.tables         AS D
ON C.[object_id] = D.[object_id]
WHERE is_masked = 1

--結果
(7個資料列受到影響)

--3.建立新的使用者,並授予資料表的SELECT權限。以便檢視遮罩資料並執行查詢
DROP USER EdisonSung /*如有必要*/
CREATE USER EdisonSung WITHOUT LOGIN;
GRANT SELECT ON [dbo].[Customers_MaskingTEST] TO EdisonSung;

EXECUTE AS USER = 'EdisonSung';
SELECT * FROM [dbo].[Customers_MaskingTEST];
REVERT;

--結果
(3個資料列受到影響)
```

▶ 結果（查詢已設定的遮罩資料行）

	name	table_name	is_masked	masking_function
1	Name	Customers_MaskingTEST	1	partial(1, "X", 1)
2	NameID	Customers_MaskingTEST	1	partial(2, "OOOOOO", 2)
3	Email	Customers_MaskingTEST	1	email()
4	MOBILE	Customers_MaskingTEST	1	default()
5	Address	Customers_MaskingTEST	1	partial(6, "OOOOO", 0)
6	Salary	Customers_MaskingTEST	1	default()
7	CreditCard	Customers_MaskingTEST	1	partial(0, "xxxx-xxxx-xxxx-", 4)

▶ 結果（查詢檢視遮罩資料結果）

	Name	NameID	Email	MOBILE	Address	Salary	CreditCard
1	王X名	A100000089	AXXX@XXXX.com	xxxx	台北市大安區OOOOO	0.00	xxxx-xxxx-xxxx-1234
2	陳X華	B100000001	BXXX@XXXX.com	xxxx	桃園市中山路OOOOO	0.00	xxxx-xxxx-xxxx-5678
3	林X為	C200000089	CXXX@XXXX.com	xxxx	台中市中正路OOOOO	0.00	xxxx-xxxx-xxxx-2121

資料遮罩設定調整

倘若要針對現有資料遮罩進行修改，只需在已建立的動態資料遮罩敘述規則新增建立新的遮罩規則即可。因為遮罩設定是以最後一次建立的規則為主，之前設定的遮罩規則會被新的覆蓋。

▶ 指令（列舉上述案例七為例子）

```
--1.動態資料遮罩功能調整設定
USE [邦邦量販店]
GO

--A.調整前：卡號最後4個字元以原始呈現，其餘前面以「XXXX-XXXX-XXXX」取代呈現
ALTER TABLE [dbo].[Customers_MaskingTEST]
ALTER COLUMN [CreditCard]
ADD MASKED WITH (FUNCTION= 'PARTIAL(0,"xxxx-xxxx-xxxx-",4)')
GO

--B.調整後：卡號最後4個字元以原始呈現，其餘前面以「XXXX-XXXX」取代呈現
ALTER TABLE [dbo].[Customers_MaskingTEST]
ALTER COLUMN [CreditCard]
ADD MASKED WITH (FUNCTION= 'PARTIAL(0,"xxxx-xxxx",4)')
GO

--2.查詢已設定的遮罩資料行
SELECT C.name,
```

```
        D.name as table_name,
        C.is_masked,
        C.masking_function
FROM sys.masked_columns AS C
JOIN sys.tables          AS D
ON C.[object_id] = D.[object_id]
WHERE is_masked = 1


--3.建立新的使用者,並授予資料表的SELECT權限。以便檢視遮罩資料並執行查詢
DROP USER EdisonSung
CREATE USER EdisonSung WITHOUT LOGIN;
GRANT SELECT ON [dbo].[Customers_MaskingTEST]  TO EdisonSung;

EXECUTE AS USER = 'EdisonSung';
SELECT * FROM [dbo].[Customers_MaskingTEST];
REVERT;
```

▶ 結果（查詢檢視調整後的遮罩資料結果）

	Name	NameID	Email	MOBILE	Address	Salary	CreditCard
1	王X名	A100000089	AXXX@XXXX.com	xxxx	台北市大安區00000	0.00	xxxx-xxxx1234
2	陳X華	B100000001	BXXX@XXXX.com	xxxx	桃園市中山路00000	0.00	xxxx-xxxx5678
3	林X為	C200000089	CXXX@XXXX.com	xxxx	台中市中正路00000	0.00	xxxx-xxxx2121

✪ 不受動態資料遮罩設定影響（使用 UNMASK 權限）

雖說動態資料遮罩功能對於資料隱私上有一定程度幫助。但以實際面考量而言,有些使用者在查詢使用動態資料遮罩的資料行時,是不用受到資料遮罩設定所影響,仍然可以看到遮罩設定前的原始資料內容,**不過必須賦予 UNMASK 權限才行**。

以下就以該情境來說明利用 T-SQL 賦予使用者 UNMASK 權限,但不受動態資料遮罩所影響。

▶ 賦予使用者 UNMASK 權限指令

```
USE [邦邦量販店]
GO
--1.新增賦予EdisonChen登錄
CREATE USER EdisonChen WITHOUT LOGIN
GO


--2.賦予查詢[dbo].[Customers_MaskingTEST]權限
GRANT SELECT ON [dbo].[Customers_MaskingTEST] TO EdisonChen
GO
```

```
--3.賦予UNMASK權限,不受遮罩影響
GRANT UNMASK TO EdisonChen
GO

--4.執行驗證
EXECUTE AS USER ='EdisonChen';
SELECT * FROM [dbo].[Customers_MaskingTEST];
REVERT
GO
```

✪ 資料遮罩設定移除

同樣地若要移除資料遮罩功能,可以透過 DROP MASKED 敘述即可。

▶ 移除資料遮罩設定指令:

```
ALTER TABLE [資料表名稱]
ALTER COLUMN [資料行名稱] DROP MASKED
```

✪ 動態資料遮罩的限制

雖然 SQL Server 2016 的動態資料遮罩功能有助於將敏感性資料進行遮罩設定,但目前仍然存在一些限制。

限制一:無法針對轉換後的資料類型查詢進行遮罩。使用者須配合透過權限設定方式(例如應避免直接存取基礎資料表),來減少因為資料類型轉換而所造成動態資料遮罩功能失效的情況發生。

▶ 限制指令如下

```
--動態資料遮罩的限制
EXECUTE AS USER='Edisonsung'
SELECT * FROM [dbo].[Customers_MaskingTEST]
/*資料類型轉換*/
SELECT CAST(NAME AS NCHAR(10)),CAST(Salary AS VARCHAR(MAX))
FROM [dbo].[Customers_MaskingTEST]
REVERT
GO
```

▶ 結果

	Name	NameID	Email	MOBILE	Address	Salary	CreditCard
1	王X名	A100000089	AXXX@XXXX.com	xxxx	台北市大安區00000	0.00	xxxx-xxxx1234
2	陳X華	B100000001	BXXX@XXXX.com	xxxx	桃園市中山路00000	0.00	xxxx-xxxx5678
3	林X為	C200000089	CXXX@XXXX.com	xxxx	台中市中正路00000	0.00	xxxx-xxxx2121

限制二：僅能支援可變長度的字串類型（例如 varchar、nvarchar），不支援最大長度設定為 max。

5-2-3　新功能範例－JSON 支援

🗄 JSON 是什麼？

什麼是 JSON？若是搞網站工程師，相信一定聽過 JSON。JSON 的全名稱為 JavaScript Object Notation，是一種屬於輕量級數據交換語言，也因為這樣，它易於閱讀。JSON 是以文字為基底進行儲存資料與傳送簡單結構資料，儲存資料可以透過特定格式，例如字串、數字、陣列、物件；傳送複雜資料亦可透過物件或陣列。

所以建立 JSON 資料之後，就可以很簡單的與其它程式語言進行交換資料。JSON 區隔各變數須使用逗號，通常資料型態有字串（String）、數值（Number）、陣列（Array）和物件（Object）。

1. JSON 優點：
   - 具有相容性高特點。
   - 格式易瞭解、閱讀與方便修正。
   - 可支援多資料格式（number,string,booleans,nulls,array）。
   - 許多程式語言都可以支援函式庫讀取或者修改 JSON 資料。

2. JSON 字串規則：
   - 可包含陣列（Array）資料或物件（Object）資料。
   - 陣列（Array）可以用 [ ] 來寫入資料。
   - 物件（Object）可以用 { } 來寫入資料。
   - Name / Value 是成對，中間透過(：)來區隔。

3. 陣列（Array）或物件（Object）值：

- 數字（整數或者實數）
- 字串（須用" "括號）
- 布林函數（Boolean）（true 或 false）
- 陣列（Array）（須用[ ]）
- 物件（Object）（須用{ }）
- NULL

4. JSON 的範例：

- 物件（Object）-Name / Value：{"subject":"English","score":85}
- 陣列（Array）-數值：[0,1,2,3,5,7,11,13]
- 陣列（Array）-文字：["Edison","Ben","Terrence","Joe"]
- 陣列（Array）-布林：[true, true, false, false, true]
- [{"name":"Edison","Lastneme":"Sung","Report":[{"subject":"DataMining","score":85},{"subject":"DataBase","score":95}]},{"name":"Ben","Lastneme":"Hsieh","Report":[{"subject":"DataMining","score":99},{"subject":"DataBase","score":90}]}]

上述結果：

Name	Edison Sung
DataMining	85
DataBase	95
Name	**Ben Hsieh**
DataMining	89
DataBase	90

🔲 SQL Server 2016 原生支援 JSON

近年來在前端開發技術上，已經大量使用 JSON 格式在交換資料，以及許多 Open Data 平台在存放資料檔案類型都有 JSON 的格式選項。對於 SQL Server 來說，以往要由程式將 JSON 格式資料存放到 SQL Server 中時，必須自行外掛 SQL CLR 才可比較方便操作。不過在新版 **SQL Server 2016 已原生支援 JSON 格式，並且有提供相關函式操作。**

我們回溯至 SQL Server 2005 年代，那時候開始有支援 XML 資料格式，並提供原生的 XML 資料類型、XML 索引及各種管理 XML 或輸出 XML 格式的函式。相隔 4 個 SQL Server 版本之後（SQL Server 2008／SQL Server 2008R2／SQL Server

2012／SQL Server 2014），新一代的 SQL Server 2016 正式宣告支援另一種應用系統中常用資料格式－JSON（JavaScript Object Notation）。

不過 SQL Server 2016 未如同 SQL Server 2005（新增 XML 資料類型）一樣，其不會打算為 JSON 新增專屬資料類型，而是把重心擺在可以提供一個便利使用框架，幫助使用者在資料庫層級處理上能夠處理 JSON 格式資料，重點是不用為此改變既有結構描述，依然可將 JSON 文件儲存在 NVARCHAR 資料類型的資料行裡，同時相容於現有記憶體最佳化、資料行存放區索引、預存程序或使用者自訂函式、全文檢索搜尋等功能，**應用程式不需要因此配合修改調整。**

使用 JSON AUTO 函式輸出 JSON 格式

最快速簡單的作法就是在查詢敘述的最後面加上 FOR JSON AUTO，如此一來 SELECT 的查詢結果會以 JSON 格式輸出。

▶ 指令

```
--加上FOR JSON AUTO，支援JSON輸出
SELECT * FROM [邦邦量販店].[dbo].[GMC_Profile] FOR JSON AUTO
```

▶ 結果

結果	訊息

JSON_F52E2B61-18A1-11d1-B105-00805F49916B
1	[{"MemberID":"DM000001","Sex":"F","Birthday":"1984-10-21T14:45:21","Marriage":"2","Occupation":"服務工作人員","Location":"彰化縣彰化市","C...

將查詢結果改成文字自動換列型態

從上述查詢結果得知，陳述式加上 FOR JSON AUTO 後，結果就會以 JSON 格式輸出。倘若欲修改呈現形式可先將查詢結果改成文字型態，目前資料行預設的顯示長度是 256 個字元，這時我們可以點選管理工具介面的【工具→選項→查詢結果→SQL Server→以文字顯示結果】，將文字長度改成 **8,192** 個字元。修改完成後，在開啟新視窗並重新執行之前，**請在管理介面裡點選以【文字顯示結果】後再執行陳述式**，即可看到新的呈現結果是輸出文字不再是被截斷的型態。

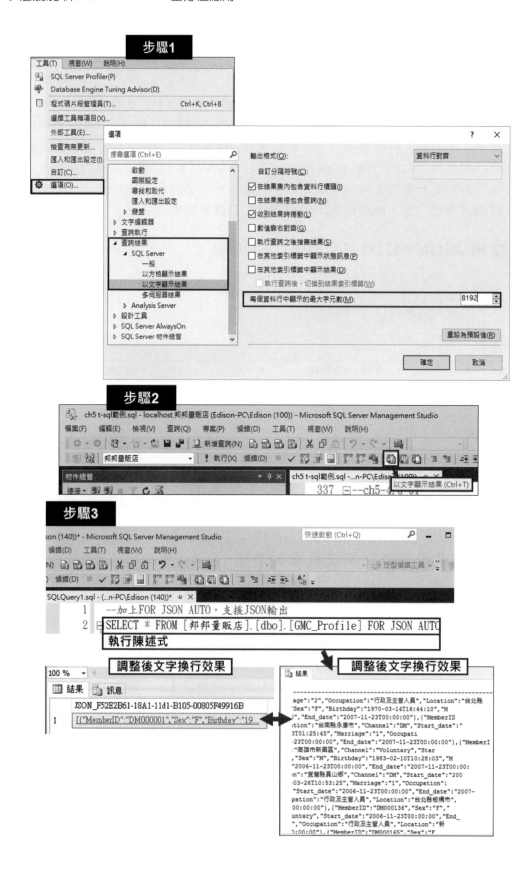

🔲 為 FOR JSON AUTO 加上 Root Key

我們可以在查詢陳述式後面加上 Root Key，當作是自訂 Root Key 的選項名稱。

▶ 指令

```
--為FOR JSON AUTO加上Root Key，使用ROOT選項自訂Root Key名稱
SELECT * FROM [邦邦量販店].[dbo].[GMC_Profile]
FOR JSON AUTO,ROOT('Retaildata')
```

▶ 結果

```
📄 結果
 JSON_F52E2B61-18A1-11d1-B105-00805F49916B
 ------------------------------------------
 {"Retaildata":[{"MemberID":"DM000001","Sex":"F","Birthday":"1984
 Location":"台北縣新莊市","Channel":"DM","Start_date":"2006-11-23TC
 4T16:44:10","Marriage":"1","Occupation":"服務工作人員","Location":
 0"},{"MemberID":"DM000030","Sex":"F","Birthday":"1934-04-08T05:1
 "Start_date":"2006-11-23T00:00:00","End_date":"2007-11-23T00:00:
 :"1","Occupation":"生產及有關工人","Location":"彰化縣田中鎮","Channe
 00"},{"MemberID":"DM000059","Sex":"M","Birthday":"1952-03-22T12:
 luntary","Start_date":"2006-11-23T00:00:00","End_date":"2007-11-
 0T10:28:03","Marriage":"1","Occupation":"技術性人員","Location":"i
 7-11-23T00:00:00"},{"MemberID":"DM000088","Sex":"M","Birthday":"
 art_date":"2006-11-23T00:00:00","End_date":"2007-11-23T00:00:00"
 "Occupation":"服務工作人員","Location":"屏東縣麟洛鄉","Channel":"DM
```

🔲 使用 JSON PATH 輸出 JSON 格式

當我們如果要定義輸出 JSON 格式的結構時，必須藉由 JSON PATH 來敘述。若遇到查詢（SELECT）的資料行名稱相同時，請以別名方式來重新命名輸出的資料行名稱，如此進行正常執行查詢（SELECT）。

若預設內容存在 NULL 的資料行在輸出 JSON 時會被忽略掉，這點跟查詢（SELECT）NULL 結合彙總函數計算時會被忽略的概念很像。因此我們要讓 NULL 的資料行也可以顯示出來，可以結合 INCLUDE_NULL_VALUES 選項（適用於 JSON AUTO 敘述）。

▶ 原始查詢（存在 NULL）指令

```
--原始查詢,存在NULL
SELECT [ProductID],
       [Productname],
       [Product_Combine1],
       [ProdQuantity_Combine1],
       [Product_Combine2],
```

```
            [ProdQuantity_Combine2],
            [Product_Combine3],
            [ProdQuantity_Combine3],
            [Product_Combine4],
            [ProdQuantity_Combine4],
            [Price]
FROM [邦邦量販店].[dbo].[Product_Detail]
GO
```

► 結果

	ProductID	Productname	Product_Combine1	ProdQuantit...	Product_Combine2	ProdQuantity_Combine2	Product_Combine3	Pro
13	CBN-0...	蛋捲(六入)x1+烘焙食品(...	P0002	1	P0013	1	P0029	1
14	CBN-0...	花生(包)x2+米果(包)x2+...	P0025	2	P0005	2	P0016	1
15	CBN-0...	綜合蔬菜(包)x2+根莖類(...	P0036	2	P0038	2	P0019	2
16	P0001	調味薯片(六入)	P0001	1	NULL	NULL	NULL	NU
17	P0002	蛋捲(六入)	P0002	1	NULL	NULL	NULL	NU
18	P0003	泡芙(打)	P0003	1	NULL	NULL	NULL	NU
19	P0004	餅乾(打)	P0004	1	NULL	NULL	NULL	NU
20	P0005	米果(包)	P0005	1	NULL	NULL	NULL	NU
21	P0006	巧克力(盒)	P0006	1	NULL	NULL	NULL	NU
22	P0007	糖果(桶)	P0007	1	NULL	NULL	NULL	NU
23	P0008	口香糖(盒)	P0008	1	NULL	NULL	NULL	NU
24	P0009	海苔(包)	P0009	1	NULL	NULL	NULL	NU
25	P0010	醃漬食品(六入)	P0010	1	NULL	NULL	NULL	NU
26	P0011	調味豆乾(包)	P0011	1	NULL	NULL	NULL	NU
27	P0012	果凍(六入)	P0012	1	NULL	NULL	NULL	NU

✪ 使用 JSON AUTO 輸出 JSON 格式，NULL 會被忽略

► 指令

```
--使用JSON AUTO輸出JSON格式，NULL會被忽略
SELECT [ProductID],
       [Productname],
       [Product_Combine1],
       [ProdQuantity_Combine1],
       [Product_Combine2],
       [ProdQuantity_Combine2],
       [Product_Combine3],
       [ProdQuantity_Combine3],
       [Product_Combine4],
       [ProdQuantity_Combine4],
       [Price]
FROM [邦邦量販店].[dbo].[Product_Detail]
FOR JSON AUTO


--結果
(61個資料列受到影響)
```

▶ 結果

```
結果
JSON_F52E2B61-18A1-11d1-B105-00805F49916B
----------------------------------------------------------------
[{"ProductID":"CBN-001","Productname":"巧克力(盒)x1+泡芙(打)x1+調味薯片(六入)x1","Product_(
007","Productname":"汽水(六瓶)x1+啤酒罐(打)x1+茶類飲品(六罐)x1+咖啡(六入)x1","Product_Combin
六入)x1+烘焙食品(包)x1+即溶牛奶(罐)x1","Product_Combine1":"P0002","ProdQuantity_Combine1":
P0008","ProdQuantity_Combine1":1.000000000000000e+000,"Price":9.000000000000000e+001},
000000000e+002},{"ProductID":"P0022","Productname":"汽水(六瓶)","Product_Combine1":"P00:
mbine1":"P0035","ProdQuantity_Combine1":1.000000000000000e+000,"Price":1.9000000000000

(61 個資料列受到影響)
```

✪ 使用 JSON PATH 輸出 NULL 資料行

▶ 指令

```
--使用JSON PATH輸出NULL資料行
SELECT [ProductID],
       [Productname],
       [Product_Combine1],
       [ProdQuantity_Combine1],
       [Product_Combine2],
       [ProdQuantity_Combine2],
       [Product_Combine3],
       [ProdQuantity_Combine3],
       [Product_Combine4],
       [ProdQuantity_Combine4],
       [Price]
FROM [邦邦量販店].[dbo].[Product_Detail]
FOR JSON PATH, INCLUDE_NULL_VALUES
GO


--結果
(61個資料列受到影響)
```

▶ 結果

```
結果
JSON_F52E2B61-18A1-11d1-B105-00805F49916B
----------------------------------------------------------------
[{"ProductID":"CBN-001","Productname":"巧克力(盒)x1+泡芙(打)x1+調味薯片(六入)x1","Product_Combine1
00000000e+000,"Product_Combine2":"P0045","ProdQuantity_Combine2":1.000000000000000e+000,"Prod
e3":"P0037","ProdQuantity_Combine3":1.000000000000000e+000,"Product_Combine4":null,"ProdQuant
e+000,"Product_Combine2":null,"ProdQuantity_Combine2":null,"Product_Combine3":null,"ProdQuant
0000000e+001},{"ProductID":"P0009","Productname":"海苔(包)","Product_Combine1":"P0009","ProdQu
bine2":null,"Product_Combine3":null,"ProdQuantity_Combine3":null,"Product_Combine4":null,"Pro
Productname":"汽水(六瓶)","Product_Combine1":"P0022","ProdQuantity_Combine1":1.000000000000000e
rodQuantity_Combine3":null,"Product_Combine4":null,"ProdQuantity_Combine4":null,"Price":9.000
e1":"P0035","ProdQuantity_Combine1":1.000000000000000e+000,"Product_Combine2":null,"ProdQuant
bine4":null,"ProdQuantity_Combine4":null,"Price":3.400000000000000e+002},{"ProductID":"P0042"

(61 個資料列受到影響)
```

資料科學家必備武器 - 分析型 SQL

6 chapter

何謂分析型 SQL？分析人員在執行分析的過程當中，常常會遇到需要將原始資料轉換成可以分析的資料（包含整理成分析變數），而這些過程經常都是透過撰寫 SQL 來完成。於是這些轉換過程所使用到的 SQL 就稱為分析型 SQL。本章節內容是根據筆者多年投入在資料分析領域中，收斂出關於資料分析工作時常會使用到的 SQL 指令來說明，以協助讀者在分析問題時，能有參考來源依據進而衍生出不同想法與觀點，至於 SQL 內容的結構，可能會因不同撰寫手法而有所差異，倘若讀者欲在 SQL 內容結構有更深的瞭解，建議可再進修專門說明 SQL 指令的效能調教書籍。以達到邏輯和結構並進並重的境界。

SQL 指令隨著大數據分析這股潮流越來越重要了，對於資料分析領域的從業人員來說，已是一項必備技術。可是 SQL 指令分成很多類項，舉凡像是 DDL（資料定義語言 Data Definition Language，DDL）、DML（資料操作語言 Data Manipulation Language，DML）與 DCL（資料控制語言 Data Control Language，DCL）等，究竟在分析過程當中，常會使用哪些 SQL 指令呢？其實筆者認為這些都是很重要的。

對於分析領域而言，常使用到 SQL 指令時機有（1）許多分析指標的創建，必須透過 SQL 指令來轉換；（2）分析過程常常會需要創建暫存資料表來做測試與驗證；（3）分析結果無誤後，需要以例行排程作業來執行產出，以上這些都是利用 SQL 指令進行相關的規則條件撰寫。

綜合所述，接下來將說明哪些 SQL 指令是常會使用到的並且搭配相關範例，讓讀者可易於融會貫通，不是資訊背景也有能力學好 SQL 指令來自行處理資料與分析資料。

6-1 何謂分析型 SQL

網路普及速度之快與科技進步之賜，大數據（Big Data）熱潮越燒越烈，許多新的資料處理分析和管理技術因應而生，這對從事資料分析人員來說，是一項契機，也是不小的挑戰，因此要在大數據（Big Data）時代的市場中佔有一席之地，**筆者建議有一項技能是一定要具備的，就是撰寫 SQL 指令的能力。**

何謂分析型 SQL 呢？筆者定義為：「它是屬於資料分析範疇常使用的 SQL 指令，通常是用來建立資料分析指標與分析過程工具之用」。

我們都曉得如何摸索出資料所要表達的意涵、提煉出「數據精華」，因此像資料分析領域人員就可能已具備「機器學習（Machine Learning）」與「資料採礦（Data Mining）」等知識，再加上本身主修統計與資料分析技術等更是根本中的根本，而數學跟統計學就是基礎中的基礎，如何將這些知識呈現出來呢？鑽研學習市面上的統計分析軟體及程式語言，像是 R、SAS、Matlab、SPSS、Stata 等，我想若具備了以上這些技能，相信對於駕馭資料分析技術領域應不成問題。

可是資料基本上都是儲存於資料庫中，或許透過一些統計程式語言就能查詢想要的資料。可是 SQL 歷經了四十多年的考驗仍然在現代處於屹立不搖之位，雖然隨著大數據的關係，NoSQL 的出現有了一些影響，但其實 SQL 仍主導著市場，並在大數據領域贏得許多投資和部署。像是 Cloudera 推出了即時查詢開源工具 Impala，它是一款用來跑在 Hadoop 架構上的互動 SQL 查詢引擎，所以我們在看這些工具發展之下，SQL 在大數據領域中依然是歷久不衰。

如何透過分析型 SQL 來達到建立資料分析指標目的呢？建議使用一些基本 SQL 指令和彙總函數來搭配。如下是筆者彙整出幾個常會使用的分析面向與思維。

1. **擅長時間區間變化**：執行資料分析專案時，尤其是在建立資料採礦模型，常會大量使用跟時間區間變化有關係的指標（或稱變數），例如近 30、60、90 天的消費金額貢獻，近 6 個月、3 個月、1 個月的某指標收斂率等。因此時間區間的切割整併使用，對於分析指標來說是相當重要的一項技術。

2. **擅長使用分析函數**：SQL 指令已存在些許關於分析或統計函數，這點如果能夠善加利用，對於達到養成分析型 SQL 的熟稔度是有大大的幫助。

3. **清楚的邏輯思緒**：具備優異的邏輯思考是成為資料分析人才最重要的元素之一，因此分析指標的建立計算公式，一定得具備清楚邏輯思緒，這樣才能快速透過 SQL 指令轉換出來。

6-2　分析型 SQL 語法範例

在上述內容大致說明分析型 SQL 概念及定義。一般來說，使用 SQL 指令建立分析指標，基本上就已符合分析型 SQL 精神。在進入下一章（會員消費行為分析）之前，本章內容提供一般資料分析常會使用的幾個分析指標範例，供讀者可先行利用 SQL 指令來進行練習轉換。

1. **（產品）類項的總銷售金額**：可由訂單數量乘上訂單金額後，再分別對產品類項進行交叉分析（Group By）即可。

2. **（產品）類項佔總銷售金額的比例（或佔比）**：由上例進行變化而來，可知道各產品類項的銷售金額比例。

3. **排序（名）**：例如透過排名可以快速知道產品類別彼此之間的銷售情況。

4. **（產品）類項數量與銷售季節計算**：除銷售季節須透過時間區間變化指令之外，產品數量則是透過產品類項進行交叉分析。

5. **特定假期的銷售狀況分析。**

6. **當月累計／季累計／年累計的銷售狀況。**

7. **同期銷售狀況分析**：例如今年和去年的同期比較。

8. **近期銷售狀況分析**：例如近 1 週、近 2 週、近 1 個月、近 3 個月等。

6-3　SQL 基本應用分析語法

在 Microsoft SQL Server 環境中，存取資料庫物件（指資料表）的過程都是用 4 個節點方式來指定物件（指資料表）的名稱，彼此之間用點號（‧）來做區隔，分別依序：

> 執行個體名稱 ‧ 資料庫名稱 ‧ 結構描述名稱 ‧ 物件名稱

若搭配 SQL Server Management Studio 介面工具來解釋的話，請參考圖 6-1。

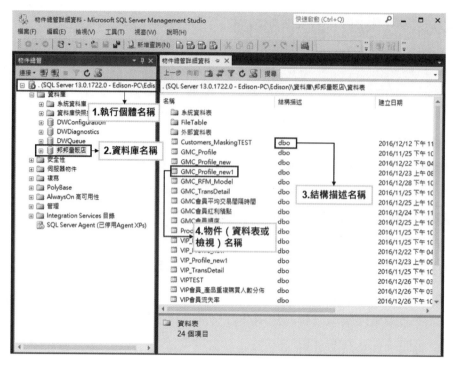

圖 6-1 SQL Server Management Studio 圖形介面

對於這 4 個節點名稱的使用方式，筆者整理幾種變化如下：

1. 查詢使用到跨執行個體或本機（Local）的物件（資料表或檢視）時可使用以下指令。

```
--指定4個節點名稱
SELECT * FROM [執行個體名稱].[資料庫].[結構描述].[資料表｜檢視]

--例如
SELECT * FROM [EDISON-PC].[邦邦量販店].[dbo].[GMC_Profile]
```

2. 查詢相同執行個體之下，不同資料庫的物件（資料表或檢視）時可使用以下指令。

```
--可省略執行個體名稱
SELECT * FROM [資料庫].[結構描述].[資料表｜檢視]

--例如
SELECT * FROM [邦邦量販店].[dbo].[GMC_Profile]
```

3. 查詢相同資料庫之下，不同結構描述的資料庫物件（資料表或檢視）時可使用以下指令。

```
--可省略執行個體名稱和資料庫名稱
SELECT * FROM [結構描述].[資料表|檢視]

--例如
SELECT * FROM [dbo].[GMC_Profile]
```

4. 查詢預設結構描述的物件（資料表或檢視）時可使用以下指令。

```
--可省略執行個體名稱、資料庫名稱及結構描述名稱
SELECT * FROM [資料表|檢視]

--例如
SELECT * FROM [GMC_Profile]
```

5. 若遇到保留字、關鍵字或物件（資料表或檢視）名稱有空白時，在 T-SQL 指令的要求需要使用雙引號或中括號，將這些情形特別標示，以避免造成執行上的問題。

```
--資料表名稱有空白時，建議請使用中括號
--例如
SELECT * FROM [GMC Profile]

--資料表名稱有空白時，使用雙引號需搭配QUOTED_IDENTIFIER ON。
--例如
SET QUOTED_IDENTIFIER ON
SELECT * FROM "GMC Profile"
```

6-3-1　基本功夫－查詢資料

分析的來源通常為資料倉儲的資料，且這些資料都已經過相當程度的整理、轉換和萃取，因此接下來闡述的內容為分析過程中可能常會用到的指令或函數。

🔷 基本查詢陳述式（指令）

查詢資料庫的資料是身為一個分析人員應具備的基本技能，而查詢動作就是利用 SELECT 陳述式。過程多半是針對資料表進行查詢，也會有檢視(View)或使用者自訂函數等。瞭解上述查詢資料概念後，先來認識基本的 SELECT 查詢指令結構。

```
--基本查詢指令結構
  SELECT 輸出欄位名稱
  [ INTO 新資料表名稱 ]
  FROM [ Table_list | View_list ]
  [ WHERE 篩選條件 ]
  [ GROUP BY 群組化欄位名稱 ]
  [ HAVING 篩選條件 ]
  [ ORDER BY 排序欄位 [ ASC | DESC ] ]
```

首先說明一下查詢指令結構，SELECT 指令後面要銜接的是輸出欄位名稱，而輸出來源就是 FROM 後面的 [Table_list | View_list]；若要過濾篩選資料列時，可從 WHERE 的篩選條件來設定；最後針對資料進行群組化分析時，可利用 GROUP BY 指令；也可針對群組化之後的資料進行篩選過濾，這時就需要藉由 HAVING 陳述式輔助；針對最後查詢的輸出結果指定排序時，可由 ORDER BY 指令，ASC 表示遞增（由小至大，預設型態亦可省略），DESC（由大至小）。以下陸續說明在分析時，會常使用到哪些基本的 T-SQL 指令。

📦 SELECT 的格式（1）－選擇（或篩選）

SELECT 是 T-SQL 指令中使用最頻繁的陳述式，其意為「選擇」，可從一個到數個資料表中選擇符合條件的資料行和記錄，**其傳回結果稱為資料集（Dataset）或稱結果集（Recordset）**。SELECT 的基本格式（1）如下所述：

```
SELECT  輸出欄位名稱
FROM [資料表 | 檢視]
```

在 SELECT 敘述中，會指定資料表的欄位名稱。倘若要指定複數個欄位名稱時，須以逗號（，）隔開；如果要選擇資料表的全部欄位，可用星號（＊）表示；FROM 敘述是用來指定資料表（或檢視）名稱。

▶ 指令

```
USE [邦邦量販店]
GO

SELECT [MemberID] FROM [dbo].[GMC_Profile]
GO


--結果
(81035個資料列受到影響)
```

▶ 結果

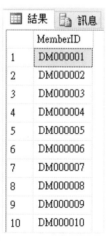

	MemberID
1	DM000001
2	DM000002
3	DM000003
4	DM000004
5	DM000005
6	DM000006
7	DM000007
8	DM000008
9	DM000009
10	DM000010

SELECT 的格式（2）－別名

在 SELECT 敘述中，可以指定資料表的資料行欄位名稱做為新指定的資料行欄位名稱（或稱別名）。SELECT 的基本格式（2）如下所述：

```
SELECT 輸出欄位名稱 AS 新指定欄位名稱，--用法一，使用 AS（可省略）
       輸出欄位名稱 [新指定欄位名稱]，--用法二，使用中括號
       輸出欄位名稱 新指定欄位名稱，--用法三，無使用中括號
FROM [資料表｜檢視]
```

▶ 指令

```
USE  邦邦量販店
GO

SELECT [MemberID] AS 會員編號,    --使用AS
       [MemberID] [會員編號],     --使用中括號
       [MemberID] 會員編號        --無使用中括號
FROM [dbo].[GMC_Profile]
GO


--結果
(81035個資料列受到影響)
```

▶ 結果

	會員編號	會員編號	會員編號
1	DM000001	DM000001	DM000001
2	DM000002	DM000002	DM000002
3	DM000003	DM000003	DM000003
4	DM000004	DM000004	DM000004
5	DM000005	DM000005	DM000005
6	DM000006	DM000006	DM000006
7	DM000007	DM000007	DM000007
8	DM000008	DM000008	DM000008
9	DM000009	DM000009	DM000009
10	DM000010	DM000010	DM000010

條件式篩選（WHERE）加比較運算子（小於、大於、等於…）

在選擇資料時，除了考慮避免將所有資料行輸出之外，再來就是考慮選擇僅需要的資料列。這時候進行條件指定時就會使用到 WHERE 敘述篩選。使用時，可透過比較運算子（包括>（大於）、<（小於）、=（等於）、<>（不等於）、>=（以上）、<=（以下））的範圍來做選擇。

▶ 指令

```
SELECT [MemberID],[Sex],[Occupation]
FROM [邦邦量販店].[dbo].[GMC_Profile]
WHERE [SEX]='F'
AND [Occupation]='服務工作人員'
AND [Start_date]>='2007-01-01'
GO

--結果
(2587個資料列受到影響)
```

▶ 結果

	MemberID	Sex	Occupation
1	DM000301	F	服務工作人員
2	DM000725	F	服務工作人員
3	DM000727	F	服務工作人員
4	DM000731	F	服務工作人員
5	DM000734	F	服務工作人員
6	DM000744	F	服務工作人員
7	DM000745	F	服務工作人員
8	DM000749	F	服務工作人員
9	DM000794	F	服務工作人員
10	DM000795	F	服務工作人員
11	DM000851	F	服務工作人員

條件式篩選（WHERE）加邏輯運算子（AND、OR、NOT…）

選擇資料過程中，可能會受篩選條件複雜度影響之外，同時需要邏輯運算子來整合。這時候就可以透過 AND、OR、NOT。然而使用 AND、OR、NOT上，會有幾個需要特別釐清的地方。

✓ 使用 **AND**：回傳符合 AND 左右兩邊的資料。

✓ 使用 **OR**：回傳符合 OR 左右任何一邊的資料。

✓ 使用 **NOT**：回傳與指定運算條件相反的資料。

▶ 指令（使用 AND）

```
SELECT [MemberID],[Sex],[Occupation]
FROM [邦邦量販店].[dbo].[GMC_Profile]
WHERE [SEX]='F'
AND [Occupation]='服務工作人員'
AND [Start_date]>='2007-01-01'
GO


--結果
(2587個資料列受到影響)
```

▶ 結果

	MemberID	Sex	Occupation
1	DM000301	F	服務工作人員
2	DM000725	F	服務工作人員
3	DM000727	F	服務工作人員
4	DM000731	F	服務工作人員
5	DM000734	F	服務工作人員
6	DM000744	F	服務工作人員
7	DM000745	F	服務工作人員
8	DM000749	F	服務工作人員
9	DM000794	F	服務工作人員
10	DM000795	F	服務工作人員
11	DM000851	F	服務工作人員

▶ 指令（使用 OR）

```
SELECT [MemberID],[Sex],[Occupation]
FROM [邦邦量販店].[dbo].[GMC_Profile]
WHERE SEX='F'
AND ( [Occupation]='服務工作人員' OR [Occupation]='行政及主管人員' )
AND [Start_date]>='2007-01-01'
GO


--結果
(3912個資料列受到影響)
```

▶ 結果

	MemberID	Sex	Occupation
1	DM000301	F	服務工作人員
2	DM000725	F	服務工作人員
3	DM000727	F	服務工作人員
4	DM000731	F	服務工作人員
5	DM000734	F	服務工作人員
6	DM000737	F	行政及主管人員
7	DM000740	F	行政及主管人員
8	DM000744	F	服務工作人員
9	DM000745	F	服務工作人員
10	DM000749	F	服務工作人員
11	DM000751	F	行政及主管人員

▶ 指令（使用 NOT）

```
SELECT [MemberID],[Sex],[Occupation]
FROM [邦邦量販店].[dbo].[GMC_Profile]
WHERE
NOT ([Occupation]='服務工作人員' OR [Occupation]='行政及主管人員')
AND [Sex]='F'
GO


--結果
(31073個資料列受到影響)
```

▶ 結果

	MemberID	Sex	Occupation
1	DM000004	F	技術性人員
2	DM000008	F	運輸設備操作工
3	DM000013	F	家管
4	DM000015	F	監督及佐理人員
5	DM000025	F	技術性人員
6	DM000027	F	技術性人員
7	DM000030	F	技術性人員
8	DM000031	F	技術性人員
9	DM000032	F	技術性人員
10	DM000036	F	技術性人員
11	DM000037	F	生產及有關工人

🔷 條件式篩選（WHERE）加區間運算子（BETWEEN…AND…）

使用 BETWEEN…AND 可以指定某些區間範圍，例如年齡區間（數字型態）、生日區間（時間型態）和文字區間（文字型態）。特別注意的是使用區間時會包含前後起始點資料。

▶ 指令

```
SELECT *
FROM [邦邦量販店].[dbo].[VIP_TransDetail]
WHERE [Trans_Createdate] BETWEEN '2006-01-01' AND '2006-06-30'
AND [Productname]='肉類製品(包)'
GO


--結果
(856個資料列受到影響)
```

▶ 結果

	MemberID	TransactionID	ProductID	Productname	Trans_Createdate	Unit_price	Quantity	Money	Point
1	DM086802	BEN-160536	P0041	肉類製品(包)	2006-02-06 00:00:00.000	340	1	340	3.4
2	DM086816	BEN-160551	P0041	肉類製品(包)	2006-04-07 00:00:00.000	340	1	340	3.4
3	DM086820	BEN-160554	P0041	肉類製品(包)	2006-03-06 00:00:00.000	340	2	680	6.8
4	DM086868	BEN-160613	P0041	肉類製品(包)	2006-04-17 00:00:00.000	340	2	680	6.8
5	DM086885	BEN-160635	P0041	肉類製品(包)	2006-02-06 00:00:00.000	340	1	340	3.4
6	DM086960	BEN-160732	P0041	肉類製品(包)	2006-02-09 00:00:00.000	340	1	340	3.4
7	DM086966	BEN-160745	P0041	肉類製品(包)	2006-06-01 00:00:00.000	340	1	340	3.4
8	DM083479	BEN-156377	P0041	肉類製品(包)	2006-05-25 00:00:00.000	340	2	680	6.8
9	DM083484	BEN-156384	P0041	肉類製品(包)	2006-04-28 00:00:00.000	340	3	1020	10.2
10	DM083508	BEN-156417	P0041	肉類製品(包)	2006-06-13 00:00:00.000	340	1	340	3.4
11	DM083508	BEN-156417	P0041	肉類製品(包)	2006-06-13 00:00:00.000	340	1	340	3.4

🔷 條件式篩選（WHERE）加類區間運算子（IN）

還有另一種類區間運算子的關鍵字，就是 IN。它是用來指定括弧內的值要「符合其中任一數值」，與使用 OR 的意思是相同的。

▶ 指令

```
SELECT *
FROM [邦邦量販店].[dbo].[GMC_Profile]
WHERE [Occupation] IN('行政及主管人員','運輸設備操作工','監督及佐理人員','技術性人員')
AND [Channel] IN ('Voluntary','Advertising')
GO


--結果
(19152個資料列受到影響)
```

▶ 結果

	MemberID	Sex	Birthday	Marriage	Occupation	Location	Channel	Start_date	End_date
1	DM000003	F	1981-06-10 01:54:13.000	2	行政及主管人員	高雄縣湖內鄉	Voluntary	2006-11-23 00:00:00.000	2007-11-23 00:00:00.000
2	DM000008	F	1969-12-06 04:03:06.000	1	運輸設備操作工	桃園縣平鎮市	Voluntary	2006-11-23 00:00:00.000	2007-11-23 00:00:00.000
3	DM000019	M	1957-05-13 02:13:51.000	1	行政及主管人員	台北縣土城市	Advertising	2006-11-23 00:00:00.000	2007-11-23 00:00:00.000
4	DM000021	M	1956-09-17 19:14:27.000	1	技術性人員	高雄市三民區	Advertising	2006-11-23 00:00:00.000	2007-11-23 00:00:00.000
5	DM000027	F	1942-09-12 18:29:22.000	1	技術性人員	台中縣后里鄉	Voluntary	2006-11-23 00:00:00.000	2007-11-23 00:00:00.000
6	DM000028	F	1940-10-30 01:12:48.000	1	行政及主管人員	台中縣梧棲鎮	Voluntary	2006-11-23 00:00:00.000	2007-11-23 00:00:00.000
7	DM000032	F	1934-08-23 05:03:05.000	1	技術性人員	台南縣佳里鎮	Advertising	2006-11-23 00:00:00.000	2007-11-23 00:00:00.000
8	DM000033	F	1946-05-15 12:16:23.000	1	行政及主管人員	台中市南區	Advertising	2006-11-23 00:00:00.000	2007-11-23 00:00:00.000
9	DM000040	F	1960-10-24 00:04:52.000	1	技術性人員	嘉義縣水上鄉	Advertising	2006-11-23 00:00:00.000	2007-11-23 00:00:00.000
10	DM000041	M	1936-10-14 13:33:15.000	1	技術性人員	台南縣學甲鎮	Voluntary	2006-11-23 00:00:00.000	2007-11-23 00:00:00.000
11	DM000045	M	1979-03-24 05:18:49.000	1	技術性人員	台北市中正區	Voluntary	2006-11-23 00:00:00.000	2007-11-23 00:00:00.000

使用 LIKE 選取

在一般使用選取的指令中，除了上述提到的 IN，還有一種是 LIKE，必須與 '%'（代表是連續字元）一起使用。使用 LIKE 時，有幾個地方是具有差異。說明如下：假設欲選取資料行裡包含 d 字眼的資料列。

✓ 「**d**」前後都有下「**%**」：表示資料內容只要有「**d**」出現就會被選取進來。

✓ 只有「**d**」前面下「**%**」：表示資料內容只要有「**d**」結尾才會被選取進來。

✓ 只有「**d**」後面下「**%**」：表示資料內容只要有「**d**」開頭才會被選取進來。

▶ 指令

```
SELECT [MemberID],[Sex],[Birthday],[Occupation],[Channel]
FROM [邦邦量販店].[dbo].[GMC_Profile]
WHERE [Channel] LIKE '%d%'  --'%d', 'd%'
GO


--結果1
(56781個資料列受到影響)
--結果2
(8091個資料列受到影響)
--結果3
(32544個資料列受到影響)
```

▶ 結果（使用'%d%'）

	MemberID	Sex	Birthday	Occupation	Channel
1	DM000001	F	1984-10-21 14:45:21.000	服務工作人員	Advertising
2	DM000004	F	1981-09-17 10:49:01.000	技術性人員	DM
3	DM000005	M	1951-09-25 07:53:14.000	行政及主管人員	DM
4	DM000006	M	1939-05-20 03:54:25.000	服務工作人員	Advertising
5	DM000009	M	1934-10-15 15:16:38.000	監督及佐理人員	DM
6	DM000010	F	1946-10-29 05:14:34.000	行政及主管人員	DM
7	DM000011	M	1989-04-15 19:37:05.000	服務工作人員	DM
8	DM000012	F	1989-10-20 19:14:15.000	行政及主管人員	DM
9	DM000013	F	1962-12-14 16:52:38.000	家管	DM
10	DM000014	F	1966-11-11 15:50:21.000	服務工作人員	DM
11	DM000015	F	1955-01-28 00:12:12.000	監督及佐理人員	DM
12	DM000017	F	1968-03-19 11:09:57.000	行政及主管人員	DM

▶ 結果（使用'%d'）

	MemberID	Sex	Birthday	Occupation	Channel
1	DM000034	M	1977-08-01 18:39:07.000	服務工作人員	CreditCard
2	DM000038	M	1984-10-12 07:58:27.000	家管	CreditCard
3	DM000062	F	1988-02-28 22:32:32.000	家管	CreditCard
4	DM000063	M	1963-06-11 01:11:46.000	技術性人員	CreditCard
5	DM000072	F	1934-11-09 08:38:33.000	服務工作人員	CreditCard
6	DM000090	F	1947-01-15 13:03:16.000	行政及主管人員	CreditCard
7	DM000091	M	1973-03-07 03:45:36.000	服務工作人員	CreditCard
8	DM000106	M	1981-06-28 09:47:13.000	服務工作人員	CreditCard
9	DM000108	F	1954-03-05 12:45:15.000	生產及有關工人	CreditCard
10	DM000112	M	1935-11-01 15:02:56.000	生產及有關工人	CreditCard
11	DM000113	M	1951-03-15 08:54:37.000	技術性人員	CreditCard
12	DM000114	M	1964-07-16 19:31:22.000	生產及有關工人	CreditCard

▶ 結果（使用'd%'）

	MemberID	Sex	Birthday	Occupation	Channel
1	DM000004	F	1981-09-17 10:49:01.000	技術性人員	DM
2	DM000005	M	1951-09-25 07:53:14.000	行政及主管人員	DM
3	DM000009	M	1934-10-15 15:16:38.000	監督及佐理人員	DM
4	DM000010	F	1946-10-29 05:14:34.000	行政及主管人員	DM
5	DM000011	M	1989-04-15 19:37:05.000	服務工作人員	DM
6	DM000012	F	1989-10-20 19:14:15.000	行政及主管人員	DM
7	DM000013	F	1962-12-14 16:52:38.000	家管	DM
8	DM000014	F	1966-11-11 15:50:21.000	服務工作人員	DM
9	DM000015	F	1955-01-28 00:12:12.000	監督及佐理人員	DM
10	DM000017	F	1968-03-19 11:09:57.000	行政及主管人員	DM
11	DM000018	F	1932-09-04 04:18:09.000	服務工作人員	DM
12	DM000022	F	1959-02-03 05:30:02.000	行政及主管人員	DM

NULL 的使用

NULL 是指資料並未被填入任何值（包括文字）至資料庫內，屬於一個未定數；相反地，NOT NULL 是定數，資料已被填入任何值（包括文字）至資料庫內。在處理 NULL 有幾個需要注意的地方。

- ✓ NULL 和空值或零值是不一樣的意思。
- ✓ NULL 值之間並不會相等。
- ✓ WHERE 篩選敘述中要使用 IS NULL 或 IS NOT NULL，**避免使用=NULL**。
- ✓ 轉換 NULL 時，可使用系統函數 ISNULL
- ✓ NULL 計算上會被視為空值而忽略，但零不會。

▶ 指令（WHERE 加 NULL）

```
SELECT  *
FROM [邦邦量販店].[dbo].[GMC_Profile]
WHERE Occupation IS NULL
GO

--結果
(0個資料列受到影響)
```

▶ 結果

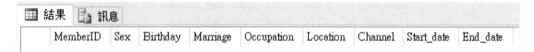

▶ 指令（SELECT 加 NULL）

```
SELECT [MemberID], [Occupation], [Location], NULL [未定數]
FROM [邦邦量販店].[dbo].[GMC_Profile]
GO

--結果
(81035個資料列受到影響)
```

▶ 結果

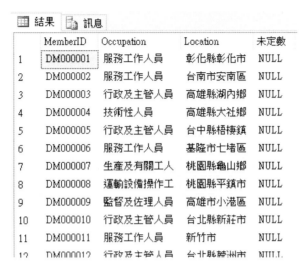

TOP 的使用

在選擇資料時，指定只從結果傳回前 N 筆資料列，可使用 TOP。

▶ 指令

```
SELECT TOP 100 [MemberID],[Occupation],[Location],[Start_date]
FROM [邦邦量販店].[dbo].[GMC_Profile]
ORDER BY [Start_date]
GO


--結果
(100個資料列受到影響)
```

▶ 結果

	MemberID	Occupation	Location	Start_date
1	DM078781	服務工作人員	台北市松山區	2000-07-04 00:00:00.000
2	DM047776	行政及主管人員	台北市松山區	2000-07-04 00:00:00.000
3	DM014480	其他	台北市大安區	2000-07-04 00:00:00.000
4	DM063329	生產及有關工人	台北市中山區	2000-07-04 00:00:00.000
5	DM063359	行政及主管人員	台北市中山區	2000-07-04 00:00:00.000
6	DM070312	服務工作人員	台北市南港區	2000-07-04 00:00:00.000
7	DM011061	技術性人員	台北市中山區	2000-07-04 00:00:00.000
8	DM011134	行政及主管人員	台北縣中和市	2000-07-04 00:00:00.000
9	DM033134	行政及主管人員	台北市士林區	2000-07-04 00:00:00.000
10	DM033557	生產及有關工人	台北市文山區	2000-07-04 00:00:00.000
11	DM059114	技術性人員	台北市大安區	2000-07-04 00:00:00.000
12	DM015080	服務工作人員	台北市士林區	2000-07-04 00:00:00.000

🟦 TABLESAMPLE 的使用

在分析或查詢資料過程中，某些情況之下需要撈取一定數量的資料筆數，來做為取樣資料集，這時就可以加入 TABLESAMPLE（亂數取樣）子句。在使用 TABLESAMPLE 時，有幾個特性。

- ✓ 屬於 SQL SERVER 系統取樣方式。
- ✓ 取樣條件可為數字或百分比。
- ✓ 亂數取樣結果只是約略值，並非精確值。
- ✓ 當資料表越小的時候，取樣的誤差會越大。
- ✓ 同時可搭配 TOP 獲得更精準取樣數。

▶ 指令（使用數字）

```
SELECT  *
FROM [邦邦量販店].[dbo].[GMC_Profile]
TABLESAMPLE(1000 ROWS)
ORDER BY [Start_date]
GO


--結果(約略數，非精準)
(1080個資料列受到影響)
```

▶ 結果

	MemberID	Sex	Birthday	Marriage	Occupation	Location	Channel	Start_date	End_date
1	DM013112	M	1983-12-07 00:20:13.000	2	行政及主管人員	高雄市三民區	Voluntary	2000-07-14 00:00:00.000	2008-04-01 00:00:00.000
2	DM013113	M	1983-11-29 09:20:22.000	3	技術性人員	彰化縣彰化市	Voluntary	2000-07-16 00:00:00.000	2008-04-01 00:00:00.000
3	DM013114	F	1986-02-14 18:45:19.000	2	其他	台北縣蘆洲市	CreditCard	2000-07-16 00:00:00.000	2007-12-16 00:00:00.000
4	DM013105	M	1935-06-22 19:10:53.000	2	行政及主管人員	桃園縣新屋鄉	Voluntary	2000-07-18 00:00:00.000	2008-04-01 00:00:00.000
5	DM013106	M	1966-04-19 07:51:36.000	3	農林漁牧工作人員	台北縣土城市	DM	2000-07-18 00:00:00.000	2008-04-01 00:00:00.000
6	DM013107	F	1963-12-24 08:00:40.000	2	行政及主管人員	桃園縣桃園市	CreditCard	2000-07-18 00:00:00.000	2008-04-01 00:00:00.000
7	DM013108	M	1959-02-20 19:43:25.000	3	運輸設備操作工	台北市中正區	DM	2000-07-18 00:00:00.000	2008-04-01 00:00:00.000
8	DM013086	M	1978-04-21 18:48:59.000	3	服務工作人員	台中市西區	Voluntary	2000-07-18 00:00:00.000	2008-02-18 00:00:00.000
9	DM013088	F	1952-10-11 16:07:54.000	2	監督及佐理人員	彰化縣彰化市	DM	2000-07-18 00:00:00.000	2008-04-01 00:00:00.000
10	DM013103	F	1929-02-24 00:52:43.000	3	服務工作人員	台北市中山區	Advertising	2000-07-18 00:00:00.000	2008-04-01 00:00:00.000
11	DM013111	M	1976-11-03 14:38:52.000	3	服務工作人員	台中縣大里市	Advertising	2000-07-19 00:00:00.000	2007-11-03 00:00:00.000
12	DM013094	F	1965-01-30 18:47:53.000	2	監督及佐理人員	台中市北屯區	Voluntary	2000-07-19 00:00:00.000	2008-04-01 00:00:00.000

▶ 指令（使用數字並搭配 TOP）

```
SELECT TOP 1000 *
FROM [邦邦量販店].[dbo].[GMC_Profile]
TABLESAMPLE(2000 ROWS)
ORDER BY [Start_date]
GO


--結果
(1000個資料列受到影響)
```

▶ 結果

	MemberID	Sex	Birthday	Marriage	Occupation	Location	Channel	Start_date	End_date
1	DM067951	M	1942-01-03 00:29:41.000	1	生產及有關工人	台北市士林區	DM	2000-07-04 00:00:00.000	2007-04-01 00:00:00.000
2	DM067907	F	1940-12-14 08:39:45.000	3	行政及主管人員	台北市信義區	Voluntary	2000-07-05 00:00:00.000	2007-06-01 00:00:00.000
3	DM067908	M	1963-05-19 15:00:35.000	3	監督及佐理人員	台北市士林區	Voluntary	2000-07-05 00:00:00.000	2007-06-06 00:00:00.000
4	DM067909	M	1980-08-11 22:22:38.000	3	行政及主管人員	台北市中正區	Voluntary	2000-07-05 00:00:00.000	2007-04-01 00:00:00.000
5	DM067910	F	1966-11-16 16:40:41.000	3	技術性人員	台中市西屯區	DM	2000-07-05 00:00:00.000	2007-09-28 00:00:00.000
6	DM067896	M	1969-05-09 16:49:09.000	3	技術性人員	彰化縣福興鄉	DM	2000-07-07 00:00:00.000	2007-04-01 00:00:00.000
7	DM067897	F	1971-11-11 20:22:23.000	2	服務工作人員	台北縣新莊市	CreditCard	2000-07-07 00:00:00.000	2007-07-15 00:00:00.000
8	DM067898	F	1953-01-24 09:31:48.000	2	服務工作人員	台北市中山區	DM	2000-07-07 00:00:00.000	2007-09-24 00:00:00.000
9	DM067893	F	1944-04-01 15:36:33.000	2	技術性人員	台北縣蘆洲市	CreditCard	2000-07-09 00:00:00.000	2007-06-26 00:00:00.000
10	DM067894	F	1965-05-25 00:28:10.000	3	服務工作人員	台中縣后里鄉	DM	2000-07-10 00:00:00.000	2007-06-22 00:00:00.000
11	DM067899	F	1969-02-09 09:35:48.000	2	服務工作人員	台北市文山區	Voluntary	2000-07-11 00:00:00.000	2007-06-02 00:00:00.000
12	DM067900	F	1977-08-05 07:38:20.000	2	家管	台北市南港區	Voluntary	2000-07-11 00:00:00.000	2007-08-17 00:00:00.000

▶ 指令（使用百分比）

```
SELECT *
FROM [邦邦量販店].[dbo].[GMC_Profile]
TABLESAMPLE(10 PERCENT)
ORDER BY [Start_date]
GO


--結果(約略數,非精準)
(7800個資料列受到影響)
```

▶ 結果

	MemberID	Sex	Birthday	Marriage	Occupation	Location	Channel	Start_date	End_date
1	DM014480	F	1935-10-28 02:12:50.000	2	其他	台北市大安區	Advertising	2000-07-04 00:00:00.000	2007-11-19 00:00:00.000
2	DM053116	M	1938-04-28 18:20:36.000	3	服務工作人員	台北市南港區	CreditCard	2000-07-04 00:00:00.000	2008-04-01 00:00:00.000
3	DM078052	F	1959-01-08 00:46:54.000	2	其他	台中市南屯	DM	2000-07-05 00:00:00.000	2006-11-12 00:00:00.000
4	DM053430	F	1988-11-29 09:48:21.000	3	技術性人員	台北市中山區	Voluntary	2000-07-05 00:00:00.000	2007-11-13 00:00:00.000
5	DM053497	F	1974-06-24 22:58:22.000	3	農林漁牧工作人員	苗栗縣竹南鎮	Voluntary	2000-07-05 00:00:00.000	2008-04-01 00:00:00.000
6	DM053495	F	1952-01-10 17:12:59.000	2	技術性人員	台中市北屯區	DM	2000-07-05 00:00:00.000	2008-04-01 00:00:00.000
7	DM053498	F	1973-09-25 08:47:10.000	2	技術性人員	台北市北投區	DM	2000-07-06 00:00:00.000	2008-04-01 00:00:00.000
8	DM053499	M	1945-01-13 19:01:09.000	3	技術性人員	台北市士林區	DM	2000-07-06 00:00:00.000	2007-11-01 00:00:00.000
9	DM053500	F	1938-03-16 17:20:15.000	2	服務工作人員	台北縣三重市	Voluntary	2000-07-06 00:00:00.000	2008-04-01 00:00:00.000
10	DM053426	F	1951-09-07 12:11:28.000	3	行政及主管人員	台北市士林區	Advertising	2000-07-06 00:00:00.000	2008-04-01 00:00:00.000
11	DM053427	M	1953-08-14 21:16:14.000	3	技術性人員	台北縣中和市	Voluntary	2000-07-07 00:00:00.000	2008-03-09 00:00:00.000
12	DM053451	F	1943-04-25 13:10:56.000	2	監督及佐理人員	台北市信義區	DM	2000-07-07 00:00:00.000	2008-03-01 00:00:00.000
13	DM053452	M	1942-02-18 03:49:24.000	2	服務工作人員	嘉義縣竹崎鄉	Advertising	2000-07-07 00:00:00.000	2008-04-01 00:00:00.000

📦 指定顯示排序（ORDER BY）

倘若要確保查詢輸出結果按照指定順序時，可以使用 ORDER BY 敘述。只要在 ORDER BY 子句裡每一個列／字段加一個關鍵字 DESC（降序）或 ASC（升序）。

舉例來說，會員生日在加上 ASC 關鍵字後，輸出結果生日日期由遠至近排序（ASC 為預設可省略不寫）；加上 DESC 關鍵字則是由近至遠排序。ORDER BY 子句指定輸出的資料行，有幾種方式。

✓　是資料行。

✓　是資料行別名。

✓　是指定資料量位置數字，一開始是從 1 開始。

▶ 指令

```
SELECT [MemberID],
       [Sex],
       [Birthday] [生日],
       [Marriage],
       [Occupation],
       [Location],
       [Channel],
       [Start_date],
       [End_date]
FROM [邦邦量販店].[dbo].[GMC_Profile]
ORDER BY [生日] ASC,          --使用別名
         [Start_date] DESC,   --使用資料行
         4                    --使用數字

GO


--結果
(81035個資料列受到影響)
```

▶ 結果

	MemberID	Sex	生日	Marriage	Occupation	Location	Channel	Start_date	End_date
1	DM008463	M	1928-01-01 20:32:10.000	1	服務工作人員	嘉義縣朴子市	Voluntary	2007-01-04 00:00:00.000	2008-01-04 00:00:00.000
2	DM026516	F	1928-01-02 08:06:15.000	3	服務工作人員	台中市西屯區	DM	2007-05-02 00:00:00.000	2008-05-01 00:00:00.000
3	DM023025	M	1928-01-02 12:41:50.000	2	行政及主管人員	台北市中山區	DM	2006-12-15 00:00:00.000	2007-12-15 00:00:00.000
4	DM027329	M	1928-01-02 15:25:56.000	3	行政及主管人員	台北縣新莊市	DM	2004-04-01 00:00:00.000	2007-05-02 00:00:00.000
5	DM038472	F	1928-01-02 15:29:06.000	1	技術性人員	彰化縣彰化市	DM	2006-09-27 00:00:00.000	2007-09-27 00:00:00.000
6	DM013640	M	1928-01-03 15:53:27.000	2	服務工作人員	台北縣汐止市	DM	2000-07-18 00:00:00.000	2008-04-01 00:00:00.000
7	DM001641	F	1928-01-03 19:21:29.000	2	技術性人員	南投縣南投市	DM	2006-12-04 00:00:00.000	2007-12-04 00:00:00.000
8	DM005695	F	1928-01-04 23:01:25.000	1	服務工作人員	台中市北區	Advertising	2007-01-20 00:00:00.000	2008-01-20 00:00:00.000
9	DM020383	M	1928-01-05 07:05:22.000	1	行政及主管人員	台北市士林區	Advertising	2006-03-18 00:00:00.000	2008-03-18 00:00:00.000
10	DM026658	F	1928-01-06 00:17:02.000	2	行政及主管人員	宜蘭縣三星鄉	DM	2007-05-07 00:00:00.000	2008-05-06 00:00:00.000
11	DM039183	F	1928-01-06 01:59:16.000	2	技術性人員	南投縣埔里鎮	Voluntary	2003-06-26 00:00:00.000	2007-07-02 00:00:00.000
12	DM019222	M	1928-01-06 08:29:56.000	2	技術性人員	台北縣蘆洲市	DM	2006-01-13 00:00:00.000	2008-01-14 00:00:00.000

🧊 字串組合

在實務上有許多情形（例如商業智慧儀表板的內容文字說明），需要將查詢的結果做一些加工。其中加上一些指定字串會使整個結果更有閱讀性，故可使用一些固定字串進行組合。當然這些固定字串可以成為一個新的資料行，或者和現有的資料行結合，進而產出一個完全新的資料行。

▶ 指令（字串使用方式（1））

```
SELECT '員工基本資歷' [說明],
       [MemberID] [員工編號],
       [Occupation] [從事職業類型],
       [Start_date] [到職日],
       [End_date] [離職日]
FROM [邦邦量販店].[dbo].[GMC_Profile]
GO

--結果
(81035個資料列受到影響)
```

▶ 結果

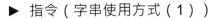

	說明	員工編號	從事職業類型	到職日	離職日
1	員工基本資歷	DM000001	服務工作人員	2006-11-23 00:00:00.000	2007-11-23 00:00:00.000
2	員工基本資歷	DM000002	服務工作人員	2006-11-23 00:00:00.000	2007-11-23 00:00:00.000
3	員工基本資歷	DM000003	行政及主管人員	2006-11-23 00:00:00.000	2007-11-23 00:00:00.000
4	員工基本資歷	DM000004	技術性人員	2006-11-23 00:00:00.000	2007-11-23 00:00:00.000
5	員工基本資歷	DM000005	行政及主管人員	2006-11-23 00:00:00.000	2007-11-23 00:00:00.000
6	員工基本資歷	DM000006	服務工作人員	2006-11-23 00:00:00.000	2007-11-23 00:00:00.000
7	員工基本資歷	DM000007	生產及有關工人	2006-11-23 00:00:00.000	2007-11-23 00:00:00.000
8	員工基本資歷	DM000008	運輸設備操作工	2006-11-23 00:00:00.000	2007-11-23 00:00:00.000
9	員工基本資歷	DM000009	監督及佐理人員	2006-11-23 00:00:00.000	2007-11-23 00:00:00.000
10	員工基本資歷	DM000010	行政及主管人員	2006-11-23 00:00:00.000	2007-11-23 00:00:00.000
11	員工基本資歷	DM000011	服務工作人員	2006-11-23 00:00:00.000	2007-11-23 00:00:00.000
12	員工基本資歷	DM000012	行政及主管人員	2006-11-23 00:00:00.000	2007-11-23 00:00:00.000

▶ 指令（字串使用方式（2））

```
SELECT '員工編號：'+ [MemberID]+', 生日：'
    + RTRIM(LTRIM(CAST(CAST([Birthday] AS DATE) AS CHAR)))
    +' ,職業：'+[Occupation]
FROM [邦邦量販店].[dbo].[GMC_Profile]
GO

--結果
(81035個資料列受到影響)
```

▶ 結果

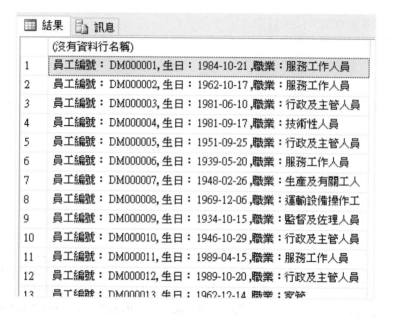

去除重複（DISTINCT）

當資料庫中資料行結構存在重複資料情況之下，要找出唯一值，可以使用 DISTINCT 去除重複。DISTINCT 通常會與 SELECT 敘述同時使用。是一個非常重要且常使用的指令。另外，也可利用 GROUP BY 的方式來進行去重複的動作。

▶ 指令

```
SELECT DISTINCT [Channel]
FROM [邦邦量販店].[dbo].[GMC_Profile]
GO


--結果
(4個資料列受到影響)
```

▶ 結果

條件分歧敘述（CASE WHEN…THEN…ELSE…）

使用 CASE 式，是可以在 SELECT 敘述中進行條件分歧處理。當 WHEN 後面的條件是為真時，CASE 就會傳回 THEN 之後的值。而 WHEN…THEN…，這樣組合可以寫很多次，通常這也是在資料分析過程中，常會使用的指令。

▶ 指令

```
USE [邦邦量販店]
GO

SELECT [MemberID],
       [Sex],
       CASE WHEN [Sex]='M' THEN '男性'
            WHEN [Sex]='F' THEN '女性'
       ELSE NULL END AS [性別]
FROM [dbo].[GMC_Profile]
GO


--結果
(81035個資料列受到影響)
```

▶ 結果

	MemberID	Sex	性別
1	DM000001	F	女性
2	DM000002	F	女性
3	DM000003	F	女性
4	DM000004	F	女性
5	DM000005	M	男性
6	DM000006	M	男性
7	DM000007	M	男性
8	DM000008	F	女性
9	DM000009	M	男性
10	DM000010	F	女性
11	DM000011	M	男性
12	DM000012	F	女性

6-3-2　函數應用

字串函數

在資料分析的過程當中，經常會使用到的其中一個 T-SQL 函數應屬字串函數了。舉凡像是從資料欄位擷取指定位置的字元、大小寫轉換或者計算欄位字串長度等。以下內容將介紹幾個常使用的字串函數指令。

✪ LOWER()和 UPPER()－大小寫轉換

▶ 指令

```
SELECT TOP 100 [MemberID],
       [Channel],
       LOWER([Channel]) [轉小寫],
       UPPER([Channel]) [轉大寫]
FROM [邦邦量販店].[dbo].[GMC_Profile]
GO


--結果
(100個資料列受到影響)
```

▶ 結果

	MemberID	Channel	轉大寫	轉小寫
1	DM000001	Advertising	advertising	ADVERTISING
2	DM000002	Voluntary	voluntary	VOLUNTARY
3	DM000003	Voluntary	voluntary	VOLUNTARY
4	DM000004	DM	dm	DM
5	DM000005	DM	dm	DM
6	DM000006	Advertising	advertising	ADVERTISING
7	DM000007	Voluntary	voluntary	VOLUNTARY
8	DM000008	Voluntary	voluntary	VOLUNTARY
9	DM000009	DM	dm	DM
10	DM000010	DM	dm	DM
11	DM000011	DM	dm	DM
12	DM000012	DM	dm	DM

✪ RIGHT 和 LEFT－針對指定資料行或字串，從右邊或左邊擷取指定字數的字串

▶ 用法：RIGHT(資料行 , 整數)；LEFT(資料行 , 整數)

▶ 指令

```
SELECT TOP 100 [MemberID],
       [Location],
       LEFT([Location],3) [取左邊部分字串],
       RIGHT([Location],3) [取右邊部分字串]
FROM [邦邦量販店].[dbo].[GMC_Profile]
GO


--結果
(100個資料列受到影響)
```

▶ 結果

	MemberID	Location	取左邊部分字串	取右邊部分字串
1	DM000001	彰化縣彰化市	彰化縣	彰化市
2	DM000002	台南市安南區	台南市	安南區
3	DM000003	高雄縣湖內鄉	高雄縣	湖內鄉
4	DM000004	高雄縣大社鄉	高雄縣	大社鄉
5	DM000005	台中縣梧棲鎮	台中縣	梧棲鎮
6	DM000006	基隆市七堵區	基隆市	七堵區
7	DM000007	桃園縣龜山鄉	桃園縣	龜山鄉
8	DM000008	桃園縣平鎮市	桃園縣	平鎮市
9	DM000009	高雄市小港區	高雄市	小港區
10	DM000010	台北縣新莊市	台北縣	新莊市
11	DM000011	新竹市	新竹市	新竹市
12	DM000012	台北縣蘆洲市	台北縣	蘆洲市

✪ LEN－計算字元數；DATALENGTH－計算位元組數

▶ 指令

```
SELECT [MemberID],
       [Location],
       LEN([Location]) [字元數],--1個字等於1個字元
       DATALENGTH([Location]) [位元組數],--1個字等於2個位元
       DATALENGTH([Location]+' ') [加上空格的位元組數]
       --1個空格等於2個字元
FROM [邦邦量販店].[dbo].[GMC_Profile]
GO


--結果
(81035個資料列受到影響)
```

▶ 結果

	MemberID	Location	字元數	位元組數	加上空格的位元組數
1	DM000001	彰化縣彰化市	6	12	14
2	DM000002	台南市安南區	6	12	14
3	DM000003	高雄縣湖內鄉	6	12	14
4	DM000004	高雄縣大社鄉	6	12	14
5	DM000005	台中縣梧棲鎮	6	12	14
6	DM000006	基隆市七堵區	6	12	14
7	DM000007	桃園縣龜山鄉	6	12	14
8	DM000008	桃園縣平鎮市	6	12	14
9	DM000009	高雄市小港區	6	12	14
10	DM000010	台北縣新莊市	6	12	14
11	DM000011	新竹市	3	6	8
12	DM000012	台北縣蘆洲市	6	12	14

✪ RTRIM 和 LTRIM－針對指定資料行或字串，從右邊或左邊移除空白字元

▶ 指令

```
SELECT [MemberID],
       [Occupation],
       '    '+[Occupation]+'    ' [左右加上空白字元],
       LTRIM('    '+[Occupation]+'    ') [移除左邊空白字元],
       RTRIM('    '+[Occupation]+'    ') [移除右邊空白字元],
       RTRIM(LTRIM('    '+[Occupation]+'    ')) [移除左右邊空白字元]
FROM [邦邦量販店].[dbo].[GMC_Profile]
GO


--結果
(81035個資料列受到影響)
```

▶ 結果

	MemberID	Occupation	左右加上空白字元	取代左邊空白字元	取代右邊空白字元	取代左右邊空白字元
1	DM000001	服務工作人員	服務工作人員	服務工作人員	服務工作人員	服務工作人員
2	DM000002	服務工作人員	服務工作人員	服務工作人員	服務工作人員	服務工作人員
3	DM000003	行政及主管人員	行政及主管人員	行政及主管人員	行政及主管人員	行政及主管人員
4	DM000004	技術性人員	技術性人員	技術性人員	技術性人員	技術性人員
5	DM000005	行政及主管人員	行政及主管人員	行政及主管人員	行政及主管人員	行政及主管人員
6	DM000006	服務工作人員	服務工作人員	服務工作人員	服務工作人員	服務工作人員
7	DM000007	生產及有關工人	生產及有關工人	生產及有關工人	生產及有關工人	生產及有關工人
8	DM000008	運輸設備操作工	運輸設備操作工	運輸設備操作工	運輸設備操作工	運輸設備操作工
9	DM000009	監督及佐理人員	監督及佐理人員	監督及佐理人員	監督及佐理人員	監督及佐理人員
10	DM000010	行政及主管人員	行政及主管人員	行政及主管人員	行政及主管人員	行政及主管人員
11	DM000011	服務工作人員	服務工作人員	服務工作人員	服務工作人員	服務工作人員
12	DM000012	行政及主管人員	行政及主管人員	行政及主管人員	行政及主管人員	行政及主管人員

✪ SUBSTRING－針對指定字串，從開始位置找出需要的字串

▶ 用法：SUBSTRING(資料行 , 開始字元位置 , 長度)

▶ 指令

```
SELECT [MemberID],
       [Location],
       LEN([Location]) [計算字元數],
       SUBSTRING([Location],1,3) [取前3個字串長度],
       SUBSTRING([Location],4,6) [取後3個字串長度]
FROM [邦邦量販店].[dbo].[GMC_Profile]
GO


--結果
(81035個資料列受到影響)
```

▶ 結果

	MemberID	Location	計算字元數	取前3個字串長度	取後3個字串長度
1	DM000001	彰化縣彰化市	6	彰化縣	彰化市
2	DM000002	台南市安南區	6	台南市	安南區
3	DM000003	高雄縣湖內鄉	6	高雄縣	湖內鄉
4	DM000004	高雄縣大社鄉	6	高雄縣	大社鄉
5	DM000005	台中縣梧棲鎮	6	台中縣	梧棲鎮
6	DM000006	基隆市七堵區	6	基隆市	七堵區
7	DM000007	桃園縣龜山鄉	6	桃園縣	龜山鄉
8	DM000008	桃園縣平鎮市	6	桃園縣	平鎮市
9	DM000009	高雄市小港區	6	高雄市	小港區
10	DM000010	台北縣新莊市	6	台北縣	新莊市
11	DM000011	新竹市	3	新竹市	新竹市
12	DM000012	台北縣蘆洲市	6	台北縣	蘆洲市

✪ REPLACE－取代字串功能，從資料欄位或字串中，針對更換字串進行置換

▶ 用法：REPLACE(資料行 , 需更換字串 , 新取代字串)

▶ 指令

```
SELECT [MemberID],
       REPLACE([MemberID],'DM','BEN') [NEW_MemberID_1],
       --字串取代字串形勢
       REPLACE([MemberID],'DM',1) [NEW_MemberID_2],
       --字串取代數字形勢
       REPLACE([Marriage],1,4) [NEW_Marriage_1],
       --數字取代數字形勢
       REPLACE([Marriage],1,'未婚') [NEW_Marriage_2]
       --數字取代字串形勢
FROM [邦邦量販店].[dbo].[GMC_Profile]
GO

--結果
(81035個資料列受到影響)
```

🔲 時間函數

不管是哪一種資料庫，在處理日期與時間過程中，都有好幾種函數可供使用。同樣以分析而言，日期與時間的轉換更是重要，相信很多人都有使用過日期或時間的指令或函數來進行轉換，例如年、季、月、星期等。而進階分析，像是可能會用到有時間區間趨勢變化（近 30 天, 近 60 天...）的欄位等。關於 T-SQL 的日期和時間資料格式的重要性，以下整理了幾項重點來提供讀者一些須注意之處。

✓ 有指定日期時間的資料，請在前後加上單引號（'）。

✓ 若過程中沒有指定時間的話，就會以 '00:00:00' 來取代。

✓ 指定格式和 SET DATEFORMAT 有關係。

✓ 輸出結果和 SET LANGUAGE 有關係。

✓ 格式建議使用 datetime2、datetime、smalldatetime，不使用文字格式。

表 6-1 日期時間函數整理

項目	說明
SYSDATETIME()	回傳datetime2(7)的日期時間，時間範圍為00:00:00 到 23:59:59.9999999，有效小數位數為7位數
SYSUTCDATETIME()	回傳電腦上的執行個體之日期和時間，且為格林威治標準datetime2(7)的日期時間
SYSDATETIMEOFFSET()	回傳datetimeoffset（7)日期和時間，且時區位移包括在內。
SWITCHOFFSET()	回傳指定時區位移的DATETIMEOFFSET值，並保留格林威治標準值。
CURRENT_TIMESTAMP	回傳目前執行個體的datetime值，包含系統格式日期和時間，時區位移並不包括在內。
GETDATE()	回傳目前的datetime值，包含系統格式日期和時間，時區位移並不包括在內。
GETUTDATE()	回傳目前datetime值，其中包括日期和時間是電腦上SQL Server執行個體，並保留格林威治標準值。
DATEADD()	回傳加入間隔至指定值，做為新datetime值。
DATEDIFF()	回傳跨越兩個指定日期的界限數字（差值）。
DATEPART()	回傳一個整數，它是代表指定日期部份的值。
DATENAME()	回傳代表指定的字元字串，它是代表指定日期的部份。
DAY()	回傳代表指定日期的「日期」整數。
MONTH()	回傳代表指定日期的「月份」整數。
YEAR()	回傳代表指定日期的「年份」整數。

接下來針對時間函數搭配指令進行範例介紹。

✪ 一次比較 SYSDATETIME(), SYSUTCDATETIME(), SYSDATETIMEOFFSET() 的差異

▶ 指令

```
SELECT SYSDATETIME( ) [現在時間],
       SYSUTCDATETIME( ) [現在國際標準時間],
       SYSDATETIMEOFFSET( ) [現在時間與時區]
GO


--結果
(1個資料列受到影響)
```

▶ 結果

	現在時間	現在國際標準時間	現在時間與時區
1	2017-01-08 16:31:53.5646852	2017-01-08 08:31:53.5798281	2017-01-08 16:31:53.5798281 +08:00

✪ SWITCHOFFSET()－計算不同時區的現在時間

▶ 指令

```
--2.「SWITCHOFFSET( )－計算不同時區的現在時間」
SELECT SWITCHOFFSET(SYSDATETIMEOFFSET( ), '-07:00') [加州當地時間],
       SWITCHOFFSET(SYSDATETIMEOFFSET( ), '+08:00') [台灣當地時間]
       /*加州和台灣相差15個小時*/
GO


--結果
(1個資料列受到影響)
```

▶ 結果

	加州當地時間	台灣當地時間
1	2017-01-08 01:40:23.6416169 -07:00	2017-01-08 16:40:23.6416169 +08:00

✪ 一次比較 CURRENT_TIMESTAMP, GETDATE( ), GETUTCDATE( ) —
請瞭解彼此之間差異，作業系統所在+8 時區和國際標準時間時區差異

▶ 指令

```
SELECT  CURRENT_TIMESTAMP [目前日期和時間],
        GETDATE( ) [目前日期和時間],
        GETUTCDATE( ) [國際標準日期和時間]

GO


--結果
(1個資料列受到影響)
```

▶ 結果

	目前日期和時間	目前日期和時間	國際標準日期和時間
1	2017-01-08 19:41:33.940	2017-01-08 19:41:33.940	2017-01-08 11:41:33.950

✪ DATEADD—可支援 TIME, DATE, SMALLDATETIME, DATETIME,
DATETIME2 或 DATETIMEOFFSET 的運算

▶ 用法：DATEADD(日期單位 , 增加數字 , 日期時間值)

▶ 指令

```
SELECT  DATEADD(DD,12,'2017-01-01') [增加12天數],
        DATEADD(MM,12,'2017-01-01') [增加12個月],
        DATEADD(YY,12,'2017-01-01') [增加12個年]

GO


--結果
(1個資料列受到影響)
```

▶ 結果

	增加12天數	增加12個月	增加12個年
1	2017-01-13 00:00:00.000	2018-01-01 00:00:00.000	2029-01-01 00:00:00.000

✪ DATEDIFF—計算兩個日期時間的差，結果可為天數、月數和年數

▶ 用法：DATEDIFF (日期單位 , 開始日期, 結束日期)

▶ 指令

```
SELECT DATEDIFF(DAY,'2016-01-01','2017-01-01') [兩個日期天數差],
       DATEDIFF(MONTH,'2016-01-01','2017-01-01') [兩個日期月數差],
       DATEDIFF(YEAR,'2016-01-01','2017-01-01') [兩個日期年數差]
GO


--結果
(1個資料列受到影響)
```

▶ 結果

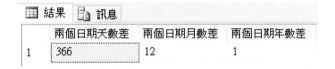

😊 DATEPART 與 DATENAME－兩者都是回傳指定日期，主要差異為前者是
數字，後者是文字；指定部份可為星期、日、月、季、年等

▶ 用法：DATEPART (指定部份 ,指定日期)；DATENAME (指定部份 ,指定日期)

▶ 指令

```
SELECT DATEPART(DW,'2017-01-08') [星期幾_數字],
       --星期日(數字1)開始，星期六(數字7)結束
       DATENAME(DW,'2017-01-08') [星期幾_文字]
GO


--結果
(1個資料列受到影響)
```

▶ 結果

😊 YEAR, MONTH ,DAY 的應用－等同於 DATEPART

▶ 用法：YEAR (指定日期)

▶ 用法：MONTH (指定日期)

▶ 用法：DAY (指定日期)

▶ 指令

```
SELECT YEAR('2017-01-08') [年],
       MONTH('2017-01-08') [月],
       DAY('2017-01-08') [日]
GO


--結果
(1個資料列受到影響)
```

▶ 結果

🧊 數學統計函數

對分析來說，數學統計函數通常也是蠻重要的部份。SQL Server 提供許多運算的數學統計函數。以下表 6-2 是根據項目分類的數學統計函數。

表6-2　數學統計函數整理

項目	說明
對數和指數函數	LOG：回傳自然對數 LOG10：回傳以10為基底的對數 EXP：回傳指數值
三角函數	SIGN：正弦函數 COS：餘弦函數 TAN：正切函數 COT：餘切函數 ATAN：單一參數，以弧度回傳角度的反正切函數 ATN2：兩個參數，以弧度回傳正切函數的反正切函數 ASIN：回傳其正弦函數的反正切函數 ACOS：回傳其餘弦函數的反餘閒函數
次方函數	SQRT：回傳平方根 SQUARE：回傳平方根 POWER：回傳乘冪值
去尾數函數	CEILING：回傳大於或等於指定數值的最小整數 FLOOR：回傳小於或等於指定數值的最大整數 ROUND：回傳捨入到指定的長度或有效位數

圓周率函數	PI：回傳PI的常數 DEGREES：回傳根據圓周率的角度值 RADIANS：回傳角度轉換成弧度的值
符號函數	ABS：回傳絕對值 SIGN：回傳正（+1）、零（0）或負（-1）號
亂數函數	RAND：回傳0到1的隨機FLOAT值

🧊 轉換函數

✪ CONVERT－類似於 CAST

CONVERT 函數很重要。用來轉換資料型態，像是將一個字串值轉換為一個不區分大小寫的字元編碼，其結果為一個非二進制字串。表 6-3 是 SQL Server 常使用到的日期格式轉換方式，而筆者執行指令為當下 GETDATE()結果，請讀者以實際 GETDATE()為準。

▶ 用法：CONVERT (指令類型 ,指定資料類型)

表 6-3 日期格式轉換方式指令及結果

指令內容	結果	標準
SELECT CONVERT(VARCHAR(12), GETDATE(),100)	01 9 2017 1	Default
SELECT CONVERT(VARCHAR(12), GETDATE(),101)	01/09/2017	USA
SELECT CONVERT(VARCHAR(12), GETDATE(),102)	2017.01.09	ANSI
SELECT CONVERT(VARCHAR(12), GETDATE(),103)	09/01/2017	British/ French
SELECT CONVERT(VARCHAR(12), GETDATE(),104)	09.01.2017	German
SELECT CONVERT(VARCHAR(12), GETDATE(),105)	09-01-2017	Italian
SELECT CONVERT(VARCHAR(12), GETDATE(),106)	09 01 2017	-
SELECT CONVERT(VARCHAR(12), GETDATE(),107)	01 09, 2017	-
SELECT CONVERT(VARCHAR(12), GETDATE(),108)	22:46:23	-
SELECT CONVERT(VARCHAR(12), GETDATE(),109)	01　9 2017 1	Default + millisec
SELECT CONVERT(VARCHAR(12), GETDATE(),110)	01-09-2017	USA
SELECT CONVERT(VARCHAR(12), GETDATE(),111)	2017/01/09	Japan
SELECT CONVERT(VARCHAR(12), GETDATE(),112)	20170109	ISO

SELECT CONVERT(VARCHAR(12), GETDATE(),113)	09 01 2017 2	Europe default + millisec
SELECT CONVERT(VARCHAR(12), GETDATE(),114)	22:46:23:190	-
SELECT CONVERT(VARCHAR(12), GETDATE(),121)	2017-01-09 2	ODBC

✪ CAST－類似於 CONVERT

此函數類似 CONVERT 功能，將一個資料類型轉換成另一個資料類型。不過可能會發生將字元或二進位運算式（CHAR、NCHAR、NVARCHAR、VARCHAR、BINARY 或 VARBINARY）轉換成不同的資料類型時，出現截斷資料、只顯示部分資料，或因結果太短無法顯示而傳回錯誤。

▶ 用法：CAST(指定資料行 AS 指定資料類型)

▶ 指令

```
SELECT [MemberID],
       CAST([MemberID] AS CHAR(5)) [MemberID_CHAR(5)_TYPE],--截斷
       CAST([MemberID] AS VARBINARY(MAX))
       [MemberID_VARBINARY(MAX)_TYPE]
FROM [邦邦量販店].[dbo].[GMC_Profile]
GO


--結果
(81035個資料列受到影響)
```

▶ 結果

	MemberID	MemberID_CHAR(5)_TYPE	MemberID_VARBINARY(MAX)_TYPE
1	DM000001	DM000	0x44004D003000300030003000300031
2	DM000002	DM000	0x44004D003000300030003000300032
3	DM000003	DM000	0x44004D003000300030003000300033
4	DM000004	DM000	0x44004D003000300030003000300034
5	DM000005	DM000	0x44004D003000300030003000300035
6	DM000006	DM000	0x44004D003000300030003000300036
7	DM000007	DM000	0x44004D003000300030003000300037
8	DM000008	DM000	0x44004D003000300030003000300038
9	DM000009	DM000	0x44004D003000300030003000300039
10	DM000010	DM000	0x44004D003000300030003000310030
11	DM000011	DM000	0x44004D003000300030003000310031
12	DM000012	DM000	0x44004D003000300030003000310032

認識排序函數

次序函數又俗稱排名函數，SQL Server 自從 2005 版之後就有提供排名函數，這對資料分析過程是非常具有幫助的一部份，舉凡像是分析同一張發票之下有幾筆消費品項，或者是比較幾個各群體之內的排名大小，還有分析變數的取決、轉換等，大多使用到排名函數。

接下來將說明次序函數的差異比較，以及加上 PARTITION 之後的依據排名比較，讓讀者能一次搞懂這些排名函數，以利在執行資料分析過程若遇到類似問題時可迎刃而解。T-SQL 有提供的排名函數依序分為 ROW_NUMBER、RANK、DENSE_RANK、NTILE 等。

❂ ROW_NUMBER( )

該函數會根據指定宣告的排序資料行輸出結果及產生序號，序號是從 1 開始。而每一個資料分割的第一個資料列序號是 1。**若遇到相同值時，會依照其他依據產生序號，因此序號均不會相同。**

▶ 用法：ROW_NUMBER( ) OVER (ORDER BY 指定資料行)

▶ 指令

```
SELECT [MemberID],
       [TTL_Price],
       ROW_NUMBER( ) OVER(ORDER BY [TTL_Price]) AS TTL_Price_Rank
FROM ( SELECT [MemberID],
             SUM([Money]) [TTL_Price]--所花的錢
       FROM [邦邦量販店].[dbo].[GMC_TransDetail]
       GROUP BY [MemberID])AA
ORDER BY 3
GO

--結果
(70791個資料列受到影響)
```

▶ 結果

	MemberID	TTL_Price	TTL_Price_Rank
10527	DM061883	1118	10527
10528	DM041557	1118	10528
10529	DM078403	1118	10529
10530	DM041137	1119	10530
10531	DM031132	1119	10531
10532	DM011990	1119	10532
10533	DM021083	1119	10533
10534	DM037050	1119	10534
10535	DM046160	1119	10535
10536	DM032219	1119	10536
10537	DM056977	1120	10537

✪ RANK( )

▶ 用法：RANK( ) OVER（ORDER BY 指定資料行）

該函數會回傳指定結果資料集之資料分割內，每一個資料列的次序。若遇到相同的資料值時，會使用相同的號碼顯示；若有跨群組時，則以跳號處理。**例如 A, B , C, D, E 的分數等於【15, 12, 12, 11, 10】，但是排名則依序為【1, 2, 2, 4, 5】，所以在使用 RANK 函數時，請務必注意會有該情況產生。**RANK( )和 ROW_NUMBER( )的用法很類似

▶ 指令

```
SELECT [MemberID],
       [TTL_Price],
       RANK() OVER(ORDER BY [TTL_Price]) AS TTL_Price_Rank
FROM ( SELECT [MemberID],
              SUM([Money]) [TTL_Price]--所花的錢
       FROM [邦邦量販店].[dbo].[GMC_TransDetail]
       GROUP BY [MemberID])AA
ORDER BY 3
GO


--結果
(70791個資料列受到影響)
```

▶ 結果

	MemberID	TTL_Price	TTL_Price_Rank
16	DM043299	80	1
17	DM028455	80	1
18	DM050779	80	1
19	DM029590	90	19
20	DM030308	90	19
21	DM036776	90	19
22	DM039072	90	19
23	DM026489	90	19
24	DM030489	90	19
25	DM038827	90	19
26	DM039116	90	19
27	DM039831	90	19
28	DM036471	90	19

✪ DENSE_RANK( )

再來如果不想遇到跨群組時，會以跳號處理的話。例如上述舉例一樣，是以【1, 2, 2, 3, 4】來排名，而並非【1, 2, 2, 4, 5】。此時可利用 DENSE_RANK( )函數。

▶ 用法：DENSE_RANK( ) OVER (ORDER BY 指定資料行)

▶ 指令

```
SELECT [MemberID],
       [TTL_Price],
       DENSE_RANK() OVER(ORDER BY [TTL_Price]) AS TTL_Price_Rank
FROM ( SELECT [MemberID],
              SUM([Money]) [TTL_Price]--所花的錢
       FROM [邦邦量販店].[dbo].[GMC_TransDetail]
       GROUP BY [MemberID])AA
ORDER BY 3
GO


--結果
(70791個資料列受到影響)
```

▶ 結果

	MemberID	TTL_Price	TTL_Price_Rank
61456	DM055088	11220	3244
61457	DM058707	11220	3244
61458	DM017250	11220	3244
61459	DM056725	11220	3244
61460	DM017030	11220	3244
61461	DM071179	11220	3244
61462	DM033764	11220	3244
61463	DM027013	11230	3245
61464	DM048691	11230	3245
61465	DM018914	11230	3245
61466	DM076750	11238	3246
61467	DM027453	11239	3247
61468	DM052388	11240	3248

✪ NTILE

▶ 用法：NTILE(數值) OVER (ORDER BY 指定資料行)

該函數是用來將資料平均分群組。而這些群組是從 1 開始編號，倘若遇到群組和資料列筆數無法剛好整除時，各組資料就會產生不平均情況。

▶ 指令

```
SELECT [MemberID],
        [TTL_Price],
        NTILE(5) OVER(ORDER BY [TTL_Price]) AS TTL_Price_NTILE--分5組
FROM ( SELECT [MemberID],
                SUM([Money]) [TTL_Price]--所花的錢
        FROM [邦邦量販店].[dbo].[GMC_TransDetail]
        GROUP BY [MemberID])AA
WHERE TTL_Price>=150000

ORDER BY 3

GO


--結果
(9個資料列受到影響)
```

▶ 結果

	MemberID	TTL_Price	TTL_Price_NTILE
1	DM068299	150720	1
2	DM054247	151716	1
3	DM077587	165320	2
4	DM064978	191660	2
5	DM077066	204160	3
6	DM066231	232026	3
7	DM072067	238040	4
8	DM066254	313320	4
9	DM030877	377980	5

✪ 一次比較排序函數

最後將這4個函數做一次性比較,使用單一陳述式進行說明。

▶ 指令

```
SELECT [TTL_Price],
        ROW_NUMBER() OVER(ORDER BY [TTL_Price]) AS TTL_Price_ROW_NUMBER,
        RANK() OVER(ORDER BY [TTL_Price]) AS TTL_Price_RANK,
        DENSE_RANK() OVER(ORDER BY [TTL_Price]) AS TTL_Price_DENSE_RANK,
        NTILE(30) OVER(ORDER BY [TTL_Price]) AS TTL_Price_NTILE
FROM ( SELECT [MemberID],
                SUM([Money]) [TTL_Price]--所花的錢
        FROM [邦邦量販店].[dbo].[GMC_TransDetail]
        GROUP BY [MemberID])AA
WHERE TTL_Price BETWEEN 60000 AND 80000
ORDER BY 1
```

```
GO

--結果
（122個資料列受到影響）
```

▶ 結果

	TTL_Price	TTL_Price_ROW_NUMBER	TTL_Price_RANK	TTL_Price_DENSE_RANK	TTL_Price_NTILE
1	60000	1	1	1	1
2	60000	2	1	1	1
3	60080	3	3	2	1
4	60100	4	4	3	1
5	60140	5	5	4	1
6	60160	6	6	5	2
7	60220	7	7	6	2
8	60260	8	8	7	2
9	60320	9	9	8	2
10	60470	10	10	9	2
11	60558	11	11	10	3
12	60566	12	12	11	3
13	60598	13	13	12	3
14	60840	14	14	13	3
15	61240	15	15	14	4
16	61460	16	16	15	4
17	61720	17	17	16	4

排序函數加上 PARTITION BY 引數

上述內容我們說明了排序函數的種類，如果我們想要將查詢結果分成幾個資料分割出來後，再套用至排序函數時，可以加上 Partition By 引數。此種做法在實務分析上是常常有機會用到的，舉例來說像是取各狀態之下的最新（Order By 時間 Desc）或最舊（Order By 時間 Asc）資料列。

因此排序函數套用 Partition By 引數後，每一個資料分割集就會重新開始進行計算跟排序。接下來直接透過範例指令說明。

✪ ROW_NUMBER( ) + PARTITION BY

▶ 用法：ROW_NUMBER( ) OVER (PARTITION BY 指定分割資料行 ORDER BY 指定資料行)

▶ 指令

```
SELECT [MemberID],
       [Productname],
       ROW_NUMBER() OVER(PARTITION BY [MemberID] ORDER BY
       [Productname]) AS Product_Seq,--每個人購買幾種產品(序號)
       [TTL_Price]
FROM ( SELECT [MemberID],
              [Productname],
              SUM([Money]) [TTL_Price]--所花的錢
       FROM [邦邦量販店].[dbo].[GMC_TransDetail]
       GROUP BY [MemberID],[Productname])AA
ORDER BY 1,3
GO


--結果
(292801個資料列受到影響)
```

▶ 結果

	MemberID	Productname	Product_Seq	TTL_Price
1	DM010243	口香糖(盒)	1	90
2	DM010243	火鍋片類(盒)	2	370
3	DM010243	火鍋片類(盒)x2+海鮮拼盤(組)x1+綜合火鍋料(組)x1+調味醬料(二入)x1	3	3600
4	DM010243	肉片類(盒)x2+肉類製品(包)x2+調味醬料(二入)x1	4	1500
5	DM010243	汽水(六瓶)	5	180
6	DM010243	其他類飲品(六入)	6	160
7	DM010243	果醬製品(罐)	7	180
8	DM010243	高級酒類(瓶)	8	2600
9	DM010244	瓜果類(包)	1	360
10	DM010244	米果(包)	2	160
11	DM010244	果醬製品(罐)	3	180
12	DM010244	高級酒類(瓶)	4	2600
13	DM010244	調味薯片(六入)	5	720
14	DM010245	綜合葉菜(包)x1+菇菌類(包)x1+麵條類(包)x1	1	500
15	DM010245	調味薯片(六入)	2	180
16	DM010245	鮮肉類	3	760
17	DM010246	火鍋片類(盒)x2+海鮮拼盤(組)x1+綜合火鍋料(組)x1+調味醬料(二入)x1	1	1800

✪ RANK( ) + PARTITION BY

▶ 用法：RANK( ) OVER (PARTITION BY 指定分割資料行 ORDER BY 指定資料行)

▶ 指令

```
SELECT [MemberID],
       [Productname],
       [TTL_Price],
```

```
         RANK() OVER(PARTITION BY [MemberID] ORDER BY
         [TTL_Price] DESC) AS Price_Rank --每個人花費(排名)
FROM ( SELECT [MemberID],
              [Productname],
              SUM([Money]) [TTL_Price]--所花的錢
       FROM [邦邦量販店].[dbo].[GMC_TransDetail]
       GROUP BY [MemberID],[Productname])AA
ORDER BY 1,4
GO


--結果
(292801個資料列受到影響)
```

▶ 結果

▦ 結果 | ▤ 訊息

	MemberID	Productname	TTL_Price	Price_Rank
70	DM010256	餅乾(打)	150	7
71	DM010257	火鍋片類(盒)x2+海鮮拼盤(組)x1+綜合火鍋料(組)x1+調味醬料(二入)x1	3600	1
72	DM010257	魚類x1+其他水產x1+海鮮拼盤(組)x1	1100	2
73	DM010257	即溶咖啡(盒)x2+沖泡茶包(盒)x2	800	3
74	DM010257	海鮮拼盤(組)	490	4
75	DM010257	綜合火鍋料(組)	450	5
76	DM010257	泡麵類(六入)x1+冷凍水餃(包)x1+冷凍雞塊(包)x1	440	6
77	DM010257	泡麵類(六入)	240	7
78	DM010257	綜合葉菜(包)	230	8
79	DM010257	即溶咖啡(盒)	230	8
80	DM010257	其他休閒食品(包)	140	10
81	DM010258	火鍋片類(盒)x2+海鮮拼盤(組)x1+綜合火鍋料(組)x1+調味醬料(二入)x1	1800	1
82	DM010258	肉片類(盒)x2+肉類製品(包)x2+調味醬料(二入)x1	1500	2
83	DM010258	高級酒類(瓶)	1300	3
84	DM010258	綜合火鍋料(組)	900	4
85	DM010258	海鮮拼盤(組)	490	5

✪ DENSE_RANK( ) + PARTITION BY

▶ 用法：DENSE_RANK( ) OVER（PARTITION BY 指定分割資料行 ORDER BY 指定資料行）

▶ 指令

```
SELECT [MemberID],
       [Productname],
       [TTL_Price],
       DENSE_RANK() OVER(PARTITION BY [MemberID] ORDER BY
       [TTL_Price] DESC) AS Price_Rank --每個人花費(排名)
FROM ( SELECT [MemberID],
              [Productname],
              SUM([Money]) [TTL_Price]--所花的錢
```

```
        FROM [邦邦量販店].[dbo].[GMC_TransDetail]
        GROUP BY [MemberID],[Productname])AA
ORDER BY 1,4
GO


--結果
(292801個資料列受到影響)
```

▶ 結果

	MemberID	Productname	TTL_Price	Price_Rank
67	DM010256	糖果(桶)	390	4
68	DM010256	綜合葉菜(包)	230	5
69	DM010256	調味醬料(二入)	190	6
70	DM010256	餅乾(打)	150	7
71	DM010257	火鍋片類(盒)x2+海鮮拼盤(組)x1+綜合火鍋料(組)x1+調味醬料(二入)x1	3600	1
72	DM010257	魚類x1+其他水產x1+海鮮拼盤(組)x1	1100	2
73	DM010257	即溶咖啡(盒)x2+沖泡茶包(盒)x2	800	3
74	DM010257	海鮮拼盤(組)	490	4
75	DM010257	綜合火鍋料(組)	450	5
76	DM010257	泡麵類(六入)x1+冷凍水餃(包)x1+冷凍雞塊(包)x1	440	6
77	DM010257	泡麵類(六入)	240	7
78	DM010257	綜合葉菜(包)	230	8
79	DM010257	即溶咖啡(盒)	230	8
80	DM010257	其他休閒食品(包)	140	9
81	DM010258	火鍋片類(盒)x2+海鮮拼盤(組)x1+綜合火鍋料(組)x1+調味醬料(二入)x1	1800	1
82	DM010258	肉片類(盒)x2+肉類製品(包)x2+調味醬料(二入)x1	1500	2
83	DM010258	高級酒類(瓶)	1300	3

✪ NTILE + PARTITION BY

▶ 用法：NTILE(數值) OVER（PARTITION BY 指定分割資料行 ORDER BY 指定資料行）

▶ 指令

```
SELECT [MemberID],
       [Productname],
       [TTL_Price],
       NTILE(5) OVER(PARTITION BY [MemberID] ORDER BY
       [TTL_Price]) AS TTL_Price_NTILE--每個人查詢結果分5組
FROM ( SELECT [MemberID],
              [Productname],
              SUM([Money]) [TTL_Price]--所花的錢
       FROM [邦邦量販店].[dbo].[GMC_TransDetail]
       GROUP BY [MemberID],[Productname])AA
ORDER BY 1
```

```
GO


--結果
(292801個資料列受到影響)
```

▶ 結果

	MemberID	Productname	TTL_Price	TTL_Price_NTILE
1	DM010243	口香糖(盒)	90	1
2	DM010243	其他類飲品(六入)	160	1
3	DM010243	果醬製品(罐)	180	2
4	DM010243	汽水(六瓶)	180	2
5	DM010243	火鍋片類(盒)	370	3
6	DM010243	肉片類(盒)x2+肉類製品(包)x2+調味醬料(二入)x1	1500	3
7	DM010243	高級酒類(瓶)	2600	4
8	DM010243	火鍋片類(盒)x2+海鮮拼盤(組)x1+綜合火鍋料(組)x1+調味醬料(二入)x1	3600	5
9	DM010244	米果(包)	160	1
10	DM010244	果醬製品(罐)	180	2
11	DM010244	瓜果類(包)	360	3
12	DM010244	調味薯片(六入)	720	4
13	DM010244	高級酒類(瓶)	2600	5
14	DM010245	調味薯片(六入)	180	1
15	DM010245	綜合葉菜(包)x1+菇菌類(包)x1+麵條類(包)x1	500	2
16	DM010245	鮮肉類	760	3

6-3-3　進階功夫－分析資料

🔷 GROUP BY－群組化敘述

GROUP BY 是一個極為重要的敘述，為針對某些資料行特性，將資料區分成各個不同群組來做統計，過程中多半會搭配彙總函式進行計算。例如，統計各類產品的訂單數量（COUNT）、訂單總額（SUM）、訂單均額（AVG）、最大值（MAX）與最小值（MIN）等。GROUP BY 後面的指定資料行是必須出現在 SELECT 後面，且僅限於非彙總函數的資料行。

▶ 指令

```
USE [邦邦量販店]
GO

SELECT [Productname],
       COUNT([TransactionID]) [訂單數量],
       SUM([Money]) [訂單總額],
       AVG([Money]) [平均單筆訂單金額],
       MAX([Money]) [最大單筆訂單金額],
       MIN([Money]) [最小單筆訂單金額]
FROM [dbo].[GMC_TransDetail]
```

```
GROUP BY [Productname]
GO

--結果
(61個資料列受到影響)
```

▶ 結果

	Productname	訂單數量	訂單總額	平均單筆訂單金額	最大單筆訂單金額	最小單筆訂單金額
1	口香糖(盒)	4583	725940	158.398428976653	4500	90
2	火鍋片類(盒)	8892	5702070	641.258434547908	6660	370
3	火鍋片類(盒)x2+海鮮拼盤(組)x1+綜合火鍋料(組)x1+調味醬料(二入)x1	45168	138513600	3066.63124335813	90000	1800
4	牛奶調味乳(二入)	4452	1460000	327.942497753818	7200	200
5	牛奶調味乳(二入)x2+烘焙食品(包)x2+果醬製品(罐)x1	4480	4950660	1105.05803571429	16500	660
6	包裝水(打)	4604	1882560	408.89661164205	5760	240
7	巧克力(盒)	4596	1819990	395.994342906876	4140	230
8	巧克力(盒)x1+泡芙(打)x1+調味薯片(六入)x1	4559	4536000	994.955033998684	7200	600
9	瓜果類(包)	4478	1420380	317.190710138455	9000	180
10	冰品(桶)	4541	1011660	222.7835278573	3120	130
11	米果(包)	4578	1245120	271.979030144168	8000	160
12	肉片類(盒)	4500	2802600	622.8	6480	360
13	肉片類(盒)x2+肉類製品(包)x2+調味醬料(二入)x1	22525	58522500	2598.11320754717	75000	1500
14	肉類製品(包)	4564	2633980	577.120946538124	8160	340
15	冷凍水餃(包)	4539	800600	176.382463097599	1800	100
16	冷凍雞塊(包)	4551	1550400	340.672372969677	3420	100

彙總過濾篩選（HAVING）

在上述群組化敘述內容中，我們曉得 WHERE 的篩選功能是針對原始資料列進行過濾；**HAVING** 是強調彙總後的結果進行篩選。兩者可以互相搭配，可是千萬不能混淆。

▶ 指令

```
USE 邦邦量販店
GO

SELECT [Productname],
        COUNT([TransactionID]) [訂單數量],
        SUM([Money]) [訂單總額],
        AVG([Money]) [平均單筆訂單金額],
        MAX([Money]) [最大單筆訂單金額],
        MIN([Money]) [最小單筆訂單金額]
FROM [dbo].[GMC_TransDetail]
GROUP BY [Productname]
HAVING COUNT([TransactionID]) >=10000  --訂單數量至少1萬筆
GO


--結果
(11個資料列受到影響)
```

▶ 結果

	Productname	訂單數量	訂單總額	平均單筆訂單金額	最大單筆訂單金額	最小單筆訂單金額
1	火鍋片類(盒)x2+海鮮拼盤(組)x1+綜合火鍋料(組)x1+調味醬料(...	45168	138513600	3066.63124335813	90000	1800
2	肉片類(盒)x2+內類製品(包)x2+調味醬料(二入)x1	22525	58522500	2598.11320754717	75000	1500
3	即溶咖啡(盒)	13466	5225600	388.0588147928112	11500	230
4	其他水產	13505	7174950	531.281007034432	15500	310
5	咖啡(六入)	13730	3453750	251.547705753824	2700	150
6	海鮮拼盤(組)	13533	11296950	834.770560851253	13230	490
7	高級酒類(瓶)	13553	30127500	2222.93957057478	31200	1300
8	魚類	13627	9398800	689.718940339033	20000	400
9	綜合火鍋料(組)	13455	10242450	761.23745819398	22500	450
10	綜合蔬菜(包)	18383	7357470	400.23227982375	6900	230
11	鮮肉類	13308	8641580	649.352269311692	19000	380

資料合併（UNION 和 UNION ALL）

假設在查詢過程中，必須輸出多個資料集，並且要將這些資料集彙整合併(垂直合併)成單一資料集。此時就得使用 UNION 或是 UNION ALL 的指令才能完成。這兩者的主要差異及前提條件說明如下：

✓ 使用 UNION 指令：會將資料集合併後，自動排除重複資料列。

✓ 使用 UNION ALL 指令：會將資料集合併後，保留所有資料列。

✓ 不管使用哪一種指令進行資料集合併，每一個資料集的資料行數目與資料類型皆必須相同才能執行。

✓ 使用這兩者指令方式合併時，資料行名稱會以第一個資料集為主。

▶ 指令

```
USE [邦邦量販店]
GO

SELECT [MemberID],
       'VIP會員' [GROUP_NAME],
       [Birthday],
       [Occupation],
       [Channel]
FROM [dbo].[VIP_Profile]
 UNION ALL
SELECT [MemberID],
       '一般會員' [GROUP_NAME],
       [Birthday],
       [Occupation],
       [Channel]
FROM [dbo].[GMC_Profile]
GO
```

```
--結果
(113846個資料列受到影響)
```

▶ 結果

	MemberID	GROUP_NAME	Birthday	Occupation	Channel
1	DM112002	VIP會員	1946-12-26 11:15:35.000	生產及有關工人	CreditCard
2	DM112003	VIP會員	1961-05-26 04:51:51.000	行政及主管人員	DM
3	DM112004	VIP會員	1972-12-18 13:02:05.000	服務工作人員	Advertising
4	DM112005	VIP會員	1955-12-18 02:16:34.000	服務工作人員	DM
5	DM112006	VIP會員	1974-12-04 07:10:39.000	服務工作人員	DM
6	DM112007	VIP會員	1973-04-14 00:53:31.000	服務工作人員	Advertising
7	DM112008	VIP會員	1988-08-15 01:38:52.000	監督及佐理人員	DM
8	DM112009	VIP會員	1986-07-28 10:55:09.000	家管	Voluntary
9	DM112010	VIP會員	1938-04-17 02:31:57.000	技術性人員	Advertising
10	DM112011	VIP會員	1939-11-20 18:34:36.000	技術性人員	DM
11	DM112012	VIP會員	1988-08-14 01:02:44.000	監督及佐理人員	Advertising
12	DM112013	VIP會員	1950-10-13 15:20:01.000	其他	DM
13	DM112014	VIP會員	1945-11-16 00:08:47.000	家管	Voluntary
14	DM112015	VIP會員	1964-01-16 12:02:58.000	行政及主管人員	CreditCard
15	DM112016	VIP會員	1944-09-28 23:19:36.000	監督及佐理人員	Advertising

資料轉向（PIVOT 和 UNPIVOT）

✪ PIVOT 指令

資料轉向功能如同樞紐分析（Excel 環境很常使用）一樣，可以輸出彙總效果出來，也是分析過程中常見的使用技巧。如何在 SQL Server 中達到資料轉向的效果呢？我們可以搭配使用 PIVOT 指令來進行。

▶ 指令

```
--PVIOT範例
SELECT TT.Channel [會員來源管道人數],
       [2000],
       [2001],
       [2002],
       [2003]
       [2004],
       [2005],
       [2006],
       [2007]
FROM ( SELECT Channel,
              [MemberID],
              DATEPART(YEAR,[Start_date]) [YEAR]
       FROM [邦邦量販店].[dbo].[GMC_Profile]        ) TT
PIVOT ( COUNT([MemberID])
```

會員來源管道人數	2000	2001	2002	2004	2005	2006	2007
1	Advertising	880	269	703	1323	2852	5322	2568
2	CreditCard	441	135	327	716	1433	2622	1284
3	DM	1729	549	1424	2750	5599	10867	5150
4	Voluntary	1328	397	1066	2067	4177	7885	3872

要使用 PIVOT 指令，SQL Server 必須是 2005 以上版本，否則會出現錯誤訊息。不過若要在非 SQL Server 2005 以上版本使用一般 T-SQL 來達到 PIVOT 的效果時，就需要一些特殊技巧了，即搭配 CASE。以下將上述 PIVOT 範例以 CASE 來模擬，同樣可達到 PIVOT 效果。

▶ 指令

```
--使用CASE達到PIVOT效果
SELECT Channel [會員來源管道人數],
       COUNT( CASE  WHEN DATEPART(YEAR,[Start_date])=2000
       THEN [MemberID] ELSE NULL END) [2004],
       COUNT( CASE  WHEN DATEPART(YEAR,[Start_date])=2001
       THEN [MemberID] ELSE NULL END) [2005],
       COUNT( CASE  WHEN DATEPART(YEAR,[Start_date])=2002
       THEN [MemberID] ELSE NULL END) [2006],
       COUNT( CASE  WHEN DATEPART(YEAR,[Start_date])=2003
       THEN [MemberID] ELSE NULL END) [2007],
       COUNT( CASE  WHEN DATEPART(YEAR,[Start_date])=2004
       THEN [MemberID] ELSE NULL END) [2004],
       COUNT( CASE  WHEN DATEPART(YEAR,[Start_date])=2005
       THEN [MemberID] ELSE NULL END) [2005],
       COUNT( CASE  WHEN DATEPART(YEAR,[Start_date])=2006
       THEN [MemberID] ELSE NULL END) [2006],
       COUNT( CASE  WHEN DATEPART(YEAR,[Start_date])=2007
       THEN [MemberID] ELSE NULL END) [2007]
FROM [邦邦量販店].[dbo].[GMC_Profile]
GROUP BY Channel
ORDER BY 1
GO

--結果
(4個資料列受到影響)
```

▶ 結果

會員來源管道人數	2000	2001	2002	2004	2005	2006	2007
1	Advertising	880	269	703	1323	2852	5322	2568
2	CreditCard	441	135	327	716	1433	2622	1284
3	DM	1729	549	1424	2750	5599	10867	5150
4	Voluntary	1328	397	1066	2067	4177	7885	3872

✪ UNPIVOT 指令

再來和 PIVOT 相對應的就是 UNPIVOT。使用 UNPIVOT 的效果就是搭配 SELECT 將資料表值轉換成資料行值。使用 UNPIVOT 的過程中，會需要搭配子查詢觀念及特殊資料類型 **SQL_VARIANT**。

SQL_VARIANT 資料類型，它是一種可將任何資料庫資料轉換成通用的資料型態。以下說明我們另外新增建立一範例資料表來介紹使用 UNPIVOT 的方式以及達成的效果。

▶ 指令 (I)

```
--1.建立使用資料表
USE [邦邦量販店]
CREATE TABLE [dbo].[UNPVIOT_SQL]
(       ID INT,--編號
        ITEM_NAME NVARCHAR(20),--名稱
        DATE_NAME CHAR(8),--保存期限
        PRICE MONEY    )--價格
GO

--2.匯入測試資料
INSERT INTO [邦邦量販店].[dbo].[UNPVIOT_SQL]
VALUES (1,'舒跑','20140506',20)
INSERT INTO [邦邦量販店].[dbo].[UNPVIOT_SQL]
VALUES(2,'舒跑','20150506',20)
INSERT INTO [邦邦量販店].[dbo].[UNPVIOT_SQL]
VALUES(3,'養樂多','20160101',10)
INSERT INTO [邦邦量販店].[dbo].[UNPVIOT_SQL]
VALUES(4,'養樂多','20160501',10)
INSERT INTO [邦邦量販店].[dbo].[UNPVIOT_SQL]
VALUES(5,'養樂多','20160901',10)
INSERT INTO [邦邦量販店].[dbo].[UNPVIOT_SQL]
VALUES(6,'黑松沙士','20170120',30)
INSERT INTO [邦邦量販店].[dbo].[UNPVIOT_SQL]
VALUES(7,'維大力','20161115',35)
INSERT INTO [邦邦量販店].[dbo].[UNPVIOT_SQL]
VALUES(8,'維大力','20161001',35)
INSERT INTO [邦邦量販店].[dbo].[UNPVIOT_SQL]
VALUES(9,'寶健','20151210',25)
INSERT INTO [邦邦量販店].[dbo].[UNPVIOT_SQL]
VALUES(10,'芬達','20160505',28)

--3.查詢結果
SELECT * FROM [邦邦量販店].[dbo].[UNPVIOT_SQL] GO

--結果
(10個資料列受到影響)
```

▶ 結果

	ID	ITEM_NAME	DATE_NAME	PRICE
1	1	舒跑	20140506	20.00
2	2	舒跑	20150506	20.00
3	3	養樂多	20160101	10.00
4	4	養樂多	20160501	10.00
5	5	養樂多	20160901	10.00
6	6	黑松沙士	20170120	30.00
7	7	維大力	20161115	35.00
8	8	維大力	20161001	35.00
9	9	寶健	20151210	25.00
10	10	芬達	20160505	28.00

▶ 指令（Ⅱ）

```
--4.使用UNPIVOT指令
SELECT [ID],ATTRIBUTE [COLUMN_NAME],VALUE [VALUES]
FROM (
SELECT [ID],
       CAST(ITEM_NAME AS SQL_VARIANT) [飲料名稱],
       CAST(DATE_NAME AS SQL_VARIANT) [保存期限],
       CAST(PRICE AS SQL_VARIANT) [價錢]
FROM [邦邦量販店].[dbo].[UNPVIOT_SQL]) AA
       UNPIVOT
(
 VALUE FOR ATTRIBUTE IN([飲料名稱],[保存期限],[價錢])
) BB
ORDER BY [ID]
GO


--結果
(30個資料列受到影響)
```

▶ 結果

	ID	COLUMN_NAME	VALUES
1	1	飲料名稱	舒跑
2	1	保存期限	20140506
3	1	價錢	20.00
4	2	飲料名稱	舒跑
5	2	保存期限	20150506
6	2	價錢	20.00
7	3	飲料名稱	養樂多
8	3	保存期限	20160101
9	3	價錢	10.00
10	4	飲料名稱	養樂多
11	4	保存期限	20160501
12	4	價錢	10.00
13	5	飲料名稱	養樂多
14	5	保存期限	20160901
15	5	價錢	10.00
16	6	飲料名稱	黑松沙士

6-3-4 併聯結查詢應用

🔷 INNER JOIN

一般在進行 **2** 個（或多個）資料表查詢時，若要找出完全相對應（**1** 對 **1**）的資料列，大多會使用 INNER JOIN 查詢。例如要查詢 1,000 名 VIP 會員的個人基本屬性資料時，就可使用 INNER JOIN 查詢。

INNER JOIN 的特性是只會傳回兩個（或多個）資料表中滿足資料列的查詢條件，其它不符合的資料列將不顯示。

合併聯結查詢的目的除了在 JOIN 時會指定兩個（或多個）資料表聯結的方式之外，後面的 ON 是用來指定哪一個資料行來做為聯結的條件（俗稱索引鍵【Primary KEY】）。使用過程中須注意幾個要點。

✓ 盡可能針對主索引鍵和外部索引鍵進行 JOIN 條件撰寫。

✓ 若主索引鍵是由兩個資料行（含）以上的條件組成時，須使用指定資料表別名（或資料表名稱），當做資料行前置詞，否則會造成查詢結果發散。

✓ JOIN 查詢的資料表，可為 2 個或多個以上。

✓ 查詢過程中，務必使用資料表別名做為資料行前置詞，以利區別與辨識。

▶ 指令（I）

```
--2個資料表的INNER JOIN
USE [邦邦量販店]
GO

SELECT A.MemberID,
       A.Occupation,
       B.Trans_Createdate,
       B.TransactionID,
       B.ProductID
FROM [dbo].[VIP_Profile]          A
INNER JOIN
     [dbo].[VIP_TransDetail]      B
ON     A.MemberID=B.MemberID
WHERE B.Trans_Createdate BETWEEN '2007-01-01' AND '2007-12-31'
ORDER BY 1
GO

--結果
(96558個資料列受到影響)
```

▶ 結果

	MemberID	Occupation	Trans_Createdate	TransactionID	ProductID
1	DM081036	技術性人員	2007-03-01 00:00:00.000	BEN-174779	P0036
2	DM081036	技術性人員	2007-03-01 00:00:00.000	BEN-174779	P0036
3	DM081036	技術性人員	2007-03-01 00:00:00.000	BEN-174779	P0028
4	DM081037	服務工作人員	2007-04-12 00:00:00.000	BEN-174780	P0034
5	DM081037	服務工作人員	2007-04-12 00:00:00.000	BEN-174780	P0043
6	DM081037	服務工作人員	2007-04-12 00:00:00.000	BEN-174780	CBN-004
7	DM081037	服務工作人員	2007-04-12 00:00:00.000	BEN-174780	P0010
8	DM081038	監督及佐理人員	2007-02-12 00:00:00.000	BEN-174784	P0021
9	DM081038	監督及佐理人員	2007-02-12 00:00:00.000	BEN-174784	P0009
10	DM081038	監督及佐理人員	2007-02-12 00:00:00.000	BEN-174784	P0007
11	DM081038	監督及佐理人員	2007-02-12 00:00:00.000	BEN-174784	P0030
12	DM081038	監督及佐理人員	2007-02-12 00:00:00.000	BEN-174784	CBN-002
13	DM081043	家管	2007-05-09 00:00:00.000	BEN-174785	P0008
14	DM081043	家管	2007-05-09 00:00:00.000	BEN-174785	CBN-006
15	DM081043	家管	2007-05-09 00:00:00.000	BEN-174785	P0007
16	DM081043	家管	2007-05-09 00:00:00.000	BEN-174785	P0004
17	DM081043	家管	2007-05-09 00:00:00.000	BEN-174785	CBN-002

▶ 指令（II）

```
--3個資料表的INNER JOIN
USE [邦邦量販店]
GO

SELECT A.MemberID,
       A.Occupation,
       B.Trans_Createdate,
       B.TransactionID,
       B.ProductID,
       C.Productname,
       B.Quantity,
       C.Price,
       B.Money
FROM [dbo].[VIP_Profile]        A
INNER JOIN
     [dbo].[VIP_TransDetail]    B
ON    A.MemberID=B.MemberID
INNER JOIN
     [dbo].[Product_Detail]     C
ON    B.ProductID=C.ProductID
WHERE B.Trans_Createdate BETWEEN '2007-01-01' AND '2007-12-31'
ORDER BY 1
GO


--結果
(96558個資料列受到影響)
```

▶ 結果

	MemberID	Occupation	Trans_Createdate	TransactionID	ProductID	Productname	Quantity	Price	Money
1	DM081036	技術性人員	2007-03-01 00:0...	BEN-174779	P0036	綜合葉菜(包)	1	230	230
2	DM081036	技術性人員	2007-03-01 00:0...	BEN-174779	P0036	綜合葉菜(包)	5	230	1150
3	DM081036	技術性人員	2007-03-01 00:0...	BEN-174779	P0028	果醬製品(罐)	1	90	90
4	DM081037	服務工作人員	2007-04-12 00:0...	BEN-174780	P0034	綜合火鍋料(組)	3	450	1350
5	DM081037	服務工作人員	2007-04-12 00:0...	BEN-174780	P0043	火鍋片類(盒)	1	370	370
6	DM081037	服務工作人員	2007-04-12 00:0...	BEN-174780	CBN-004	牛奶調味乳(二入)x2+烘焙食品(...	1	660	660
7	DM081037	服務工作人員	2007-04-12 00:0...	BEN-174780	P0010	醃漬食品(六入)	1	150	150
8	DM081038	監督及佐理...	2007-02-12 00:0...	BEN-174784	P0021	牛奶調味乳(二入)	3	200	600
9	DM081038	監督及佐理...	2007-02-12 00:0...	BEN-174784	P0009	海苔(包)	1	120	120
10	DM081038	監督及佐理...	2007-02-12 00:0...	BEN-174784	P0007	糖果(桶)	1	130	130
11	DM081038	監督及佐理...	2007-02-12 00:0...	BEN-174784	P0030	麵條類(包)	1	110	110
12	DM081038	監督及佐理...	2007-02-12 00:0...	BEN-174784	CBN-002	火鍋片類(盒)x2+海鮮拼盤(組)x1...	2	1800	3600
13	DM081043	家管	2007-05-09 00:0...	BEN-174785	P0008	口香糖(盒)	1	90	90
14	DM081043	家管	2007-05-09 00:0...	BEN-174785	CBN-006	魚類x1+其他水產x1+海鮮拼盤(...	1	1100	1100

LEFT JOIN

除了使用 INNER JOIN 可以滿足**傳回兩個（或多個）資料表中資料列查詢條件之外（其它不符合的資料列將不顯示）**。在 JOIN 查詢中，還有另外兩種形式子句，分別是 LEFT JOIN 和 RIGHT JOIN。

LEFT JOIN 的特性是除了滿足聯結條件的資料列會顯示之外，以左邊（LEFT）為主軸的資料表之資料列會全部顯示在查詢結果集中，而來自右邊（RIGHT）資料表的輸出項目若無相對應的資料列則會顯示為 NULL。

▶ 指令 (I)

```
--2個資料表的LEFT JOIN
USE [邦邦量販店]
GO

SELECT A.MemberID,
       A.Occupation,
       B.Trans_Createdate,
       B.TransactionID
FROM [dbo].[GMC_Profile]                        A
LEFT JOIN
   (      SELECT *
          FROM [dbo].[GMC_TransDetail]
          WHERE Trans_Createdate
          BETWEEN '2007-01-01' AND '2007-06-30')    B
ON     A.MemberID=B.MemberID
GO

--結果
(143687個資料列受到影響)
```

▶ 結果

	MemberID	Occupation	Trans_Createdate	TransactionID	ProductID	Productname	Quantity	Price	Money
16294	DM013810	家管	NULL	NULL	NULL	NULL	NULL	NULL	NULL
16295	DM013811	服務工作人員	NULL	NULL	NULL	NULL	NULL	NULL	NULL
16296	DM013812	服務工作人員	NULL	NULL	NULL	NULL	NULL	NULL	NULL
16297	DM013813	生產及有關工人	2007-04-02 00...	BEN-13281	P0028	果醬製品(...	1	90	90
16298	DM013813	生產及有關工人	2007-04-02 00...	BEN-13281	CBN-002	火鍋片類(...	1	1800	1800
16299	DM013814	行政及主管人員	NULL	NULL	NULL	NULL	NULL	NULL	NULL
16300	DM013815	服務工作人員	NULL	NULL	NULL	NULL	NULL	NULL	NULL
16301	DM013816	生產及有關工人	2007-01-12 00...	BEN-13284	CBN-005	肉片類(盒...	1	1500	1500
16302	DM013816	生產及有關工人	2007-01-12 00...	BEN-13284	P0043	火鍋片類(...	2	370	740
16303	DM013816	生產及有關工人	2007-01-12 00...	BEN-13284	P0022	汽水(六瓶)	1	180	180
16304	DM013816	生產及有關工人	2007-01-12 00...	BEN-13284	P0019	蔬果汁(六...	1	230	230
16305	DM013816	生產及有關工人	2007-01-12 00...	BEN-13284	P0030	麵條類(包)	1	110	110
16306	DM013817	服務工作人員	2007-05-08 00...	BEN-13288	CBN-013	蛋捲(六入...	1	490	490
16307	DM013817	服務工作人員	2007-05-08 00...	BEN-13288	CBN-007	汽水(六瓶)	1	880	880

▶ 指令（Ⅱ）

```
--3個資料表的LEFT JOIN
USE [邦邦量販店]
GO

SELECT A.MemberID,
       A.Occupation,
       B.Trans_Createdate,
       B.TransactionID,
       B.ProductID,
       C.Productname,
       B.Quantity,
       C.Price,
       B.Money
FROM [dbo].[GMC_Profile]                         A
LEFT JOIN
  (      SELECT *
         FROM [dbo].[GMC_TransDetail]
         WHERE Trans_Createdate
         BETWEEN '2007-01-01' AND '2007-06-30')   B
ON     A.MemberID=B.MemberID
LEFT JOIN
       [dbo].[Product_Detail]                     C
ON     B.ProductID=C.ProductID
ORDER BY 1
GO

--結果
(143687個資料列受到影響)
```

▶ 結果

	MemberID	Occupation	Trans_Createdate	TransactionID	ProductID	Productname	Quantity	Price	Money
17775	DM014812	監督及佐理人員	NULL	NULL	NULL	NULL	NULL	NULL	NULL
17776	DM014813	服務工作人員	NULL	NULL	NULL	NULL	NULL	NULL	NULL
17777	DM014814	服務工作人員	NULL	NULL	NULL	NULL	NULL	NULL	NULL
17778	DM014815	其他	NULL	NULL	NULL	NULL	NULL	NULL	NULL
17779	DM014816	服務工作人員	2007-04-17 00...	BEN-12292	P0016	啤酒類(打)	4	460	1840
17780	DM014816	服務工作人員	2007-05-02 00...	BEN-12293	P0018	高級酒類(...	1	1300	1300
17781	DM014816	服務工作人員	2007-05-02 00...	BEN-12293	P0020	包裝水(打)	1	240	240
17782	DM014816	服務工作人員	2007-05-02 00...	BEN-12294	P0045	其他水產	1	310	310
17783	DM014816	服務工作人員	2007-05-02 00...	BEN-12294	CBN-002	火鍋片類(...	1	1800	1800
17784	DM014816	服務工作人員	2007-05-02 00...	BEN-12294	P0028	果醬製品(...	1	90	90
17785	DM014817	服務工作人員	NULL	NULL	NULL	NULL	NULL	NULL	NULL
17786	DM014818	技術性人員	NULL	NULL	NULL	NULL	NULL	NULL	NULL
17787	DM014819	服務工作人員	NULL	NULL	NULL	NULL	NULL	NULL	NULL
17788	DM014820	生產及有關工人	NULL	NULL	NULL	NULL	NULL	NULL	NULL
17789	DM014821	服務工作人員	2007-04-12 00...	BEN-12252	P0044	魚類	1	400	400

RIGHT JOIN

同理，RIGHT JOIN 的特性是除了滿足聯結條件的資料列會顯示之外，以右邊
（RIGHT）為主軸的資料表的資料列會顯示在查詢結果集中，而來自左邊（LEFT）
資料表的輸出項目若無相對應的資料列則會顯示為 NULL。

▶ 指令（I）

```
--2個資料表的RIGHT JOIN
USE [邦邦量販店]
GO

SELECT A.MemberID,
       A.Occupation,
       B.Trans_Createdate,
       B.TransactionID
FROM ( SELECT *
       FROM [dbo].[GMC_Profile]
       WHERE Occupation
       IN('家管','監督及佐理人員','技術性人員'))    A
RIGHT JOIN
       [dbo].[GMC_TransDetail]                        B
ON     A.MemberID=B.MemberID
GO

--結果
(451455個資料列受到影響)
```

▶ 結果

	MemberID	Occupation	Trans_Createdate	TransactionID
214	NULL	NULL	2007-05-04 00:00:00.000	BEN-75151
215	NULL	NULL	2007-05-04 00:00:00.000	BEN-75151
216	NULL	NULL	2007-05-04 00:00:00.000	BEN-75151
217	DM067077	技術性人員	2006-11-10 00:00:00.000	BEN-75162
218	DM067077	技術性人員	2006-11-10 00:00:00.000	BEN-75162
219	DM067077	技術性人員	2006-11-10 00:00:00.000	BEN-75162
220	DM067077	技術性人員	2007-01-30 00:00:00.000	BEN-75163
221	NULL	NULL	2006-10-16 00:00:00.000	BEN-75164
222	NULL	NULL	2006-10-16 00:00:00.000	BEN-75164
223	NULL	NULL	2006-10-16 00:00:00.000	BEN-75164
224	NULL	NULL	2006-10-16 00:00:00.000	BEN-75164
225	NULL	NULL	2006-10-16 00:00:00.000	BEN-75164
226	DM052176	技術性人員	2006-11-20 00:00:00.000	BEN-75173
227	DM052176	技術性人員	2006-11-20 00:00:00.000	BEN-75173
228	DM027464	技術性人員	2006-02-21 00:00:00.000	BEN-42464

▶ 指令（Ⅱ）

```
--3個資料表的RIGHT JOIN
USE [邦邦量販店]
GO

SELECT A.MemberID,
       A.Occupation,
       B.Trans_Createdate,
       B.TransactionID,
       B.ProductID,
       C.Productname,
       B.Quantity,
       C.Price,
       B.Money
FROM [dbo].[GMC_Profile]                          A
RIGHT JOIN
   (    SELECT *
        FROM [dbo].[GMC_TransDetail]
        WHERE Trans_Createdate
        BETWEEN '2007-01-01' AND '2007-12-31')    B
ON      A.MemberID=B.MemberID
RIGHT JOIN
        [dbo].[Product_Detail]                    C
ON      B.ProductID=C.ProductID
ORDER BY 1
GO


--結果
(78345個資料列受到影響)
```

▶ 結果

	MemberID	Occupation	Trans_Created...	TransactionID	ProductID	Productname	Quantity	Price	Money
1	DM010249	服務工作人員	2007-01-12 0...	BEN-63179	CBN-007	汽水(六瓶)x1+啤酒類(打)x1+茶類飲品(六...	1	880	880
2	DM010249	服務工作人員	2007-01-12 0...	BEN-63179	P0018	高級酒類(瓶)	1	1300	1300
3	DM010249	服務工作人員	2007-01-12 0...	BEN-63179	P0035	調味醬料(二入)	1	190	190
4	DM010249	服務工作人員	2007-01-12 0...	BEN-63179	P0001	調味薯片(六入)	1	180	180
5	DM010251	行政及主管人員	2007-04-25 0...	BEN-63180	CBN-005	肉片類(盒)x2+肉類製品(包)x2+調味醬料(...	2	1500	3000
6	DM010251	行政及主管人員	2007-04-25 0...	BEN-63180	P0045	其他水產	1	310	310
7	DM010265	行政及主管人員	2007-01-11 0...	BEN-63187	P0018	高級酒類(瓶)	1	1300	1300
8	DM010265	行政及主管人員	2007-01-11 0...	BEN-63187	CBN-002	火鍋片類(盒)x2+海鮮拼盤(組)x1+綜合火...	1	1800	1800
9	DM010265	行政及主管人員	2007-01-11 0...	BEN-63187	P0034	綜合火鍋料(組)	1	450	450
10	DM010265	行政及主管人員	2007-01-11 0...	BEN-63187	P0032	即溶咖啡(盒)	2	230	460
11	DM010266	農林漁牧工作人員	2007-03-16 0...	BEN-63189	P0032	即溶咖啡(盒)	1	230	230
12	DM010266	農林漁牧工作人員	2007-01-05 0...	BEN-63188	P0035	調味醬料(二入)	1	190	190
13	DM010266	農林漁牧工作人員	2007-03-16 0...	BEN-63189	P0005	米果(包)	1	160	160
14	DM010266	農林漁牧工作人員	2007-01-05 0...	BEN-63188	P0015	咖啡(六入)	1	150	150
15	DM010266	農林漁牧工作人員	2007-01-05 0	BEN-63188	P0015	咖啡(六入)	1	150	150

CROSS JOIN

CROSS JOIN 是用來列出 2 個資料表的各種組合,它不需要條件判斷就可以執行 JOIN。

簡單來說,會以左邊資料表的每一資料列項(M 項)乘上右邊資料表所有的資料列項(N 項),意即 M x N 項。筆者認為 CROSS JOIN 對於資料分析的幫助是在於它可用來了解用戶在某期間是否有進行消費的詳細記錄。例如,想瞭解一般會員在去年度的整個消費週期分佈,這時就可使用 CROSS JOIN 將會員資料表(M 個會員)與去年度時間維度資料表(N 天)進行 M x N 後,再透過搭配彙總函數 GROUP BY 子句後,即可知道會員的詳細消費週期分佈,進而針對無消費的會員做促銷等方案刺激活動,刺激回購率。

▶ 指令

```
USE [邦邦量販店]
GO

SELECT DISTINCT Occupation,[Productname]
FROM [dbo].[GMC_Profile]
CROSS JOIN
     [dbo].[Product_Detail]
ORDER BY 1,2
GO


--結果
(549個資料列受到影響)
```

▶ 結果

6-3-5 子查詢的運用

什麼是子查詢（Subquery）呢？簡單來說，它是把一段 SELECT 陳述式，置於另一段的陳述式（SELECT, INSERT, UPDATE, DELETE）或是另一個子查詢。這對於資料分析過程的資料探索步驟是相當重要。

一般來說，使用到子查詢（Subquery）的時機，大致上可以區分為（1）資料探索內容複雜；（2）牽涉查詢連結表單過多；（3）拆解他人複雜查詢轉換成步驟陳述式。**子查詢（Subquery）所輸出的結果，其實就是一個結果資料集，和一般使用 SELECT 查詢的結果是一樣的。**然而在使用子查詢時有幾個需要注意的事項。

✓ 子查詢的 SELECT 陳述式，需要使用小括號（）前後包覆。

✓ 子查詢的結果主要是傳回單一數值、資料清單、資料表等型態。

✓ 子查詢傳回結果，在資料類型中不可包含文字（TEXT）或圖片（IMAGE）。

✓ 子查詢可以包含在另一個子查詢中，最多可達 32 層包覆。

接下來說明子查詢（Subquery）的運用查詢，大致上可區分為以下幾個用法。

接在 SELETCT 後面使用

子查詢（Subquery）接在 SELECT 後面時，多會搭配彙總函數以及聯結查詢，目的在於找出對應單一數值。因為 SELECT 陳述式擺放屬性是以資料行為主，接下來透過範例來說明如何使用。

▶ 指令（1）

```
--使用子查詢傳回對應單一數值，搭配聯結查詢
USE [邦邦量販店]
GO

SELECT A.MemberID,
       A.Birthday,
       A.Occupation,
       A.Channel,
       (SELECT COUNT(DISTINCT TransactionID)
        FROM [dbo].[VIP_TransDetail]      B
        WHERE A.MemberID=B.MemberID) [訂單筆數]
FROM [dbo].[VIP_Profile]                  A
ORDER BY 1
GO


--結果
(32811個資料列受到影響)
```

▶ 結果

	MemberID	Birthday	Occupation	Channel	訂單筆數
1	DM081036	1946-04-21 13:43:37.000	技術性人員	CreditCard	3
2	DM081037	1985-05-09 09:21:10.000	服務工作人員	Voluntary	1
3	DM081038	1939-04-30 08:57:57.000	監督及佐理人員	Advertising	5
4	DM081039	1953-10-10 09:38:44.000	行政及主管人員	DM	1
5	DM081040	1982-05-07 08:11:32.000	服務工作人員	Advertising	1
6	DM081041	1954-07-26 23:00:55.000	服務工作人員	DM	1
7	DM081042	1969-09-28 00:35:21.000	行政及主管人員	Advertising	1
8	DM081043	1945-04-08 13:11:17.000	家管	Voluntary	3
9	DM081044	1988-02-21 09:16:07.000	其他	DM	1
10	DM081045	1952-03-12 20:46:58.000	服務工作人員	Voluntary	14
11	DM081046	1966-01-09 17:13:00.000	行政及主管人員	DM	2
12	DM081047	1932-01-14 17:11:15.000	技術性人員	Voluntary	5
13	DM081048	1972-06-01 11:05:59.000	服務工作人員	DM	4
14	DM081049	1983-06-11 13:16:15.000	服務工作人員	Voluntary	16
15	DM081050	1969-10-25 21:59:34.000	行政及主管人員	Voluntary	4
16	DM081051	1985-04-05 07:06:09.000	服務工作人員	DM	11

► 指令 (II)

```
--使用子查詢傳回對應單一數值,搭配彙總函數找出價格差異
USE [邦邦量販店]
GO

SELECT ProductID,
       Productname,
       Price,
       (SELECT AVG(Price) FROM [dbo].[Product_Detail]
        WHERE ProductID NOT LIKE'%C%') [平均價格],
       (SELECT AVG(Price) FROM [dbo].[Product_Detail]
        WHERE ProductID NOT LIKE'%C%') - Price [價格差異]
FROM [dbo].[Product_Detail]
WHERE ProductID NOT LIKE'%C%'
ORDER BY 1
GO


--結果
(46個資料列受到影響)
```

► 結果

	ProductID	Productname	Price	平均價格	價格差異
1	P0001	調味薯片(六入)	180	238.239130434783	58.2391304347826
2	P0002	蛋捲(六入)	220	238.239130434783	18.2391304347826
3	P0003	泡芙(打)	250	238.239130434783	-11.7608695652174
4	P0004	餅乾(打)	150	238.239130434783	88.2391304347826
5	P0005	米果(包)	160	238.239130434783	78.2391304347826
6	P0006	巧克力(盒)	230	238.239130434783	8.2391304347826
7	P0007	糖果(桶)	130	238.239130434783	108.239130434783
8	P0008	口香糖(盒)	90	238.239130434783	148.239130434783
9	P0009	海苔(包)	120	238.239130434783	118.239130434783
10	P0010	醃漬食品(六入)	150	238.239130434783	88.2391304347826
11	P0011	調味豆乾(包)	160	238.239130434783	78.2391304347826
12	P0012	果凍(六入)	80	238.239130434783	158.239130434783
13	P0013	烘焙食品(包)	99	238.239130434783	139.239130434783
14	P0014	其他休閒食品(包)	140	238.239130434783	98.2391304347826
15	P0015	咖啡(六入)	150	238.239130434783	88.2391304347826

接在 FROM 後面使用

子查詢（Subquery）接在 FROM 後面時，就是屬於資料集的形式了，此時可以當做是一般資料表來看待進行查詢，**可是千萬一定要給子查詢陳述式一個資料別名**。因此過程中可搭配有無使用聯結查詢或者彙總函數等其他方式。

▶ 指令（ I ）

```
--使用子查詢，搭配彙總函數找出符合條件資料集
USE [邦邦量販店]
GO

SELECT AA.*
FROM
(SELECT MemberID,COUNT(DISTINCT TransactionID) [訂單筆數]
 FROM [dbo].[VIP_TransDetail]
 GROUP BY MemberID)  AA
WHERE AA.訂單筆數>=30
ORDER BY 2 DESC
GO


--結果
(19個資料列受到影響)
```

▶ 結果

	MemberID	訂單筆數
1	DM094921	60
2	DM109885	60
3	DM093907	47
4	DM081840	42
5	DM103490	39
6	DM082249	39
7	DM102786	38
8	DM083161	37
9	DM103920	37
10	DM081148	34
11	DM082852	32
12	DM081843	32
13	DM103339	31
14	DM081924	31

▶ 指令（ II ）

```
--使用子查詢，搭配聯結查詢找出符合條件資料集
USE [邦邦量販店]
GO

SELECT A.MemberID,
       A.Birthday,
       A.Occupation,
```

```
        A.Channel,
        B.[訂單筆數]
FROM [dbo].[VIP_Profile]   A
INNER JOIN
(SELECT MemberID,
        COUNT(DISTINCT TransactionID) [訂單筆數]
 FROM [dbo].[VIP_TransDetail]
 GROUP BY MemberID)        B
ON      A.MemberID=B.MemberID
WHERE B.[訂單筆數]>=30
ORDER BY 1
GO


--結果
(19個資料列受到影響)
```

▶ 結果

	MemberID	Birthday	Occupation	Channel	訂單筆數
1	DM081133	1978-08-14 14:30:44.000	生產及有關工人	Advertising	31
2	DM081148	1956-02-07 04:06:25.000	家管	Voluntary	34
3	DM081840	1974-05-11 23:33:56.000	技術性人員	Voluntary	42
4	DM081843	1954-12-05 05:03:20.000	服務工作人員	DM	32
5	DM081924	1946-09-11 18:39:06.000	監督及佐理人員	CreditCard	31
6	DM081961	1969-10-02 10:57:06.000	行政及主管人員	CreditCard	30
7	DM082195	1969-09-15 06:11:20.000	行政及主管人員	DM	31
8	DM082249	1970-08-16 06:29:00.000	技術性人員	DM	39
9	DM082609	1969-05-18 08:47:04.000	行政及主管人員	DM	31
10	DM082852	1960-06-08 05:12:48.000	服務工作人員	CreditCard	32
11	DM083161	1954-07-19 19:56:16.000	服務工作人員	Advertising	37
12	DM093907	1960-09-17 00:46:21.000	農林漁牧工作人員	CreditCard	47
13	DM094921	1987-12-29 08:27:10.000	家管	Voluntary	60
14	DM102786	1959-11-07 10:50:46.000	生產及有關工人	Advertising	38
15	DM103339	1954-10-12 11:33:35.000	服務工作人員	Voluntary	31

接在 WHERE 條件後面使用

子查詢（Subquery）接在 WHERE 的判斷條件區域時，主要回傳為單一數值或為清單。而大致上可分為 3 種類型，分別為（1）搭配 IN 或 NOT IN；（2）搭配運算子；（3）搭配關聯（JOIN）。

✪ 搭配 IN 或 NOT IN

▶ 指令

```
--搭配IN
USE [邦邦量販店]
GO

SELECT MemberID,
       Sex,
       Occupation,
       Location,
       Channel
FROM [dbo].[GMC_Profile]
WHERE MemberID IN(
 SELECT MemberID
 FROM [dbo].[GMC_TransDetail]
 GROUP BY MemberID
 HAVING COUNT(DISTINCT TransactionID)>=10 --訂單筆數超過10筆
)
GO


--結果
(179個資料列受到影響)
```

▶ 結果

	MemberID	Sex	Occupation	Location	Channel
1	DM012724	M	技術性人員	彰化縣花壇鄉	Voluntary
2	DM012782	M	服務工作人員	台中縣太平市	CreditCard
3	DM027282	M	監督及佐理人員	台北縣板橋市	DM
4	DM065038	F	農林漁牧工作人員	台北縣三重市	CreditCard
5	DM032640	M	服務工作人員	新竹縣芎林鄉	Advertising
6	DM032704	F	監督及佐理人員	彰化縣溪湖鎮	Advertising
7	DM080446	F	服務工作人員	彰化縣和美鎮	Voluntary
8	DM080533	F	農林漁牧工作人員	台北市松山區	CreditCard
9	DM033913	F	監督及佐理人員	台北市信義區	DM
10	DM066107	F	服務工作人員	台北縣中和市	DM
11	DM050677	M	服務工作人員	台北縣三芝鄉	DM
12	DM066451	F	服務工作人員	台中縣潭子鄉	Advertising
13	DM066548	F	行政及主管人員	台北縣土城市	Voluntary
14	DM066833	F	家管	台北市中山區	Advertising
15	DM066909	F	行政及主管人員	台中縣豐原市	DM

✪ 搭配運算子（大於、小於或等於）

▶ 指令

```
--搭配小於等於 & 2層子查詢包覆
USE [邦邦量販店]
GO

SELECT MemberID, [消費總額]
FROM( SELECT MemberID, SUM(Money) [消費總額]
      FROM [dbo].[VIP_TransDetail]
      WHERE (Trans_Createdate BETWEEN '2006-01-01' AND '2006-12-31')
      GROUP BY  MemberID)AA
WHERE [消費總額]<=(
      SELECT AVG(Money) FROM [dbo].[VIP_TransDetail]
      WHERE Trans_Createdate BETWEEN '2006-01-01' AND '2006-12-31')
ORDER BY 2 DESC
GO


--結果
(606個資料列受到影響)
```

▶ 結果

	MemberID	消費總額
1	DM092102	819
2	DM097942	810
3	DM089976	810
4	DM106064	810
5	DM090790	810
6	DM094873	810
7	DM095598	810
8	DM108582	800
9	DM091131	800
10	DM103277	800
11	DM098736	800
12	DM092109	800
13	DM096218	800

✪ 搭配關聯（JOIN）

▶ 指令

```
--搭配Correlated
USE [邦邦量販店]
GO

SELECT ProductID,
       Productname,
       Price
FROM [dbo].[Product_Detail]                    A
WHERE Price=
(SELECT MAX(Price) FROM [dbo].[Product_Detail] B
 WHERE A.Price=B.Price)
GO


--結果
(61個資料列受到影響)
```

▶ 結果

	ProductID	Productname	Price
1	P0012	果凍(六入)	80
2	P0025	花生(包)	80
3	P0028	果醬製品(罐)	90
4	P0008	口香糖(盒)	90
5	P0013	烘焙食品(包)	99
6	P0027	冷凍水餃(包)	100
7	P0030	麵條類(包)	110
8	P0009	海苔(包)	120
9	P0007	糖果(桶)	130
10	P0024	冰品(桶)	130
11	P0014	其他休閒食品(包)	140
12	P0015	咖啡(六入)	150
13	P0010	醃漬食品(六入)	150
14	P0004	餅乾(打)	150
15	P0005	米果(包)	160

🧊 接在 EXISTS 和 NOT EXISTS 後面使用

使用 EXISTS 和 NOT EXISTS 是用來判斷之用，可搭配在 WHERE 的判斷條件區域中，傳回的判斷方式是 TRUE 和 FALSE，且它並不會傳回數值清單。

▶ 指令

```
--EXISTS應用，找出2007年之後有消費的人
USE [邦邦量販店]
GO

SELECT MemberID,
       Birthday,
       Occupation,
       Location
FROM [dbo].[GMC_Profile]              A
WHERE EXISTS
(SELECT * FROM [dbo].[GMC_TransDetail] B
 WHERE A.MemberID=B.MemberID
 AND B.Trans_Createdate>='2007-01-01')

ORDER BY 1
GO


--結果
(15693個資料列受到影響)
```

▶ 結果

	MemberID	Birthday	Occupation	Location
1	DM010249	1959-11-10 19:10:58.000	服務工作人員	高雄市左營區
2	DM010251	1956-10-12 01:21:00.000	行政及主管人員	屏東縣屏東市
3	DM010265	1963-10-19 11:35:24.000	行政及主管人員	高雄市三民區
4	DM010266	1959-08-18 03:42:36.000	農林漁牧工作人員	彰化縣員林鎮
5	DM010271	1967-03-30 18:13:59.000	服務工作人員	新竹市
6	DM010289	1954-12-11 11:09:09.000	技術性人員	台中縣烏日鄉
7	DM010293	1984-02-11 02:11:30.000	服務工作人員	台北縣永和市
8	DM010297	1987-09-28 23:54:38.000	服務工作人員	台北市大安區
9	DM010307	1931-04-28 09:47:12.000	行政及主管人員	台北縣淡水鎮
10	DM010310	1955-06-13 06:12:44.000	行政及主管人員	彰化縣田尾鄉
11	DM010313	1988-11-17 17:38:38.000	生產及有關工人	台中縣大里市
12	DM010318	1973-11-29 10:01:44.000	行政及主管人員	台北縣新莊市
13	DM010322	1959-04-13 01:23:54.000	服務工作人員	台南市中西區
14	DM010324	1945-04-10 22:11:43.000	行政及主管人員	台北縣林口鄉
15	DM010325	1977-01-07 20:50:47.000	監督及佐理人員	彰化縣竹塘鄉

6-3-6　資料新增、刪除、更新與處理

上述內容大多在講解資料的查詢技巧，通常分析的過程中，多半也會需要針對資料作加工的動作，例如建置模型時需要產生新的計算欄位，或者需要針對資料進行部分抽樣來瀏覽資料樣貌等。而這些加工的動作不外乎是針對資料進行幾個動作。

（1）新增新的資料或新的欄位，例如新的（暫存或實體）資料表產生，2 個（含）
以上的變數計算成新的定義變數；（2）過程中產生錯誤時，要將原有的資料進行
刪除，刪除的範圍涵蓋資料表、資料欄位、資料列或資料內容等；（3）再來是資
料異動，像是在新增資料的同時，倘若結構沒有錯誤，內容出現異常時，這時須更
新或取代原有資料內容。

🗄 資料新增

筆者大致把資料新增的過程區分為兩塊，分別是 SELECT…INTO…以及 CREATE
TABLE 搭配 INSERT INTO。

✪ SELECT …INTO…

1. 新增實體資料表

主要是利用已存在的實體資料表，透過 SELECT 陳述式搭配 INTO 使用，改變並新
建立一個新的（實體或暫存）資料表，而新的資料表內的資料結構、欄位型態及定
義，大多都會沿用已存在的實體資料表，至於新資料集的資料集筆數，原則上可藉
由 WHERE 來進行條件篩選。

SELECT…INTO…在使用上需要注意的是，若新增的資料表名稱已經存在資料庫
中，執行過程會發生失敗並出現錯誤訊息。因此需要先確認欲新增的資料表名稱是
否已經存在，再執行 SQL 陳述式指令；還有若要建立新的欄位名稱，亦可在
SELECT 陳述式中的 List 中進行建立或變更。以下是資料分析過程中常會使用的
SELECT…INTO…範例說明。

▶ 指令

```
--新增實體資料表
USE [邦邦量販店]
GO

SELECT TOP 100 *,--原有的List欄位名稱
        DATEPART(YEAR,[Start_date]) [NEW_STATS_DATE] --新的欄位名稱
INTO [dbo].[GMC_Profile_TOP100] --使用INTO同時新增建立資料表動作
FROM [dbo].[GMC_Profile]
GO


--結果
(100個資料列受到影響)
```

2. 新增暫存資料表

倘若要新增暫存資料表，可以使用＃或＃＃，暫存資料表的位置是位於**系統資料庫**

之下的 **tempdb 暫存資料表**路徑。通常會使用到暫存資料表，可能表示該作業所牽涉到的資料筆數範圍屬於小規模程度或者為一次性產出結果，例如只為了熟悉資料表結構，僅觀察少數資料內容即可；還有就是為了當下的作業。

圖6-2　暫存資料表位置

因為暫存資料表有一個特性是，資料查詢連線若中斷，會導致已建立好的暫存資料表失效；若要新增的話，則必須再操作一次。

▶ 指令

```
--新增暫存資料表
USE [邦邦量販店]
GO

SELECT TOP 1000 *,--原有的List欄位名稱
       DATEPART(YEAR,[Start_date]) [NEW_STATS_DATE] --新的欄位名稱
INTO #GMC_Profile_TOP1000 --使用INTO搭配#符號,新增建立暫存資料表動作
FROM [dbo].[GMC_Profile]
GO


--結果
(1000個資料列受到影響)
```

3. 產生空白資料殼

產生空白資料殼，可以使用 SELECT…INTO…搭配 WHERE 1=2。主要目的是拿來做為中繼站（資料表）使用，例如產生新資料之後，可做為提供其他作業的中間（過程）資料表，待結束之後可以進行清空（Truncate），只留下空白資料殼。這個在一般分析與 ETL 作業過程中，算是常使用的資料整理技巧之一。

▶ 指令

```
--產生空白資料殼
USE [邦邦量販店]
GO

SELECT *  --原有的List欄位名稱
INTO [dbo].[GMC_Profile_ETL] --使用INTO同時新增建立資料表動作
FROM [dbo].[GMC_Profile]
WHERE 1=2 --產生List欄位名稱,不新增資料
GO


--結果
(0個資料列受到影響)
```

✪ CREATE TABLE 搭配 INSERT INTO

屬於新增資料的標準做法,第一步驟是需要重新定義新資料表的資料結構、欄位型態及其他定義,第二步驟則是將資料遵循所定義好的規範(第一步驟)新增匯入。

CREATE TABLE 搭配 INSERT INTO,其實是說明需要資料新增時,必須先建立一個實體資料表的空殼,而這個空殼就是使用 CREATE TABLE 來定義結構、型態等;再來是匯入新的資料內容,此部分必須搭配 INSERT INTO 和還想匯入的資料內容等。在 INSERT INTO 的過程中,又區分為指定完整資料行和部分(非完整)資料行;前者指的是匯入指定資料表的所有欄位資料,後者則是只有匯入指定資料表的部份欄位資料。以下將說明以 CREATE TABLE 搭配 INSERT INTO 使用指定完整資料行和部分(非完整)資料行來進行匯入資料的範例。

1. 使用 INSERT INTO 指定完整資料行

首先我們利用 CREATE TABLE 建立一張一模一樣的會員基本資料表結構,命名為「[dbo].[GMC_Profile_Same]」,接著使用 INSERT INTO 指令匯入 5 筆會員基本資料作為練習。

▶ 指令

```
--(1)使用INSERT INTO指定完整資料行
/*建立會員基本資料表結構,命名為「[dbo].[GMC_Profile_Same]」*/

USE [邦邦量販店]
GO

CREATE TABLE [dbo].[GMC_Profile_Same]
(
        MemberID NVARCHAR (255) NULL,
```

```
                 Sex NVARCHAR (255) NULL,
                 Birthday DATETIME NULL,
                 Marriage NVARCHAR (255) NULL,
                 Occupation NVARCHAR (255) NULL,
                 Location NVARCHAR (255) NULL,
                 Channel NVARCHAR (255) NULL,
                 Start_date DATETIME NULL,
                 End_date DATETIME NULL
)
GO


/*INSERT INTO 5筆會員基本資料*/
INSERT INTO [dbo].[GMC_Profile_Same]
( MemberID, Sex , Birthday, Marriage, Occupation,
  Location, Channel, Start_date, End_date)

VALUES('DM000001', 'F', '1984-10-21', '2', '服務工作人員',
        '彰化縣彰化市', 'Advertising', '2006-11-23', '2007-11-23'),
       ('DM000002', 'F', '1962-10-17', '1', '服務工作人員',
        '台南市安南區', 'Voluntary', '2006-11-23', '2007-11-23'),
       ('DM000003', 'F', '1981-06-10', '2', '行政及主管人員',
        '高雄縣湖內鄉', 'Voluntary', '2006-11-23', '2007-11-23'),
       ('DM000004', 'F', '1981-09-17', '2', '技術性人員',
        '高雄縣大社鄉', 'DM', '2006-11-23', '2007-11-23'),
       ('DM000005', 'M', '1951-09-25', '1', '行政及主管人員',
        '台中縣梧棲鎮', 'DM', '2006-11-23', '2007-11-23')
GO

--結果
(5個資料列受到影響)

/*查詢 5筆會員基本資料*/
SELECT * FROM  [dbo].[GMC_Profile_Same] GO

--結果
(5個資料列受到影響)
```

▶ 結果

	MemberID	Sex	Birthday	Marriage	Occupation	Location	Channel	Start_date	End_date
1	DM000001	F	1984-10-21 00:00:00.000	2	服務工作人員	彰化縣彰化市	Advertising	2006-11-23 00:00:00.000	2007-11-23 00:00:00.000
2	DM000002	F	1962-10-17 00:00:00.000	1	服務工作人員	台南市安南區	Voluntary	2006-11-23 00:00:00.000	2007-11-23 00:00:00.000
3	DM000003	F	1981-06-10 00:00:00.000	2	行政及主管人員	高雄縣湖內鄉	Voluntary	2006-11-23 00:00:00.000	2007-11-23 00:00:00.000
4	DM000004	F	1981-09-17 00:00:00.000	2	技術性人員	高雄縣大社鄉	DM	2006-11-23 00:00:00.000	2007-11-23 00:00:00.000
5	DM000005	M	1951-09-25 00:00:00.000	1	行政及主管人員	台中縣梧棲鎮	DM	2006-11-23 00:00:00.000	2007-11-23 00:00:00.000

2. 使用 INSERT INTO 指定部分資料行

我們一樣承上範例資料表「[dbo].[GMC_Profile_Same]」。同樣使用 INSERT INTO
指令匯入 5 筆會員基本資料，不過在這裡請將部分欄位以 NULL 型式省略不匯入，
因此資料表內容將會出現 NULL。

▶ 指令

```
--(2)使用INSERT INTO指定部分資料行
/*INSERT INTO 5筆會員基本資料*/

INSERT INTO [dbo].[GMC_Profile_Same]
( MemberID, Sex , Birthday, Marriage, Occupation,
  Location, Channel, Start_date, End_date)

VALUES('DM000006', 'F', '1984-10-21', '2', NULL,
        NULL, 'Advertising', '2006-11-23', '2007-11-23'),
       ('DM000007', NULL, '1962-10-17', '1', '服務工作人員',
        '台南市安南區', 'Voluntary', '2006-11-23', '2007-11-23'),
       ('DM000008', 'F', NULL, '2', '行政及主管人員',
        '高雄縣湖內鄉', 'Voluntary', '2006-11-23', '2007-11-23'),
       ('DM000009', 'F', '1981-09-17', '2', NULL,
        '高雄縣大社鄉', 'DM', '2006-11-23', '2007-11-23'),
       ('DM000010', 'M', '1951-09-25', '1', '行政及主管人員',
        '台中縣梧棲鎮', 'DM', '2006-11-23', NULL)
GO

--結果
(5個資料列受到影響)

/*查詢 5筆會員基本資料*/
SELECT * FROM  [dbo].[GMC_Profile_Same] GO

--結果
(10個資料列受到影響)
```

▶ 結果

	MemberID	Sex	Birthday	Marriage	Occupation	Location	Channel	Start_date	End_date
1	DM000001	F	1984-10-21 00:00:00.000	2	服務工作人員	彰化縣彰化市	Advertising	2006-11-23 00:00:00.000	2007-11-23 00:00:00.000
2	DM000002	F	1962-10-17 00:00:00.000	1	服務工作人員	台南市安南區	Voluntary	2006-11-23 00:00:00.000	2007-11-23 00:00:00.000
3	DM000003	F	1981-06-10 00:00:00.000	2	行政及主管人員	高雄縣湖內鄉	Voluntary	2006-11-23 00:00:00.000	2007-11-23 00:00:00.000
4	DM000004	F	1981-09-17 00:00:00.000	2	技術性人員	高雄縣大社鄉	DM	2006-11-23 00:00:00.000	2007-11-23 00:00:00.000
5	DM000005	M	1951-09-25 00:00:00.000	1	行政及主管人員	台中縣梧棲鎮	DM	2006-11-23 00:00:00.000	2007-11-23 00:00:00.000
6	DM000006	F	1984-10-21 00:00:00.000	2	NULL	NULL	Advertising	2006-11-23 00:00:00.000	2007-11-23 00:00:00.000
7	DM000007	NULL	1962-10-17 00:00:00.000	1	服務工作人員	台南市安南區	Voluntary	2006-11-23 00:00:00.000	2007-11-23 00:00:00.000
8	DM000008	F	NULL	2	行政及主管人員	高雄縣湖內鄉	Voluntary	2006-11-23 00:00:00.000	2007-11-23 00:00:00.000
9	DM000009	F	1981-09-17 00:00:00.000	2	NULL	高雄縣大社鄉	DM	2006-11-23 00:00:00.000	2007-11-23 00:00:00.000
10	DM000010	M	1951-09-25 00:00:00.000	1	行政及主管人員	台中縣梧棲鎮	DM	2006-11-23 00:00:00.000	NULL

🗑 資料刪除

有新增資料的做法，就會有刪除資料的方法。在 SQL Server 裡提供幾種資料刪除的方法，大致上區分 2 種方式，分別是非指令（利用 SQL Server Management Studio 圖形介面）與指令。

使用指令的方法又可區分成 3 種，依序是 DELETE、TRUNCATE 與 DROP。以下將會說明非指令與指令的運用技巧，主要過程會以範例方式闡述差異性。

1. 非指令式

✪ 使用 SQL Server Management Studio 介面刪除資料表的資料列

此種方式就是和使用 DELETE 指令刪除資料的結果一樣，只是整個刪除資料的過程可以利用 SQL Server Management Studio 介面完成。**首先我們建立一張隨機篩選的 Top 1000 筆的資料表，再利用 SQL Server Management Studio 介面來進行刪除資料的動作。**

Step1. 新增建立隨機篩選的 Top 1000 筆的資料表，稱做[dbo].[GMC_Profile_Top1000]

```
--隨機建立一張1000筆資料的資料表
USE [邦邦量販店]
GO

SELECT TOP 1000 * --原有的List欄位名稱加上隨機挑選1000筆資料
INTO [dbo].[GMC_Profile_Top1000] --使用INTO同時新增建立資料表動作
FROM [dbo].[GMC_Profile]
GO


--結果
(1000個資料列受到影響)
```

Step2. 利用 SQL Server Management Studio 來刪除資料表中的資料。首先在**物件總管**之下找到[dbo].[GMC_Profile_Top1000]資料表後，利用滑鼠右鍵選取「編輯前 200 個資料列」。

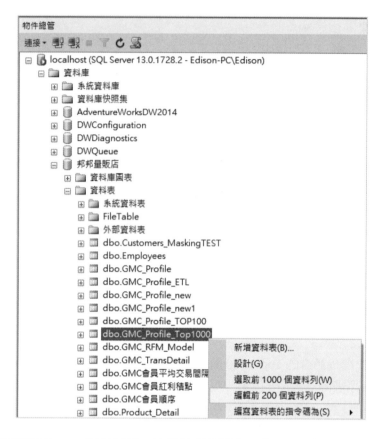

Step3. 於此可瀏覽前 200 個資料列。接著請利用滑鼠選取需要刪除的資料列 → 接著利用滑鼠右鍵方式進行刪除。

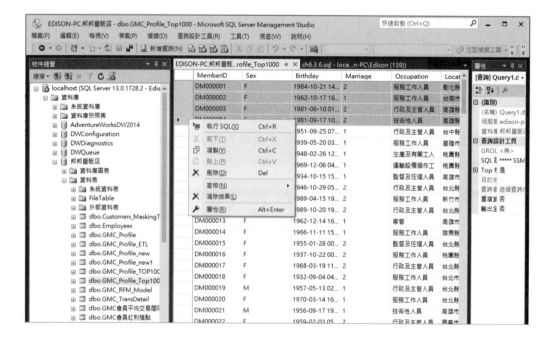

Step4. 確認永久刪除資料列訊息。請按確認，即可永久刪除這些資料列。

❂ 使用 SQL Server Management Studio 介面刪除資料表

接下來也是另一種刪除資料方式。不過該方式是直接針對資料表進行刪除，與上述
刪除資料表的資料列是不一樣的，結果和使用 DROP 指令刪除資料表一樣，只是整
個刪除資料表的過程可以利用 SQL Server Management Studio 介面來完成。首先我
們承上述，進行刪除剛剛建立的一張隨機篩選的 Top 1000 筆的資料表。

Step1. 在物件總管的資料庫之下，找到邦邦量販店資料庫後，選取資料表
[dbo].[GMC_Profile_Top1000]，利用滑鼠右鍵選擇「刪除(D)」，即可刪除該資
料表。

2. 指令式

✪ DELETE 指令

介紹完使用 SQL Server Management Studio 介面刪除資料表的資料列以及刪除資料表，接下來將說明如何利用指令來執行以上這兩個動作。

DELETE 指令，它是可以指定刪除前幾列資料或是指定刪除多少百分筆的資料。因為是刪除部分資料，通常需要搭配 WHERE 條件使用；若沒有指定 WHERE 條件的話，該資料表的資料就會被全數刪除。

當然 DELETE 指令，也可搭配使用子查詢或合併查詢，只是不免都需要與 WHERE 搭配使用。

Step1. 新增建立一模一樣的[dbo].[GMC_Profile]資料表，稱為
　　　　[dbo].[GMC_Profile_COPY]。

```
--1.建立[dbo].[GMC_Profile_COPY]資料表
USE [邦邦量販店]
GO

SELECT * --原有的List欄位名稱
INTO [dbo].[GMC_Profile_COPY] --使用INTO同時新增建立資料表動作
FROM [dbo].[GMC_Profile]
GO


--結果
(81035個資料列受到影響)
```

Step2. 使用 DELETE 指令刪除入會日期在 2007 年的會員。

```
--2.刪除入會日期在2007年的會員
USE [邦邦量販店]
GO

DELETE FROM [dbo].[GMC_Profile_COPY]
WHERE DATEPART(YEAR, Start_date)='2007'
GO


--結果
(12874個資料列受到影響)
```

Step3. 查詢剩餘資料（剩餘 68,161 筆）

```
--3.利用COUNT()查詢剩餘資料筆數
USE [邦邦量販店]
GO

SELECT COUNT(*) FROM [dbo].[GMC_Profile_COPY] GO


--結果
(1個資料列受到影響)
```

▶ 結果

❂ TRUNCATE 指令

另一種刪除資料的指令 TRUNCATE。TRUNCATE 指令比較特別的是，它不能使用 WHERE 來指定刪除資料表的區間範圍，因為只要執行 TRUNCATE 指令就會刪除整個資料表內的資料。不過會保留整個資料表架構（俗稱資料殼）。

另外，使用 TRUNCATE 指令和 DELETE 指令的差異，就是執行的速度。因此建議刪除部分區間範圍的資料就可使用 DELETE 指令；相反地，要將整個資料表內容刪除而保留資料殼，就可以使用 TRUNCATE 指令。

Step1. 使用 TRUNCATE 指令刪除[dbo].[GMC_Profile]資料表的資料。

```
--1.使用TRUNCATE指令刪除[dbo].[GMC_Profile_COPY]資料表的資料
USE [邦邦量販店]
GO

TRUNCATE TABLE [dbo].[GMC_Profile_COPY]


--結果
命令已順利完成。
```

Step2. 查詢剩餘資料（僅保留資料殼）。

```
--2.查詢剩餘資料
USE [邦邦量販店]
GO

SELECT * FROM [dbo].[GMC_Profile_COPY] GO

```

```
--結果
(1個資料列受到影響)
```

▶ 結果

✪ DROP 指令

DROP 指令是刪除整個資料表。DROP 指令相對來說較簡單，不能使用 WHERE 來指定刪除資料表的區間範圍，也不會保留整個資料表架構（俗稱資料殼）。

Step1. 使用 DORP 指令刪除[dbo].[GMC_Profile_COPY]資料表。

```
--1.使用DROP指令刪除[dbo].[GMC_Profile_COPY]資料表
USE [邦邦量販店]
GO

DROP TABLE [dbo].[GMC_Profile_COPY]

--結果
命令已順利完成。
```

Step2. 查詢剩餘資料（無效的物件名稱）。

```
--2.查詢[dbo].[GMC_Profile_COPY]資料表剩餘資料
USE [邦邦量販店]
GO

SELECT * FROM [dbo].[GMC_Profile_COPY] GO

--結果
訊息 208，層級 16，狀態 1，行 103
無效的物件名稱 'dbo.GMC_Profile_COPY'。
```

📦 資料更新

說明完資料新增與資料刪除的動作之後。關於資料的修改，該使用哪一項指令呢？變更資料過程通常有 3 種做法，分別是（1）針對單一資料列的資料行、（2）單一資料列中的多個資料行、或是（3）多個資料列同時修改。指令為使用 UPDATE...SET...。以下介紹 UPDATE...SET...搭配不同資料更新技巧。

❖ UPDATE 的基本使用

Step1. 新增建立一模一樣的[dbo].[Product_Detail]資料表，稱為
[dbo].[Product_Detail_COPY]。

```
--1.建立[dbo].[[dbo].[Product_Detail_COPY]資料表
USE [邦邦量販店]
GO

SELECT * --原有的List欄位名稱
INTO [dbo].[Product_Detail_COPY] --使用INTO同時新增建立資料表動作
FROM [dbo].[Product_Detail]
GO

--結果
(61個資料列受到影響)
```

Step2. 使用 UPDATE 指令針對資料行「Price」調漲為 1.2 倍。

```
--2.使用UPDATE指令，調漲[dbo].[Product_Detail_COPY] 的Price(單價)為1.2倍
USE [邦邦量販店]
GO

UPDATE [dbo].[Product_Detail_COPY]
SET Price=Price*1.2
GO

--結果
(61個資料列受到影響)
```

Step3. 查詢資料表[dbo].[Product_Detail_COPY]的「Price」調整結果。

```
--3.查詢[dbo].[Product_Detail_COPY] 的Price(單價)結果
USE [邦邦量販店]
GO

SELECT ProductID,
       Productname,
       Price
FROM [dbo].[Product_Detail_COPY]
GO

--結果
(61個資料列受到影響)
```

▶ 結果

	ProductID	Productname	Price
1	CBN-001	巧克力(盒)x1+泡芙(打)x1+調味薯片(六入)x1	720
2	CBN-002	火鍋片類(盒)x2+海鮮拼盤(組)x1+綜合火鍋料(組)x1+調味醬料(二入)x1	2160
3	CBN-003	綜合葉菜(包)x1+菇菌類(包)x1+麵條類(包)x1	600
4	CBN-004	牛奶調味乳(二入)x2+烘焙食品(包)x2+果醬製品(罐)x1	792
5	CBN-005	肉片類(盒)x2+肉類製品(包)x2+調味醬料(二入)x1	1800
6	CBN-006	魚類x1+其他水產x1+海鮮拼盤(組)x1	1320
7	CBN-007	汽水(六瓶)x1+啤酒類(打)x1+茶類飲品(六罐)x1+咖啡(六入)x1	1056
8	CBN-008	蛋捲(六入)x1+米果(包)x1+餅乾(打)x1+泡芙(打)x1	840
9	CBN-009	果凍(六入)x2+冰品(桶)x1+牛奶調味乳(二入)x1	528
10	CBN-010	泡麵類(六入)x1+冷凍水餃(包)x1+冷凍雞塊(包)x1	528
11	CBN-011	綜合葉菜(包)x1+根莖類(包)x1+瓜果類(包)x1	600
12	CBN-012	即溶咖啡(盒)x2+沖泡茶包(盒)x2	960
13	CBN-013	蛋捲(六入)x1+烘焙食品(包)x1+即溶牛奶(罐)x1	588
14	CBN-014	花生(包)x2+米果(包)x2+啤酒類(打)x1	840

✪ UPDATE 搭配 CASE 使用

Step1. 承上內容，針對不同的「Price」區間，調漲不同百分比。條件為「Price」在 1000 以下調漲為 1.2 倍；「Price」介於 1001~2000 調漲為 1.5 倍；「Price」超過 2000 調漲為 1.8 倍。

```
/*1.不同的「Price」區間，調漲不同百分比
條件為「Price」在1000以下調漲為1.2倍
;「Price」介於1001~2000調漲為1.5倍;
「Price」超過2000調漲為1.8倍*/
USE [邦邦量販店]
GO
UPDATE [dbo].[Product_Detail_COPY]
SET Price =
CASE
        WHEN Price <=1000 THEN  Price*1.2
        WHEN Price BETWEEN 1001 AND 2000 THEN  Price*1.5
        WHEN Price >2000 THEN  Price*1.8
END
GO

--結果
(61個資料列受到影響)
```

Step2. 查詢資料表[dbo].[Product_Detail_COPY]的「Price」調整結果。

```
--2.查詢[dbo].[Product_Detail_COPY] 的Price(單價)結果
USE [邦邦量販店]
GO

SELECT ProductID,
```

```
        Productname,
        Price
FROM [dbo].[Product_Detail_COPY]
GO


--結果
(61個資料列受到影響)
```

▶ 結果

	ProductID	Productname	Price
1	CBN-001	巧克力(盒)x1+泡芙(打)x1+調味薯片(六入)x1	864
2	CBN-002	火鍋片類(盒)x2+海鮮拼盤(組)x1+綜合火鍋料(組)x1+調味醬料(二入)x1	3888
3	CBN-003	綜合葉菜(包)x1+菇菌類(包)x1+麵條類(包)x1	720
4	CBN-004	牛奶調味乳(二入)x2+烘焙食品(包)x2+果醬製品(罐)x1	950.4
5	CBN-005	肉片類(盒)x2+肉類製品(包)x2+調味醬料(二入)x1	2700
6	CBN-006	魚類x1+其他水產x1+海鮮拼盤(組)x1	1980
7	CBN-007	汽水(六瓶)x1+啤酒類(打)x1+茶類飲品(六罐)x1+咖啡(六入)x1	1584
8	CBN-008	蛋捲(六入)x1+米果(包)x1+餅乾(打)x1+泡芙(打)x1	1008
9	CBN-009	果凍(六入)x2+冰品(桶)x1+牛奶調味乳(二入)x1	633.6
10	CBN-010	泡麵類(六入)x1+冷凍水餃(包)x1+冷凍雞塊(包)x1	633.6
11	CBN-011	綜合葉菜(包)x1+根莖類(包)x1+瓜果類(包)x1	720
12	CBN-012	即溶咖啡(盒)x2+沖泡茶包(盒)x2	1152
13	CBN-013	蛋捲(六入)x1+烘焙食品(包)x1+即溶牛奶(罐)x1	705.6
14	CBN-014	花生(包)x2+米果(包)x1+啤酒類(打)x1	1008
15	CBN-015	綜合葉菜(包)x2+根莖類(包)x2+蔬果汁(六入)x2	2160
16	P0001	調味薯片(六入)	259.2

綜合比較

針對以上說明，無論是資料新增、資料刪除與資料更新，使用者在使用這些技巧同時，都應該考慮目的為何？這樣才具有效率，同時也能兼顧資料內容品質。下表是筆者歸納整理這些方法的差異綜合比較。

表6-4　資料新增、資料刪除與資料更新

指令	使用指令	影響
資料新增	- SELECT ...INTO... - CREATE TABLE	- 整個資料表
資料刪除	- SQL Server Management Studio介面刪除	- 部分資料表 / 整個資料表
	- DETETE	- 部分資料表為主
	- TRUNCATE	- 整個資料表（保留資料殼）
	- DROP	- 整個資料表（永久刪除）
資料更新	- UPDATE	- 部分資料表 / 整個資料表

🎁 判斷資料表是否存在

一般而言，在分析的過程中常常需要對資料進行處理。其中有一個環節是常常需要建立暫存（虛擬或實體）資料表，因此常會使用到一個過程指令，**就是「IF 資料表 存在 → 就刪除」這個動作**，完成之後再建立暫存（虛擬或實體）資料表。然而該過程指令，也是後續章節內容常會使用到的指令。

接下來就來說明**「IF 資料表 存在 → 就刪除」**的過程指令是如何使用的，以及如何**建立。**(以下為建立暫存實體資料表說明，至於系統暫存資料表於此就不多做說明)

1. 使用 IF EXISTS … DROP TABLE…

```
--使用IF EXISTS … DROP TABLE…
IF EXISTS (SELECT * FROM sys.tables WHERE NAME='GMC_Profile_TEST' )
DROP TABLE GMC_Profile_TEST
```

2. 使用 IF OBJECT_ID … IS NOT NULL DROP TABLE…

```
--使用IF OBJECT_ID … IS NOT NULL DROP TABLE…
IF OBJECT_ID (N'[邦邦量販店].[dbo].[GMC_Profile_TEST]') IS NOT NULL
DROP TABLE [邦邦量販店].[dbo].[GMC_Profile_TEST];
```

會員消費行為分析

7

chapter

大數據的來臨開啟了 CRM 分析的新格局，思維角度從管理（Management）轉換為行銷（Marketing），資料的種類與資料的類型更加多元及豐富，可以有效地透過預測分析精準算出每一個顧客的下次購買時間，進而達到實現 1 對 1 行銷目的。

「試問貴公司的新進會員成長率是多少？舊會員的流失率是多少？舊會員重複購買比例高嗎？新舊會員轉換率是多少百分比？會員重複購買比例低的原因為何？如何維繫與舊客戶之間的關係？有做什麼樣的策略方針來吸引新會員的加入？」，以上這些問題都是關於經營會員過程中，常常需要知道的資訊。

大數據分析給予傳統行銷的改變之一就是著力於「經營會員」，因為瞭解會員的程度多寡直接關係著影響營收數字，這些原因都可從會員結構、會員貢獻度、會員回購率等指標中進行觀察分析，進一步掌握會員與產品之間關係，即釐清獲利的關鍵因素。閱讀前面的開場白內容後，相信讀者應該知道接下來本章節內容將探討關於會員消費行為的相關分析指標。

雖然市售的統計軟體（SPSS, SAS...）大多已可計算建立出相關消費行為指標；可是身為一個分析人員，如果能從撰寫程式創建分析行為指標，才是具有彈性的最佳做法。內容重點將介紹如何透過 T-SQL 指令撰寫會員消費行為的分析指標，包含會員輪廓、購買行為、產品組合、會員流失率的探討與貢獻度分析等。以及最後會說明如何撰寫行銷常用基本模型-RFM 並敘述分群特徵。範例雖以零售業資料為例，不過在做法上其實可以套用至各產業（例如金融業、電信業、電子商務等），可說是對於實務分析上，相當有幫助的內容。

7-1 會員基本輪廓

7-1-1 會員基本資料整理－縣市別填答

在許多企業的資料庫裡，往往都會有一些共通性，那就是資料品質參差不齊。以「邦邦量販店」的資料為例，在「居住地（Location）」的資料行中，可能出現當初會員入會時，在資料輸入過程產生錯誤而有一些雜訊，倘若要提升資料品質，首要針對資料進行整理，須將一些錯誤填答的問題加以解決。**因此第一個目標是要將所有顧客填答的「居住地（Location）」資料行加以整理。**

🔲 **步驟一**

情境敘述：在一般會員基本資料表（GMC_Profile）中，須先把每一個資料列的詳細居住地址，萃取部分做為臺灣各縣市別；以 **WITH...AS...建立虛擬表單名稱「TEST」方式操作**，過程做法會利用 SUBSTRING 指令萃取「居住地（Location）」資料欄位內容名稱的前 3 個字元做為縣市別，接著藉由 COUNT 指令檢視萃取後的資料內容，觀察其分佈情形。

▶ 指令

```
--1.萃取Location欄位的前3個字元
USE [邦邦量販店]
GO

WITH TEST AS
( SELECT [MemberID],
         [Sex],
         [Birthday],
         [Marriage],
         [Occupation],
         SUBSTRING(Location,1,3) [COUNTY],--縣市別
         [Location],
         [Channel],
         [Start_date],
         [End_date]
FROM [dbo].[GMC_Profile])
GO

--2.觀察萃取後的Location欄位內容分佈情形
SELECT [COUNTY],
       COUNT(*) [CNT] --次數
FROM TEST
GROUP BY [COUNTY]
GO
```

```
--結果
(73個資料列受到影響)
```

透過這樣的資料探索方式,可以很快檢視資料內容的雜訊情形,再將這些結果一一整理並分門別類。例如:將「台北縣」及「臺北縣」都納入在「新北市」這個維度之下。

▶ 結果

	COUNTY	CNT
1	台北縣	15532
2	台北市	11150
3	高雄市	6665
4	桃園縣	6161
5	台中市	5604
6	台中縣	5340
7	彰化縣	5009
8	高雄縣	3975
9	台南縣	2889
10	台南市	2422
11	屏東縣	1945
12	雲林縣	1635

步驟二

情境敘述:承上,倘若欲將整理完成的資料表單建立成另一張新的資料表單,命名為**[dbo].[GMC_Profile_new]**。可利用先前介紹的 SELECT…INTO…指令,將整理後的資料表單新增建立至「邦邦量販店」資料庫中。過程中,可藉由 CASE WHEN…THEN…ELSE…指令將資料雜訊進行分門別類,**至於無法或沒有被歸類到的資料則歸為「其他」選項**。

▶ 指令

```
/*==1.利用SELECT…INTO…新增一新資料表單,過程中透過CASE WHEN…THEN…ELSE...分
門別類==*/
IF OBJECT_ID (N'[邦邦量販店].[dbo].[GMC_Profile_new]') IS NOT NULL
DROP TABLE [邦邦量販店].[dbo].[GMC_Profile_new];

SELECT [MemberID], [Sex], [Birthday], [Marriage], [Occupation],
        CASE WHEN SUBSTRING([Location],1,3)='臺北市' THEN '台北市'
            WHEN SUBSTRING([Location],1,3)='臺北縣' THEN '新北市'
            WHEN SUBSTRING([Location],1,3)='臺中市' THEN '台中市'
            WHEN SUBSTRING([Location],1,3)='臺東縣' THEN '台東縣'
```

```
              WHEN  SUBSTRING([Location],1,3)='臺北市'  THEN '台北市'
              WHEN  SUBSTRING([Location],1,3)='台中市'  THEN '台中市'
              WHEN  SUBSTRING([Location],1,3)='台中縣'  THEN '台中市'
              WHEN  SUBSTRING([Location],1,3)='台北市'  THEN '台北市'
              WHEN  SUBSTRING([Location],1,3)='台北縣'  THEN '新北市'
              WHEN  SUBSTRING([Location],1,3)='台東市'  THEN '台東縣'
              WHEN  SUBSTRING([Location],1,3)='台東縣'  THEN '台東縣'
              WHEN  SUBSTRING([Location],1,3)='台南市'  THEN '台南市'
              WHEN  SUBSTRING([Location],1,3)='台南縣'  THEN '台南市'
              WHEN  SUBSTRING([Location],1,3)='宜蘭市'  THEN '宜蘭縣'
              WHEN  SUBSTRING([Location],1,3)='宜蘭縣'  THEN '宜蘭縣'
              WHEN  SUBSTRING([Location],1,3)='花蓮市'  THEN '花蓮縣'
              WHEN  SUBSTRING([Location],1,3)='花蓮縣'  THEN '花蓮縣'
              WHEN  SUBSTRING([Location],1,3)='金門縣'  THEN '金門縣'
              WHEN  SUBSTRING([Location],1,3)='南投市'  THEN '南投縣'
              WHEN  SUBSTRING([Location],1,3)='南投縣'  THEN '南投縣'
              WHEN  SUBSTRING([Location],1,3)='屏東市'  THEN '屏東縣'
              WHEN  SUBSTRING([Location],1,3)='屏東縣'  THEN '屏東縣'
              WHEN  SUBSTRING([Location],1,3)='苗栗市'  THEN '苗栗縣'
              WHEN  SUBSTRING([Location],1,3)='苗栗縣'  THEN '苗栗縣'
              WHEN  SUBSTRING([Location],1,3)='桃園市'  THEN '桃園縣'
              WHEN  SUBSTRING([Location],1,3)='桃園縣'  THEN '桃園縣'
              WHEN  SUBSTRING([Location],1,3)='高雄市'  THEN '高雄市'
              WHEN  SUBSTRING([Location],1,3)='高雄縣'  THEN '高雄市'
              WHEN  SUBSTRING([Location],1,3)='基隆市'  THEN '基隆市'
              WHEN  SUBSTRING([Location],1,3)='連江縣'  THEN '連江縣'
              WHEN  SUBSTRING([Location],1,3)='雲林縣'  THEN '雲林縣'
              WHEN  SUBSTRING([Location],1,3)='新竹市'  THEN '新竹市'
              WHEN  SUBSTRING([Location],1,3)='新竹縣'  THEN '新竹縣'
              WHEN  SUBSTRING([Location],1,3)='嘉義市'  THEN '嘉義市'
              WHEN  SUBSTRING([Location],1,3)='嘉義縣'  THEN '嘉義縣'
              WHEN  SUBSTRING([Location],1,3)='彰化市'  THEN '彰化縣'
              WHEN  SUBSTRING([Location],1,3)='彰化縣'  THEN '彰化縣'
              WHEN  SUBSTRING([Location],1,3)='澎湖縣'  THEN '澎湖縣'
              ELSE '其他' END AS [COUNTY],--縣市別
       [Channel], [Start_date], [End_date]
INTO [邦邦量販店].[dbo].[GMC_Profile_new]
FROM [邦邦量販店].[dbo].[GMC_Profile]
GO


--結果
(81035個資料列受到影響)
```

藉由上述指令，可將所有資料按照屬性歸類完畢。另外，執行資料驗證時可利用
DISTINCT 指令查詢資料內容是否還有未歸類的雜訊，及是否已將資料分門別類歸
類完成。

▶ 指令

```
--2.利用DISTINCT驗證
SELECT DISTINCT COUNTY
FROM [邦邦量販店].[dbo].[GMC_Profile_new]
ORDER BY 1
GO


--結果
(23個資料列受到影響)
```

▶ 結果

	COUNTY
1	台中市
2	台北市
3	台東縣
4	台南市
5	其他
6	宜蘭縣
7	花蓮縣
8	金門縣
9	南投縣
10	屏東縣
11	苗栗縣
12	桃園縣

同理可證，讀者可自行練習 VIP 會員基本資料（VIP_Profile）的整理（使用資料表名稱：**[dbo].[VIP_Profile_new]**，資料欄位名稱為「**COUNTY**」），執行查詢結果如下圖。操作過程在此就不多做說明。

▶ 結果（32811 個資料列受到影響）

	MemberID	Sex	Birthday	Marriage	Occupation	COUNTY	Channel	Start_date	Create_date
1	DM102761	F	1933-09-12 19:24:19.000	3	技術性人員	宜蘭縣	DM	2003-02-23 04:24:33.000	2006-11-16
2	DM102762	F	1947-08-05 13:43:52.000	2	技術性人員	桃園縣	Voluntary	2002-12-17 15:41:09.000	2004-12-09
3	DM102763	F	1983-03-23 11:03:46.000	2	服務工作人員	花蓮縣	Voluntary	2003-04-29 01:42:23.000	2005-05-22
4	DM102764	F	1928-05-19 12:17:14.000	2	行政及主管人員	新北市	DM	2003-01-24 07:36:45.000	2005-01-16
5	DM102765	M	1945-12-04 00:34:26.000	2	技術性人員	台北市	DM	2002-08-15 03:02:24.000	2006-06-08
6	DM102766	F	1946-04-23 03:03:40.000	3	其他	新北市	CreditCard	2003-01-25 17:00:09.000	2005-01-18
7	DM102767	F	1956-11-04 12:34:57.000	2	行政及主管人員	桃園縣	Advertising	2003-06-27 08:23:01.000	2006-06-20
8	DM102768	F	1947-10-21 15:04:33.000	2	服務工作人員	新竹市	DM	2002-07-15 22:11:00.000	2004-07-08
9	DM102769	F	1955-01-27 13:08:46.000	2	服務工作人員	新北市	CreditCard	2003-04-20 02:32:53.000	2006-06-13
10	DM102770	F	1964-09-25 12:00:05.000	2	監督及佐理人員	台南市	Voluntary	2003-01-18 05:26:22.000	2005-01-12
11	DM102771	F	1984-04-23 13:15:37.000	2	家管	桃園縣	Voluntary	2002-07-13 07:57:57.000	2004-07-07
12	DM102772	F	1965-05-02 02:48:53.000	3	技術性人員	屏東縣	Voluntary	2002-10-24 02:55:51.000	2004-11-07
13	DM102773	F	1928-11-29 22:46:39.000	2	服務工作人員	新北市	Advertising	2003-05-06 16:22:39.000	2005-04-30

已成功執行查詢。　(local) (13.0 RTM) | Edison-PC\Edison (139) | 邦邦量販店 | 00:00:01 | 32811 個資料列

7-1-2 會員基本資料整理－婚姻狀態

步驟一

情境敘述：在「邦邦量販店」資料庫中，「婚姻狀態（Marriage）」資料欄位內容是以代碼形式輸入，為了讓資料表內容能在分析的過程當中簡單易懂，我們試著把代碼重新編制成「已婚」、「未婚」及「其他」等 3 個水準選項，可透過指令為 CASE WHEN…THEN…ELSE...重新制定編碼。當 CASE 為「1」時稱為「未婚」， CASE 為「2」時稱為「已婚」，CASE 為「3」時稱為「其他」。

► 指令

```
--1.重新編碼「婚姻狀態（Marriage）」的選項水準
SELECT [MemberID], [Occupation],
       CASE WHEN [Marriage]='1' THEN '未婚'
            WHEN [Marriage]='2' THEN '已婚'
       ELSE '其他' END AS [Marriage_Status]
FROM [邦邦量販店].[dbo].[GMC_Profile]
GO

--結果
(81035個資料列受到影響)
```

► 結果

	MemberID	Occupation	Marriage_Status
1	DM000001	服務工作人員	已婚
2	DM000002	服務工作人員	未婚
3	DM000003	行政及主管人員	已婚
4	DM000004	技術性人員	已婚
5	DM000005	行政及主管人員	未婚
6	DM000006	服務工作人員	未婚
7	DM000007	生產及有關工人	未婚
8	DM000008	運輸設備操作工	未婚
9	DM000009	監督及佐理人員	未婚
10	DM000010	行政及主管人員	已婚
11	DM000011	服務工作人員	已婚
12	DM000012	行政及主管人員	已婚

由查詢結果可以知道，倘若將該指令和上述指令（**縣市別填答**）內容進行整合的話，不僅可豐富資料表之可讀訊息內容，還能進一步地衍生出分析的想法。因此可將這兩段指令合併加注在 SELECT...INTO... 一次儲存成同一張新資料表單 **[dbo].[GMC_Profile_new]**。

同時，針對 **[dbo].[VIP_Profile_new]** 也能比照此相同型式，相關過程在此作者就不多做說明。

▶ 查詢結果（[dbo].[GMC_Profile_new] 81035 個資料列受到影響）

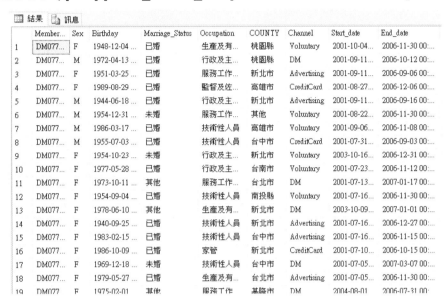

▶ 查詢結果（[dbo].[VIP_Profile_new] 32811 個資料列受到影響）

7-1-3　會員基本變項分析－性別、職業、來源管道…

身為分析人員的任務就是瞭解資料，知道資料分佈特性。從會員輪廓（Profile）分析裡，基本資料屬性分析是每每必然要做的事情。在這裡我們藉由 T-SQL 指令來執行,並繪製成 Excel 圖表呈現;這和有些分析人員會使用一般統計軟體(像是 SPSS, SAS,...等)來取得基本資料屬性的描述性統計量方式不同。

步驟一

情境敘述:以「性別(Sex)」欄位分析為例,倘若欲嘗試計算資料欄位中,男性、女性及其他選項大約各佔多少人數?可利用 COUNT 指令計算性別變數中,各個水準項目的筆數。

▶ 指令

```
--1.一次取得GMC和VIP會員的性別人數統計分佈
USE [邦邦量販店]
GO

SELECT A.Sex,
       A.[一般會員],
       B.[VIP會員]
FROM(SELECT [Sex],
            COUNT(*) [一般會員]
       FROM [dbo].[GMC_Profile_new]
       GROUP BY [Sex]) A
LEFT JOIN
(      SELECT [Sex],
              COUNT(*) [VIP會員]
       FROM [dbo].[VIP_Profile_new]
       GROUP BY [Sex])  B
ON A.[Sex]=B.[Sex]
ORDER BY 1
GO


--結果
(3個資料列受到影響)
```

透過查詢結果的表格,可直接用滑鼠右鍵→「儲存結果」或「隨標頭一同複製」等功能,複製到 Excel 進行繪製圖表的動作(**區分一般會員和 VIP 會員**),結果如下圖所示。

▶ 結果

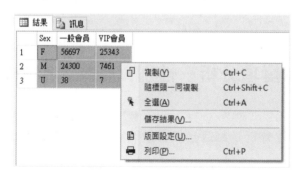

▶　「性別」統計圖表

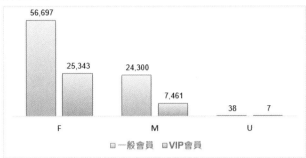

步驟二

情境敘述：同理，其餘會員基本資料的變項亦可依循此模式進行製作，在此就不多做說明，結果如下所述。基本變項統計圖表，依序為：**職業、縣市別、入會管道、婚姻狀態**。

▶　「職業」統計圖表

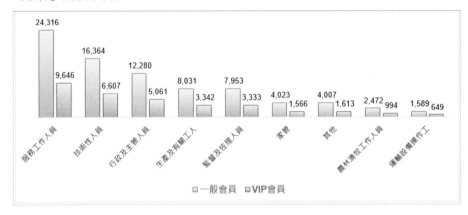

▶　「縣市別」統計圖表

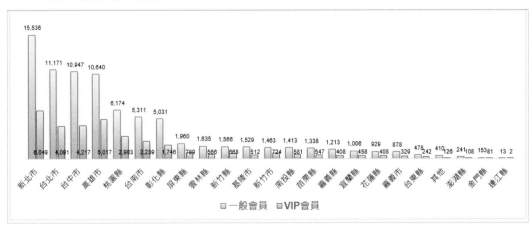

▶ 「入會管道」統計圖表

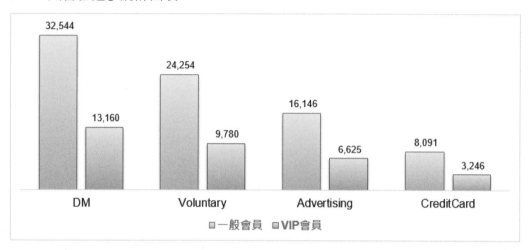

▶ 「婚姻狀態」統計圖表

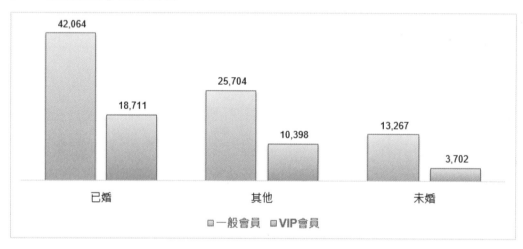

7-1-4 會員基本變項分析－會籍時間長度

🟢 步驟一

情境敘述：一位會員的忠誠度，可以透過忠誠度指標來衡量，例如會籍時間長度。因此在資料表裡面中，我們可以利用「會員入會日（Start_date）」及「會員到期日（End_date）」這 2 個資料欄位來進行計算。作法上藉由 DATEDIFF 指令計算兩者之間的相差天數。再接著以 COUNT 和 GROUP BY 指令檢視會籍時間長度的分佈情形（最小單位：天）。

▶ 指令

```
--1.計算GMC會員的會籍天數
WITH TEST1 AS
( SELECT *, DATEDIFF(DAY,[Start_date],[End_date]) AS 會籍天數
  FROM [邦邦量販店].[dbo].[GMC_Profile_new] )

SELECT [會籍天數], COUNT(*) [人數]
FROM TEST1
GROUP BY [會籍天數]
ORDER BY 2 DESC
GO

--結果
(1935個資料列受到影響)
```

▶ 結果

	會籍天數	人數
1	365	28442
2	731	14742
3	364	2989
4	729	2934
5	730	2534
6	1127	2411
7	761	1177
8	1094	1150
9	1097	1035
10	1096	982
11	1126	825

步驟二

情境敘述：由查詢結果知道，大多數一般會員的會籍天數長短不一。我們再試著將會籍天數進行編製成以「年期」的方式呈現。

一樣透過 CASE WHEN...THEN...ELSE...指令和 DATEDIFF 指令設定會籍時間長度；一年期：0 至 365 天；二年期：366 天至 730 天，以此類推。完成後同樣利用 SELECT...INTO... 指 令 建 立 一 張 新 實 體 資 料 表 （ [邦 邦 量 販店].[dbo].[dbo].[GMC_Profile_new1]），最後藉由 COUNT 和 GROUP BY 指令檢視會籍時間長度的分佈情形（最小單位：年）（可由 Excel 繪製統計圖表呈現）。

▶ 指令

```
--2.編製「會籍天數」成「會籍年數」
IF OBJECT_ID (N'[邦邦量販店].[dbo].[GMC_Profile_new1]') IS NOT NULL
DROP TABLE [邦邦量販店].[dbo].[GMC_Profile_new1];

SELECT [MemberID], [Sex], [Birthday],
              [Marriage_Status],--婚姻狀態
              [Occupation],
              [COUNTY],--縣市別
              [Channel], [Start_date], [End_date],
              CASE WHEN DATEDIFF(DAY,[Start_date],[End_date])
                    BETWEEN 0 AND 365 THEN '一年期'
                   WHEN DATEDIFF(DAY,[Start_date],[End_date])
                    BETWEEN 366 AND 730 THEN '二年期'
                   WHEN DATEDIFF(DAY,[Start_date],[End_date])
                    BETWEEN 731 AND 1095 THEN '三年期'
                   WHEN DATEDIFF(DAY,[Start_date],[End_date])
                    BETWEEN 1096 AND 1460 THEN '四年期'
                   WHEN DATEDIFF(DAY,[Start_date],[End_date])
                    BETWEEN 1461 AND 1825 THEN '五年期'
                   WHEN DATEDIFF(DAY,[Start_date],[End_date])
                    BETWEEN 1826 AND 2190 THEN '六年期'
                   WHEN DATEDIFF(DAY,[Start_date],[End_date])
                    BETWEEN 2191 AND 2555 THEN '七年期'
                   WHEN DATEDIFF(DAY,[Start_date],[End_date])
                    BETWEEN 2556 AND 2920 THEN '八年期'
              ELSE '其他' END AS [Member_Years]  --會籍年數
INTO [邦邦量販店].[dbo].[GMC_Profile_new1]
FROM [邦邦量販店].[dbo].[GMC_Profile_new]
GO


--結果
(81035個資料列受到影響)
```

▶ 結果

	MemberID	Sex	Birthday	Marriage...	Occupation	COUN...	Channel	Start_date	End_date	Member_Years
1	DM029261	F	1960-09-	已婚	服務工作...	台中市	Volunt...	2003-06-17 0...	2007-06-04 00...	四年期
2	DM029262	M	1937-01-	其他	行政及主...	嘉義市	Advert...	2003-06-17 0...	2007-07-02 00...	五年期
3	DM029263	M	1987-04-	已婚	行政及主...	台中市	Advert...	2003-06-17 0...	2007-10-15 00...	五年期
4	DM029264	M	1979-12-	未婚	監督及佐...	桃園縣	DM	2003-05-13 0...	2007-08-06 00...	五年期
5	DM029265	F	1934-03-	已婚	服務工作...	新竹市	DM	2003-06-17 0...	2007-07-02 00...	五年期
6	DM029266	F	1934-10-	已婚	生產及有...	台中市	Advert...	2003-06-17 0...	2007-10-28 00...	五年期
7	DM029267	M	1948-11-	已婚	生產及有...	桃園縣	DM	2003-06-17 0...	2007-07-02 00...	五年期
8	DM029268	M	1938-02-	其他	服務工作...	高雄市	Credit...	2003-06-17 0...	2007-07-07 00...	五年期
9	DM029269	F	1956-11-	已婚	行政及主...	高雄市	Volunt...	2003-06-17 0...	2007-07-03 00...	五年期
10	DM029270	F	1943-07-	其他	服務工作...	台中市	Advert...	2003-06-17 0...	2007-07-02 00...	五年期
11	DM029271	F	1948-11-	已婚	行政及主...	彰化縣	Volunt...	2003-06-17 0...	2007-08-20 00...	五年期

同時自行建立 **[dbo].[VIP_Profile_new1]**，步驟過程在此就不多做說明。由查詢結果，可直接利用滑鼠右鍵複製到 Excel 繪製圖表（區分一般會員和 VIP 會員），進行資料分佈觀察，結果如下所示。

▶ 「會籍年數」統計圖表

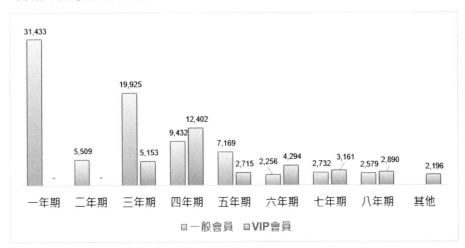

7-2 會員購買行為

7-2-1 交易週期變化

在上述章節內容中，我們可以知道這些多半屬於資料分析過程中的輪廓分佈和資料探索。本章節開始進入資料分析行為階段，筆者一樣會以情境案例敘述方式來闡述，並轉化透過 T-SQL 指令加上大眾熟悉的 Excel 工具來呈現，以期達到分析需求跟目的。

🔲 步驟一

情境敘述：某天「邦邦量販店」的賣場主管想要瞭解各年度月份的會員交易週期變化趨勢。這時可先利用 DATEPART 指令區分各年度與月份後，再利用 EXCEL 工具製作圖表，最後觀察趨勢變化並解讀分析。

▶ 指令

```
--1.交易週期變化
--一般會員交易明細
USE [邦邦量販店]
GO

SELECT RTRIM(LTRIM(CAST(DATEPART(YEAR,[Trans_Createdate]) AS CHAR)))
```

```
                      +'年' [交易年],
        DATEPART(MONTH,[Trans_Createdate]) [交易月],
        COUNT(DISTINCT [TransactionID]) [GMC交易筆數]
FROM [dbo].[GNC_ TransDetail]
GROUP BY RTRIM(LTRIM(CAST(DATEPART(YEAR,[Trans_Createdate]) AS
        CHAR)))+'年', DATEPART(MONTH,[Trans_Createdate])
ORDER BY 1,2
GO


--結果
(32個資料列受到影響)


--VIP會員交易明細
USE [邦邦量販店]
GO

SELECT RTRIM(LTRIM(CAST(DATEPART(YEAR,[Trans_Createdate]) AS CHAR)))
        +'年' [交易年],
        DATEPART(MONTH,[Trans_Createdate]) [交易月],
        COUNT(DISTINCT [TransactionID]) [GMC交易筆數]
FROM [dbo].[VIP_ TransDetail]
GROUP BY RTRIM(LTRIM(CAST(DATEPART(YEAR,[Trans_Createdate]) AS
        CHAR)))+'年', DATEPART(MONTH,[Trans_Createdate])
ORDER BY 1,2
GO


--結果
(38個資料列受到影響)
```

▶ 結果

• 一般會員交易資料
(32個資料列受到影響)

	交易年	交易月	GMC交易筆數
1	2004年	10	3462
2	2004年	11	4654
3	2004年	12	4728
4	2005年	1	4432
5	2005年	2	2030
6	2005年	3	3959
7	2005年	4	3697
8	2005年	5	3226
9	2005年	6	3088
10	2005年	7	2482
11	2005年	8	4517
12	2005年	9	4429
13	2005年	10	2687
14	2005年	11	2321
15	2005年	12	3201

• VIP會員交易資料
(38個資料列受到影響)

	交易年	交易月	VIP交易筆數
1	2004年	10	1836
2	2004年	11	2550
3	2004年	12	4095
4	2005年	1	3088
5	2005年	2	2175
6	2005年	3	2839
7	2005年	4	2776
8	2005年	5	2818
9	2005年	6	2505
10	2005年	7	2045
11	2005年	8	3330
12	2005年	9	3204
13	2005年	10	2194
14	2005年	11	2091
15	2005年	12	2504

複製查詢結果，並繪製各年度的各月交易筆數折線圖，可以很清楚觀察出 2004 年至 2007 年的趨勢。

以一般會員案例來說，各年度的 2 月至 3 月會呈現一個上升情況，但 3 月之後則是呈現下降趨勢直到 7 月為最低點，然而 7 月之後交易筆數又再度呈現大幅增長現象。從此資訊顯示，是否反應出和各月份執行行銷促銷手法有關係呢？倘若在 7 月份時寄發與 8 月至 9 月有關的賣場特惠資訊，是否有可能會刺激 8 月至 9 月的交易筆數增加呢？

▶ 「一般會員」各年度每月交易統計

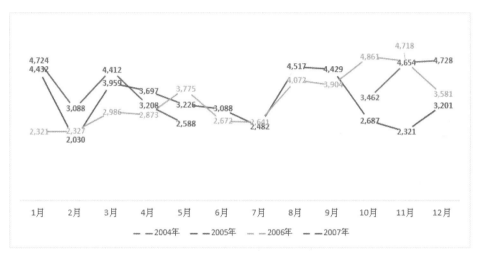

▶ 「VIP 會員」各年度每月交易統計

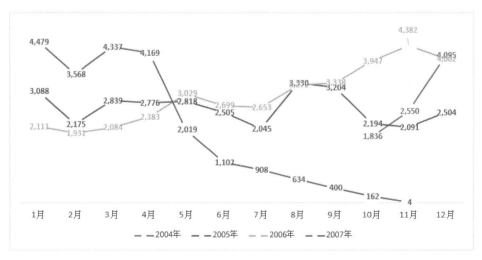

7-2-2 第一次交易時年齡及婚姻狀態

步驟一

情境敘述:某天「邦邦量販店」的總經理想知道一般會員在第一次交易時的年齡層分佈以及當時是否已經結婚,以做為後續產品交叉銷售的目標族群參考。這時可透過 DATEDIFF 指令來計算出會員當時第一次交易年齡,並藉由 CASE WHEN...THEN...ELSE...指令將年齡進行分層。

▶ 指令

```
--1.第一次交易時年齡及婚姻狀態
IF OBJECT_ID (N'[邦邦量販店].[dbo].[會員交易時的年齡_婚姻狀態]') IS NOT
NULL
DROP TABLE [邦邦量販店].[dbo].[會員交易時的年齡_婚姻狀態];

SELECT A.[MemberID], A.[Birthday],
       DATEDIFF(YEAR,A.[Birthday],B.[First_Transdate]) [AGE],
       --第一次交易時年齡
       CASE WHEN DATEDIFF(YEAR,A.[Birthday],B.[First_Transdate])
            BETWEEN 0 AND 10 THEN '10歲以下'
            WHEN DATEDIFF(YEAR,A.[Birthday],B.[First_Transdate])
            BETWEEN 11 AND 20 THEN '11-20歲'
            WHEN DATEDIFF(YEAR,A.[Birthday],B.[First_Transdate])
            BETWEEN 21 AND 30 THEN '21-30歲'
            WHEN DATEDIFF(YEAR,A.[Birthday],B.[First_Transdate])
            BETWEEN 31 AND 40 THEN '31-40歲'
            WHEN DATEDIFF(YEAR,A.[Birthday],B.[First_Transdate])
            BETWEEN 41 AND 50 THEN '41-50歲'
            WHEN DATEDIFF(YEAR,A.[Birthday],B.[First_Transdate])
            BETWEEN 51 AND 60 THEN '51-60歲'
            WHEN DATEDIFF(YEAR,A.[Birthday],B.[First_Transdate])
            BETWEEN 61 AND 70 THEN '61-70歲'
            WHEN DATEDIFF(YEAR,A.[Birthday],B.[First_Transdate]) >=71
            THEN '超過70歲'
            WHEN DATEDIFF(YEAR,A.[Birthday],B.[First_Transdate])
            NOT BETWEEN 0 AND 107 THEN '其他'
        ELSE '其他' END AS [AGE_Level], --交易時年齡分層
        A.[Marriage_Status], --交易時婚姻狀態,
        A.[Start_date],
        B.[First_Transdate]
INTO [邦邦量販店].[dbo].[會員交易時的年齡_婚姻狀態]
FROM [邦邦量販店].[dbo].[GMC_Profile_new1]     A
LEFT JOIN
(SELECT [MemberID],
       MIN([Trans_Createdate]) [First_Transdate]--取得第一次交易時間
 FROM [邦邦量販店].[dbo].[GNC_ TransDetail]
 GROUP BY [MemberID])                          B
```

```
ON  A.MemberID=B.MemberID
GO


--結果
(81035個資料列受到影響)
```

▶ 結果

	MemberID	Birthday	AGE	AGE_Level	Marriage_Status	Start_date	First_Transdate
12355	DM007962	1931-07-11 01:19:5...	N...	其他	未婚	2007-01-04 00:...	NULL
12356	DM007964	1944-08-11 02:13:0...	N...	其他	已婚	2007-01-04 00:...	NULL
12357	DM007970	1969-05-09 21:46:0...	N...	其他	未婚	2007-01-04 00:...	NULL
12358	DM007977	1985-05-31 12:20:3...	N...	其他	已婚	2007-01-04 00:...	NULL
12359	DM007995	1957-03-24 00:07:0...	N...	其他	已婚	2007-01-04 00:...	NULL
12360	DM007996	1948-08-29 02:28:2...	N...	其他	未婚	2007-01-04 00:...	NULL
12361	DM008003	1958-03-18 16:22:1...	N...	其他	未婚	2007-01-04 00:...	NULL
12362	DM008021	1978-06-12 06:01:3...	N...	其他	未婚	2007-01-04 00:...	NULL
12363	DM019224	1959-02-11 01:10:2...	47	41-50歲	已婚	2006-01-13 00:...	2006-01-13 00:00:0...
12364	DM019231	1928-06-05 15:27:2...	78	超過70歲	未婚	2006-01-13 00:...	2006-11-02 00:00:0...
12365	DM019233	1988-11-14 15:46:1...	18	11-20歲	已婚	2006-01-13 00:...	2006-03-06 00:00:0...
12366	DM019255	1959-05-18 20:17:4...	47	41-50歲	其他	2006-01-12 00:...	2006-01-12 00:00:0...
12367	DM019256	1936-05-17 01:41:1...	70	61-70歲	其他	2006-01-12 00:...	2006-01-12 00:00:0...
12368	DM019261	1964-06-03 18:44:0...	41	41-50歲	已婚	2006-01-16 00:...	2005-07-06 00:00:0...
12369	DM019267	1957-08-19 23:07:2...	49	41-50歲	其他	2006-01-05 00:...	2006-01-05 00:00:0...

▶ 結果解讀

在完成新增資料表之後，我們查詢一下資料表內容，發現到其中第一次交易時間
（First_Transdate）為「NULL」，這表示會員當時入會時並無在這段期間購買商
品，因此無法取得第一次交易時間（First_Transdate），同理也無法得知當時第一
次交易時年齡。

🧊 步驟二

情境敘述：不過此時總經理認為查詢結果只是資料表而已，相當難彙整資訊，所以
希望能彙整出統計分析報表，以利解讀下決策。初步確認內容需求須含有以下 2 項
資訊。

1. 「一般會員」在這段期間曾無購買商品的人數及佔比。

2. 「一般會員」在這段期間第一次交易時的年齡層人數分佈及佔比。

接續上述資料表，可透過如下指令取得結果資訊。

▶ 指令

```
--1.「一般會員」在這段期間曾無購買商品的人數及佔比
SELECT COUNT([MemberID]) [TTL_Members],--整體會員人數
        COUNT([First_Transdate]) [Buy_Members],--有交易紀錄會員人數
        ROUND(1-(COUNT([First_Transdate])*1.0) /
        (COUNT([MemberID])*1.0),3) [NoBuy_Percent]
        --無交易會員比例，取至小數點第3位
FROM [邦邦量販店].[dbo].[會員交易時的年齡_婚姻狀態]
GO

--結果
(1個資料列受到影響)
```

▶ 結果

	TTL_Members	Buy_Members	NoBuy_Percent
1	81035	70791	0.126000000000000

▶ 指令

```
--2.「一般會員」在這段期間第一次交易時的年齡層人數分佈及佔比
SELECT [AGE_Level],
      ( SELECT COUNT([First_Transdate])
        FROM [邦邦量販店].[dbo].[會員交易時的年齡_婚姻狀態] )
      [Buy_ttlCNT], --第一次有交易總人數
      COUNT([First_Transdate]) [Buy_CNT], --各年齡層交易總人數
      (COUNT([First_Transdate])*1.0) /
      (( SELECT COUNT([First_Transdate])
        FROM [邦邦量販店].[dbo].[會員交易時的年齡_婚姻狀態])*1.0)
      [Buy_Percent] --計算年齡層比例
FROM [邦邦量販店].[dbo].[會員交易時的年齡_婚姻狀態]
GROUP BY [AGE_Level]
ORDER BY 1
GO

--結果
(8個資料列受到影響)
```

▶ 結果

	AGE_Level	Buy_ttlCNT	Buy_CNT	Buy_Percent
1	11-20歲	70791	5475	0.077340339873712
2	21-30歲	70791	12327	0.174132304954019
3	31-40歲	70791	12489	0.176420731448912
4	41-50歲	70791	12400	0.175163509485669
5	51-60歲	70791	12312	0.173920413611899
6	61-70歲	70791	10899	0.153960249184218
7	其他	70791	0	0.000000000000000
8	超過70歲	70791	4889	0.069062451441567

▶ 結果解讀

由上述查詢結果得知,整體一般會員在這段期間從未在「邦邦量販店」消費過的約佔 12.6%;另外,第一次交易時的年齡層分佈,主要涵蓋在 21 歲至 60 歲為主,各年齡層比例差異不大;「其他」則為無交易紀錄人數,不含在本次計算母體。

7-2-3 交易金額級距分析

步驟一

情境敘述:倘若想瞭解「邦邦量販店」的會員在各年度的交易金額分佈時,這時可利用會員交易明細資料表來進行分析,首先將交易金額區分制定級距(Group),再來比較各年度交易金額級距(Group)變化。我們以 VIP 會員為例。

▶ 指令

```
--1.VIP會員交易金額級距分析
SELECT [YEAR],[TTL_MoneyLevel],
       COUNT(MemberID) [Trans_people], --交易人數
       SUM([Trans_CNT]) [Trans_CNT] --交易筆數
FROM ( SELECT [MemberID], [YEAR], [Trans_CNT], [TTL_Money],
              CASE WHEN [TTL_Money]<500 THEN '01_交易金額不到$500'
                   WHEN [TTL_Money]>=500 AND [TTL_Money]<1000
                   THEN '02_交易金額介於$500至$1000(不含)'
                   WHEN [TTL_Money]>=1000 AND [TTL_Money]<2000
                   THEN '03_交易金額介於$1000至$2000(不含)'
                   WHEN [TTL_Money]>=2000 AND [TTL_Money]<3000
                   THEN '04_交易金額介於$2000至$3000(不含)'
                   WHEN [TTL_Money]>=3000 AND [TTL_Money]<4000
                   THEN '05_交易金額介於$3000至$4000(不含)'
```

```
                    WHEN [TTL_Money]>=4000 AND [TTL_Money]<5000
                    THEN '06_交易金額介於$4000至$5000(不含)'
                    WHEN [TTL_Money]>=5000 AND [TTL_Money]<10000
                    THEN '07_交易金額介於$5000至$10000(不含)'
                    WHEN [TTL_Money]>=10000
                    THEN '08_交易金額至少$10000'
              ELSE '其他' END [TTL_MoneyLevel]
       FROM (SELECT [MemberID], RTRIM(LTRIM(CAST(DATEPART(YEAR,
                    [Trans_Createdate]) AS CHAR)))+'年' [YEAR],--年度
                    COUNT(DISTINCT [TransactionID]) [Trans_CNT],
                    --交易總筆數
                    SUM([Money])[TTL_Money]  --交易總金額
              FROM [邦邦量販店].[dbo].[VIP_ TransDetail]
              GROUP BY [MemberID],RTRIM(LTRIM(CAST(DATEPART(
                    YEAR,[Trans_Createdate]) AS CHAR)))+'年')AA)BB
GROUP BY [YEAR],[TTL_MoneyLevel]
ORDER BY 1,2
GO


--結果
(32個資料列受到影響)
```

► 結果

	YEAR	TTL_MoneyLevel	Trans_people	Trans_CNT
1	2004年	01_交易金額不到$500	74	82
2	2004年	02_交易金額介於$500至$1000(不含)	136	167
3	2004年	03_交易金額介於$1000至$2000(不含)	447	582
4	2004年	04_交易金額介於$2000至$3000(不含)	518	791
5	2004年	05_交易金額介於$3000至$4000(不含)	474	761
6	2004年	06_交易金額介於$4000至$5000(不含)	401	691
7	2004年	07_交易金額介於$5000至$10000(不含)	1200	2453
8	2004年	08_交易金額至少$10000	961	2954
9	2005年	01_交易金額不到$500	142	154
10	2005年	02_交易金額介於$500至$1000(不含)	452	552
11	2005年	03_交易金額介於$1000至$2000(不含)	1219	1556
12	2005年	04_交易金額介於$2000至$3000(不含)	1549	2255
13	2005年	05_交易金額介於$3000至$4000(不含)	1314	2259
14	2005年	06_交易金額介於$4000至$5000(不含)	1159	2312
15	2005年	07_交易金額介於$5000至$10000(不含)	3799	9163
16	2005年	08_交易金額至少$10000	3442	13318
17	2006年	01_交易金額不到$500	279	286

▶ 結果解讀

我們可以將經由 T-SQL 指令所得到的查詢結果，利用 EXCEL 工具整理成適合閱讀的報表。

交易人數	2004年	2005年	2006年	2007年
不到$500	74	142	279	166
介於$500至$1000(不含)	136	452	555	580
介於$1000至$2000(不含)	447	1,219	1,620	2,030
介於$2000至$3000(不含)	518	1,549	2,302	2,715
介於$3000至$4000(不含)	474	1,314	2,198	2,396
介於$4000至$5000(不含)	401	1,159	2,085	2,143
介於$5000至$10000(不含)	1,200	3,799	6,673	4,528
至少$10000	961	3,442	4,172	1,271
交易筆數	**2004年**	**2005年**	**2006年**	**2007年**
不到$500	82	154	286	168
介於$500至$1000(不含)	167	552	581	634
介於$1000至$2000(不含)	582	1,556	1,805	2,305
介於$2000至$3000(不含)	791	2,255	2,740	3,173
介於$3000至$4000(不含)	761	2,259	2,916	2,970
介於$4000至$5000(不含)	691	2,312	2,982	2,759
介於$5000至$10000(不含)	2,453	9,163	12,138	6,743
至少$10000	2,954	13,318	12,383	3,030
平均每人交易筆數	**2004年**	**2005年**	**2006年**	**2007年**
不到$500	1.11	1.08	1.03	1.01
介於$500至$1000(不含)	1.23	1.22	1.05	1.09
介於$1000至$2000(不含)	1.30	.28	1.11	1.14
介於$2000至$3000(不含)	1.53	1.46	1.19	1.17
介於$3000至$4000(不含)	1.61	1.72	1.33	1.24
介於$4000至$5000(不含)	1.72	1.99	1.43	1.29
介於$5000至$10000(不含)	2.04	2.41	1.82	1.49
至少$10000	3.07	3.87	2.97	2.38

上表可知幾個資訊，VIP 會員在 2004 年至 2006 年的交易金額級距以超過$5,000 為主（交易筆數佔整體 6~7 成左右）；另外，平均每人交易筆數也以交易金額級距超過$5,000 為較多（平均每人每次交易筆數約為 2~3 筆左右）。

7-2-4 紅利積點分析

步驟一

情境敘述：觀察 VIP 會員與一般會員的紅利積點分配情形。首先，選取不重複交易編號後，再把同一交易編號之紅利積點相加總並命名為「**紅利積點總數**」。另外，增加由「**紅利積點總數**」所區分出來的點數級距後並命名，最後計算點數級距分佈的百分比，並取至小數後第 4 位。以 VIP 會員為例。

▶ 指令

```
--1.新增以交易編號為KEY的欄位，[紅利積點總點數]與[紅利積點級距]
IF OBJECT_ID (N'[邦邦量販店].[dbo].[VIP會員紅利積點]') IS NOT NULL
DROP TABLE [邦邦量販店].[dbo].[VIP會員紅利積點];

SELECT *
INTO [邦邦量販店].[dbo].[VIP會員紅利積點]
FROM ( SELECT DISTINCT [TransactionID],
              CASE WHEN SUM([Point])<50
                      THEN '01_紅利積點總點數不到50'
                      WHEN SUM([Point])>=50 AND SUM([Point])<100
                      THEN '02_紅利積點總點數介於50至100(不含)'
                      WHEN SUM([Point])>=100 AND SUM([Point])<200
                      THEN '03_紅利積點總點數介於100至200(不含)'
                      WHEN SUM([Point])>=200 AND SUM([Point])<300
                      THEN '04_紅利積點總點數介於200至300(不含)'
                      WHEN SUM([Point])>=300 AND SUM([Point])<400
                      THEN '05_紅利積點總點數介於300至400(不含)'
                      WHEN SUM([Point])>=400 AND SUM([Point])<500
                      THEN '06_紅利積點總點數介於400至500(不含)'
                      WHEN SUM([Point])>=500
                      THEN '07_紅利積點總點數至少500'
              ELSE '其他' END AS [紅利積點級距],
              SUM([Point]) [紅利積點總點數]
FROM [邦邦量販店].[dbo].[VIP_ TransDetail]
GROUP BY [TransactionID])AA
GO


--結果
(97663個資料列受到影響)

--2.VIP會員紅利積點級距分佈
SELECT [紅利積點級距],
       COUNT([紅利積點級距]) [紅利積點CNT],
       ROUND((CAST(COUNT([紅利積點級距])AS FLOAT) / (
       SELECT CAST(COUNT([紅利積點級距]) AS FLOAT)
       FROM [邦邦量販店].[dbo].[VIP會員紅利積點])),4) AS [Percent]
```

```
      --百分比
FROM [邦邦量販店].[dbo].[VIP會員紅利積點]
GROUP BY [紅利積點級距]
ORDER BY 1
GO


--結果
(7個資料列受到影響)
```

▶ 結果

	紅利積點級距	紅利積點CNT	Percent
1	01_紅利積點總點數不到50	74687	0.7647
2	02_紅利積點總點數介於50至100(不含)	18085	0.1852
3	03_紅利積點總點數介於100至200(不含)	4328	0.0443
4	04_紅利積點總點數介於200至300(不含)	475	0.0049
5	05_紅利積點總點數介於300至400(不含)	62	0.0006
6	06_紅利積點總點數介於400至500(不含)	18	0.0002
7	07_紅利積點總點數至少500	8	0.0001

由上述查詢結果得知，VIP 會員的每筆訂單所累計的紅利積點不到 50 點，佔比高達 7 成 6。若能促動 VIP 會員提高單筆消費金額的話，累計的紅利點數相對就會提升。同理，我們來看一般會員的表現。

步驟二

情境敘述：承上，我們同樣以一般會員為例，來看他們的表現。

▶ 指令

```
--1.新增以交易編號為KEY的欄位，[紅利積點總點數]與[紅利積點級距]
IF OBJECT_ID (N'[邦邦量販店].[dbo].[GMC會員紅利積點]') IS NOT NULL
DROP TABLE [邦邦量販店].[dbo].[ GMC會員紅利積點];

SELECT *
INTO [邦邦量販店].[dbo].[GMC會員紅利積點]
FROM ( SELECT DISTINCT [TransactionID],
              CASE WHEN SUM([Point])<50
                   THEN '01_紅利積點總點數不到50'
                   WHEN SUM([Point])>=50 AND SUM([Point])<100
                   THEN '02_紅利積點總點數介於50至100(不含)'
                   WHEN SUM([Point])>=100 AND SUM([Point])<200
                   THEN '03_紅利積點總點數介於100至200(不含)'
```

```
                        WHEN SUM([Point])>=200 AND SUM([Point])<300
                        THEN '04_紅利積點總點數介於200至300(不含)'
                        WHEN SUM([Point])>=300 AND SUM([Point])<400
                        THEN '05_紅利積點總點數介於300至400(不含)'
                        WHEN SUM([Point])>=400 AND SUM([Point])<500
                        THEN '06_紅利積點總點數介於400至500(不含)'
                        WHEN SUM([Point])>=500
                        THEN '07_紅利積點總點數至少500'
                  ELSE '其他' END AS [紅利積點級距],
                  SUM([Point]) [紅利積點總點數]
FROM [邦邦量販店].[dbo].[GMC_ TransDetail]
GROUP BY [TransactionID])AA
GO


--結果
(111664個資料列受到影響)

--2.GMC會員紅利積點級距分佈
SELECT [紅利積點級距],
        COUNT([紅利積點級距]) [紅利積點CNT],
        ROUND((CAST(COUNT([紅利積點級距])AS FLOAT) / (
        SELECT CAST(COUNT([紅利積點級距]) AS FLOAT)
        FROM [邦邦量販店].[dbo].[GMC會員紅利積點])),4) AS [Percent]
        --百分比
FROM [邦邦量販店].[dbo].[GMC會員紅利積點]
GROUP BY [紅利積點級距]
ORDER BY 1
GO


--結果
(97663個資料列受到影響)
```

▶ 結果

	紅利積點級距	紅利積點CNT	Percent
1	01_紅利積點總點數不到50	85993	0.7701
2	02_紅利積點總點數介於50至100(不含)	17533	0.157
3	03_紅利積點總點數介於100至200(不含)	6137	0.055
4	04_紅利積點總點數介於200至300(不含)	1321	0.0118
5	05_紅利積點總點數介於300至400(不含)	332	0.003
6	06_紅利積點總點數介於400至500(不含)	241	0.0022
7	07_紅利積點總點數至少500	107	0.001

7-2-5 平均交易時間間隔

步驟一

情境敘述:「邦邦量販店」的行銷部門有一個已經存在許久的問題待解決,就是主管希望對其會員進行電話外撥行銷(Outbound),可是不曉得需要每隔多久的時間對這些會員進行銷售。因為若過於頻繁接觸這些會員,恐怕會造成困擾;但若不進行,又等於商機流失。因此主管想要透過資料分析得知會員平均每次交易間隔時間是多久,這樣就可以在對會員進行適時的電話外撥行銷(Outbound)之前,能有一個參考判斷資訊。

做法上,同樣透過新增資料表(SELECT...INTO...)方式加上 DENSE_RANK() OVER (PARTITION BY ...) 指令來進行,首先利用 T-SQL 指令選取 [dbo].[VIP_TransDetail] 內不重複欄位,包括會員編號、交易建立日和交易編號。**這個概念很簡單卻很重要,我們會列出每一位會員的同一天之下的交易編號順序(目的➜可取得每天交易筆數)、交易編號順序(目的➜可取得會員總交易筆數)、交易日期順序(目的➜可取得會員總交易天數)**。該範例,以下我們以一般會員為例。

▶ 指令

```
--1.取得會員的總交易次數
IF OBJECT_ID (N'[邦邦量販店].[dbo].[GMC會員順序]') IS NOT NULL
DROP TABLE [邦邦量販店].[dbo].[GMC會員順序];

SELECT DISTINCT [MemberID],[Trans_Createdate],[TransactionID],
        DENSE_RANK() OVER ( PARTITION BY [MemberID],[Trans_Createdate]
        ORDER BY [TransactionID]) [取得同一天交易編號順序],
        DENSE_RANK() OVER ( PARTITION BY [MemberID] ORDER BY
        [TransactionID]) [取得交易編號順序],
        DENSE_RANK() OVER ( PARTITION BY [MemberID] ORDER BY
        [Trans_Createdate]) [取得交易日期順序]
INTO [邦邦量販店].[dbo].[GMC會員順序]
FROM [邦邦量販店].[dbo].[GMC_ TransDetail]
ORDER BY 1,2
GO


--結果
(111664個資料列受到影響)
```

► 結果

	MemberID	Trans_Createdate	TransactionID	同一天交易編號順序	交易編號順序	交易日期順序
1	DM010247	2005-11-28 0...	BEN-44118	1	1	1
2	DM010253	2006-06-28 0...	BEN-44131	1	2	2
3	DM010254	2006-12-07 0...	BEN-63182	1	1	1
4	DM010265	2007-01-11 0...	BEN-63187	1	3	3
5	DM010268	2005-09-23 0...	BEN-28847	1	3	3
6	DM010274	2005-09-26 0...	BEN-28860	1	1	1
7	DM010281	2005-09-21 0...	BEN-28874	1	1	1
8	DM010295	2005-03-31 0...	BEN-28896	1	1	1
9	DM010303	2005-09-16 0...	BEN-28921	1	1	1
10	DM010307	2007-05-04 0...	BEN-63203	1	4	4
11	DM010311	2006-10-18 0...	BEN-63206	1	1	1
12	DM010313	2007-04-23 0...	BEN-63207	1	1	1
13	DM010315	2006-08-07 0	BEN-44105	1	2	2

步驟二

情境敘述：倘若我們以會員編號等於「DM033194」的資料來做驗證說明（如下所示），可以發現該會員總共有 27 筆交易紀錄是在 25 天期間產生。這也是為何要利用上述指令來取得每一位會員的總交易次數。

► 指令（以會員編號='DM033194'為例）

```
--2.以會員編號='DM033194' 為例
--排序同一天交易編號
SELECT * FROM [邦邦量販店].[dbo].[GMC會員順序]
WHERE MemberID='DM033194'
ORDER BY 2,4
GO


--結果
(27個資料列受到影響)

--排序交易編號
SELECT * FROM [邦邦量販店].[dbo].[GMC會員順序]
WHERE MemberID='DM033194'
ORDER BY 5
GO


--結果
(27個資料列受到影響)

--排序交易日期
SELECT * FROM [邦邦量販店].[dbo].[GMC會員順序]
```

```
WHERE MemberID='DM033194'
ORDER BY 6
GO


--結果
(27個資料列受到影響)
```

▶ 結果

	MemberID	Trans_Createdate	TransactionID	同一天交易編號順序	交易編號順序	交易日期順序
1	DM033194	2004-11-17 00:00:00.000	BEN-27727	1	1	1
2	DM033194	2005-01-11 00:00:00.000	BEN-27728	1	2	2
3	DM033194	2005-03-16 00:00:00.000	BEN-27729	1	3	3
4	DM033194	2005-03-16 00:00:00.000	BEN-27730	2	4	3
5	DM033194	2005-04-28 00:00:00.000	BEN-27731	1	5	4
6	DM033194	2005-07-14 00:00:00.000	BEN-27732	1	6	5
7	DM033194	2005-08-23 00:00:00.000	BEN-27733	1	7	6
8	DM033194	2005-09-23 00:00:00.000	BEN-27734	1	8	7
9	DM033194	2005-11-04 00:00:00.000	BEN-50245	1	9	8
10	DM033194	2005-12-22 00:00:00.000	BEN-50246	1	10	9
11	DM033194	2006-02-13 00:00:00.000	BEN-50247	1	11	10
12	DM033194	2006-03-20 00:00:00.000	BEN-50248	1	12	11
13	DM033194	2006-05-08 00:00:00.000	BEN-50249	1	13	12
14	DM033194	2006-06-14 00:00:00.000	BEN-50250	1	14	13
15	DM033194	2006-07-20 00:00:00.000	BEN-50251	1	15	14
16	DM033194	2006-07-26 00:00:00.000	BEN-50252	1	16	15
17	DM033194	2006-09-05 00:00:00.000	BEN-50253	1	17	16
18	DM033194	2006-10-13 00:00:00.000	BEN-13727	1	18	17
19	DM033194	2006-10-19 00:00:00.000	BEN-13728	1	19	18
20	DM033194	2006-11-22 00:00:00.000	BEN-13729	1	20	19
21	DM033194	2007-01-02 00:00:00.000	BEN-13702	1	21	20
22	DM033194	2007-01-31 00:00:00.000	BEN-13703	1	22	21
23	DM033194	2007-02-08 00:00:00.000	BEN-13704	1	23	22
24	DM033194	2007-02-08 00:00:00.000	BEN-13705	2	24	22
25	DM033194	2007-03-07 00:00:00.000	BEN-13706	1	25	23
26	DM033194	2007-04-17 00:00:00.000	BEN-13707	1	26	24
27	DM033194	2007-04-20 00:00:00.000	BEN-13708	1	27	25

步驟三

情境敘述：針對上述解釋的概念以及欲達成的目的（取得每一位會員的平均交易間隔時間），我們進一步來計算每位會員的平均交易間隔時間。透過 MAX([Trans_Createdate])和 MIN([Trans_Createdate])瞭解最近一次交易日與最初一次交易日情況。要計算每一位會員的平均交易間隔時間，如何利用 T-SQL 指令來取得結果呢？關於這個計算概念，舉一個簡單例子來闡述。例如 A 會員在這段期間總共有 3 筆交易紀錄，每次間隔時間分別為 5 天、15 天，然而該 A 會員的每次平均交易間隔時間即為 10 天（（5 天+15 天）／（3-1=2 次間隔）＝10 天）。因此利用 T-SQL 指令如何轉換成這些資訊呢？讀者請參考以下內容。

▶ 指令

```
--3.計算每位會員的平均交易間隔時間
IF OBJECT_ID (N'[邦邦量販店].[dbo].[GMC會員平均交易間隔時間]') IS NOT NULL
DROP TABLE [邦邦量販店].[dbo].[GMC會員平均交易間隔時間];

SELECT [MemberID],
       MAX([Trans_Createdate]) [最近一筆交易日],
       MIN([Trans_Createdate]) [最初一筆交易日],
       DATEDIFF(DAY, MIN([Trans_Createdate]),MAX([Trans_Createdate]))
       [總間隔天數], --取得總間隔天數
       MAX([取得交易編號順序]) [總交易筆數], --取得總交易次(天)數
       MAX([取得交易日期順序])-1 [總交易間隔天數], --取得總間隔天數
       (DATEDIFF(DAY,MIN([Trans_Createdate]),MAX([Trans_Createdate]))
       *1.0) /((MAX([取得交易日期順序])-1)*1.0) [平均每次交易間隔時間]
INTO [邦邦量販店].[dbo].[GMC會員平均交易間隔時間]
FROM [邦邦量販店].[dbo].[GMC會員順序]
GROUP BY [MemberID]
HAVING MAX([取得交易日期順序])-1>0
--納入交易次數超過1次的會員，排除除以零錯誤
GO


--結果
(16930個資料列受到影響)
```

▶ 結果

	MemberID	最近一筆交易日	最初一筆交易日	總間隔天數	總交易次數	總交易間隔數	平均每次交易間隔時間
2192	DM011444	2007-02-05 00:...	2004-11-16 00:...	811	8	6	135.1666666666666...
2193	DM011490	2006-11-23 00:...	2005-11-01 00:...	387	2	1	387.0000000000000...
2194	DM011499	2006-12-14 00:...	2004-12-30 00:...	714	6	4	178.5000000000000...
2195	DM011508	2006-09-14 00:...	2005-07-11 00:...	430	2	1	430.0000000000000...
2196	DM011519	2006-01-09 00:...	2005-01-17 00:...	357	2	1	357.0000000000000...
2197	DM011530	2006-09-26 00:...	2005-10-17 00:...	344	2	1	344.0000000000000...
2198	DM011560	2006-10-11 00:...	2005-04-27 00:...	532	2	1	532.0000000000000...
2199	DM011563	2007-02-15 00:...	2005-03-01 00:...	716	2	1	716.0000000000000...
2200	DM011586	2006-12-11 00:...	2005-12-26 00:...	350	2	1	350.0000000000000...
2201	DM011661	2006-12-05 00:...	2006-02-10 00:...	298	3	2	149.0000000000000...
2202	DM011665	2006-08-09 00:...	2006-02-23 00:...	167	2	1	167.0000000000000...
2203	DM011673	2005-10-27 00:...	2004-10-22 00:...	370	2	1	370.0000000000000...
2204	DM011678	2007-03-28 00:...	2005-04-14 00:...	713	4	3	237.6666666666666...
2205	DM011682	2007-03-21 00:...	2005-05-12 00:...	678	2	1	678.0000000000000...
2206	DM011688	2007-03-01 00:...	2005-04-20 00:...	680	6	5	136.0000000000000...
2207	DM011690	2006-11-20 00:...	2006-02-06 00:...	287	2	1	287.0000000000000...
2208	DM011703	2006-08-22 00:...	2004-12-22 00:...	608	2	1	608.0000000000000...
2209	DM011708	2007-01-15 00:...	2005-01-21 00:...	724	2	1	724.0000000000000...

🎲 步驟四

情境敘述：這時來比較不同交易次數之下的平均每次交易間隔天數。因為已經建立 [dbo].[一般會員平均交易間隔時間] 資料表，故可分析在不同次數之下的平均每次交易間隔天數。

取得公式：（**將所有同樣交易次數的會員其所有交易間隔天數加總起來**） 除以（**同樣交易次數的會員人數**）＝**每人每次平均交易間隔天數**。例如總交易次數為 3 次的會員有 4,947 人，可將這 4,947 人的所有交易間隔天數先加總後再除以 4,947，即為總交易次數為 3 次的會員之平均每次交易間隔天數。

▶ 指令

```
--4.不同交易次數之下的每位會員的平均交易間隔時間
SELECT [總交易次數],
       COUNT([MemberID]) [總會員人數],
       SUM([總間隔天數]) [總間隔天數],
       (SUM([總間隔天數])*1.0)/(COUNT([MemberID])*1.0)
       [每人平均交易間隔時間]
FROM [邦邦量販店].[dbo].[GMC會員平均交易間隔時間]
GROUP BY [總交易次數]
ORDER BY 1

GO


--結果
(23個資料列受到影響)
```

▶ 結果

	總交易次數	總會員人數	總間隔天數	每人平均交易間隔時間
1	2	9624	2640219	274.336970074812967
2	3	3750	1499832	399.955200000000000
3	4	1637	771049	471.013439218081857
4	5	795	380500	478.616352201257861
5	6	424	208471	491.676886792452830
6	7	287	151440	527.665505226480836
7	8	164	93287	568.823170731707317
8	9	70	40509	578.700000000000000
9	10	60	38658	644.300000000000000
10	11	36	23242	645.611111111111111
11	12	24	17199	716.625000000000000
12	13	17	11048	649.882352941176470
13	14	4	2384	596.000000000000000
14	15	8	6339	792.375000000000000
15	16	8	6513	814.125000000000000
16	17	4	3484	871.000000000000000
17	18	5	4016	803.200000000000000
18	19	4	3616	904.000000000000000
19	21	2	940	470.000000000000000
20	22	2	1810	905.000000000000000
21	25	2	1846	923.000000000000000
22	27	2	1768	884.000000000000000
23	31	1	937	937.000000000000000

7-3 產品組合

什麼樣的產品組合最熱銷？什麼樣的單項產品最熱門？接下來本章節要探討資料庫中，哪些產品組合及產品項目是最深受會員的喜愛。

產品組合主要分成 3 個部分。讀者可由「邦邦量販店」資料庫的「組成貨號檔」，知道組合產品與單項產品之間的差異。

從資料表內容中知道**產品編號為 CBN-001 至 CBN-015 為屬於組合產品；而產品編號 P0001 至 P0046 視為單項產品**。舉例來說，產品編號 CBN-005 是「肉片類（盒）x 2 ＋肉類製品（包）x 2 ＋調味醬料（二入）x 1」，但實際上是由單項產品 P0040（肉片類（盒）兩盒）、P0041（肉類製品（包）兩包）和 P0035（調味醬料（二入）一份）所組成。在「邦邦量販店」的資料庫中，產品編號是 CBN 開頭的組合性產品，皆是由單項產品 P0001 至 P0046 包裝組合而成。

▶ 產品組成貨號檔（內容）

	ProductID	Productname	Product_C...	ProdQua...	Product_Co...	ProdQuanti...	Product_Co...	ProdQuantity...	Product_C...	ProdQuantit...	Price
1	CBN-001	巧克力(盒)x1+泡芙(打)x1+調味醬片(六入)x1	P0006	1	P0003	1	P0001	1	NULL	NULL	600
2	CBN-002	火鍋片類(盒)x2+海鮮拼盤(組)x1+綜合火鍋...	P0043	2	P0046	1	P0034	1	P0035	1	1800
3	CBN-003	綜合葉菜(包)x1+菇菌類(包)x1+麵條類(包)x1	P0036	1	P0039	1	P0030	1	NULL	NULL	500
4	CBN-004	牛奶調味乳(二入)x2+烘焙食品(包)x1+果醬...	P0021	2	P0013	2	P0028	1	NULL	NULL	660
5	CBN-005	肉片類(盒)x2+肉類製品(包)x2+調味醬料(二...	P0040	2	P0041	2	P0035	1	NULL	NULL	1500
6	CBN-006	魚類x1+其他水產x1+海鮮拼盤(組)x1	P0044	1	P0045	1	P0046	1	NULL	NULL	1100
7	CBN-007	汽水(六罐)x1+啤酒類(打)x1+茶類飲品(六罐...	P0022	1	P0016	1	P0017	1	P0015	1	880
8	CBN-008	蛋捲(六入)x2+米果(包)x1+餅乾(打)x1+泡芙(...	P0002	1	P0005	1	P0004	1	P0003	1	700
9	CBN-009	果凍(六入)x2+冰品(桶)x1+牛奶調味乳(二入...	P0012	2	P0024	1	P0021	1	NULL	NULL	440
10	CBN-010	泡麵類(六入)x1+冷凍水餃(包)x1+冷凍雞塊(...	P0026	1	P0027	1	P0031	1	NULL	NULL	440
11	CBN-011	綜合葉菜(包)x1+根莖類(包)x1+瓜果類(包)x1	P0036	1	P0038	1	P0037	1	NULL	NULL	500
12	CBN-012	即溶咖啡(盒)x2+沖泡茶包(盒)x2	P0032	2	P0033	2	NULL	NULL	NULL	NULL	800
13	CBN-013	蛋捲(六入)x1+烘焙食品(包)x1+即溶牛奶(罐...	P0002	1	P0013	1	P0029	1	NULL	NULL	490
14	CBN-014	花生(包)x2+米果(包)x2+啤酒類(打)x1	P0025	2	P0016	1	NULL	NULL	NULL	NULL	700
15	CBN-015	綜合葉菜(包)x2+根莖類(包)x2+蔬果汁(六入...	P0036	2	P0038	2	P0019	2	NULL	NULL	1200
16	P0001	調味醬片(六入)	P0001	1	NULL	NULL	NULL	NULL	NULL	NULL	180
17	P0002	蛋捲(六入)	P0002	1	NULL	NULL	NULL	NULL	NULL	NULL	220
18	P0003	泡芙(打)	P0003	1	NULL	NULL	NULL	NULL	NULL	NULL	250
19	P0004	餅乾(打)	P0004	1	NULL	NULL	NULL	NULL	NULL	NULL	150

7-3-1 產品熱銷排行榜

鑑於產品多元化組合關係，倘若針對單項產品進行分析時，勢必得進行拆解才行。以下將說明由交易訂單所衍生出來的各種產品組合分析。

🔷 步驟一

情境敘述：首先，**根據交易訂單裡找出前 10 名熱銷的產品**。每一位會員在每一筆交易中可能會購買多種不同產品，因此有可能會出現一筆交易存在多筆的產品編號。故想知道哪一種產品被購買機率最高的話,則可在資料庫中找出最常出現在交易明細資料的產品即可。

在「邦邦量販店」資料庫中,以各項產品編號為依據之下,發現一般會員訂單出現次數最多(第一名)的是產品編號 CBN-002 的「火鍋片類(盒)x +海鮮拼盤(組)1+綜合火鍋料(組)x 1+調味醬料(二入)x 1」;VIP 會員訂單出現次數最多(第一名)的同樣也是「產品編號 CBN-002 的「火鍋片類(盒)x +海鮮拼盤(組)1+綜合火鍋料(組)x 1+調味醬料(二入)x 1」,再來我們各列出前十名的產品編號次數分配表。

▶ 指令

```
--1.根據交易訂單編號找出前10名的產品
--GMC會員
SELECT [ProductID],[Productname],
        COUNT(DISTINCT [TransactionID]) [不同訂單出現次數]
FROM [邦邦量販店].[dbo].[GMC_TransDetail]
GROUP BY [ProductID], [Productname]
ORDER BY 3 DESC
GO


--結果
(61個資料列受到影響)


--VIP會員
SELECT [ProductID],[Productname],
        COUNT(DISTINCT [TransactionID]) [不同訂單出現次數]
FROM [邦邦量販店].[dbo].[VIP_TransDetail]
GROUP BY [ProductID], [Productname]
ORDER BY 3 DESC
GO


--結果
(61個資料列受到影響)
```

▶ 結果（一般會員交易訂單前 10 名熱銷排行榜）

	ProductID	Productname	不同訂單出現次數
1	CBN-002	火鍋片類(盒)x2+海鮮拼盤(組)x1+綜合火鍋料(組)x1+調味醬...	27669
2	CBN-005	肉片類(盒)x2+肉類製品(包)x2+調味醬料(二入)x1	14716
3	P0036	綜合葉菜(包)	12116
4	P0015	咖啡(六入)	9225
5	P0044	魚類	9216
6	P0018	高級酒類(瓶)	9156
7	P0046	海鮮拼盤(組)	9108
8	P0034	綜合火鍋料(組)	9061
9	P0032	即溶咖啡(盒)	9058
10	P0045	其他水產	9057
11	P0042	鮮肉類	9011
12	CBN-012	即溶咖啡(盒)x2+沖泡茶包(盒)x2	6162
13	P0030	麵條類(包)	6153

▶ 結果（VIP 會員交易訂單前 10 名熱銷排行榜）

	ProductID	Productname	不同訂單出現次數
1	CBN-002	火鍋片類(盒)x2+海鮮拼盤(組)x1+綜合火鍋料(組)x1+調味醬料(...	31136
2	CBN-005	肉片類(盒)x2+肉類製品(包)x2+調味醬料(二入)x1	17275
3	P0036	綜合葉菜(包)	14004
4	P0042	鮮肉類	10808
5	P0034	綜合火鍋料(組)	10763
6	P0018	高級酒類(瓶)	10761
7	P0015	咖啡(六入)	10749
8	P0044	魚類	10731
9	P0045	其他水產	10725
10	P0046	海鮮拼盤(組)	10700
11	P0032	即溶咖啡(盒)	10655
12	P0001	調味薯片(六入)	7403
13	P0004	餅乾(盒)	7367

🧊 步驟二

情境敘述：接下來，若想要知道每一種產品被會員消費的情況，**進而找出受會員喜好的前 10 名產品時**，如何轉化成 T-SQL 指令呢？以產品編號為依據之下，找出哪一種產品被消費的會員人數最多。

由此發現不同產品對於一般會員喜好出現最多消費人數（第一名），同樣是產品編號 CBN-002 的「火鍋片類（盒）x +海鮮拼盤（組）1+綜合火鍋料（組）x 1+調味醬料（二入）x 1」；而 VIP 會員消費過的人數第一名一樣為產品編號 CBN-002 的「火鍋片類（盒）x 2+海鮮拼盤（組）x 1+綜合火鍋料（組）x 1+調味醬料（二入）x 1」，再來我們各列出前十名最受會員喜好的產品編號次數分配表。

▶ 指令

```
--2.根據交易訂單編號找出前10名最受會員喜好的產品
--GMC會員
SELECT [ProductID],[Productname],
       COUNT(DISTINCT [MemberID]) [產品喜好人數]
FROM [邦邦量販店].[dbo].[GMC_TransDetail]
GROUP BY [ProductID], [Productname]
ORDER BY 3 DESC
GO


--結果
(61個資料列受到影響)


--VIP會員
SELECT [ProductID],[Productname],
       COUNT(DISTINCT [MemberID]) [產品喜好人數]
FROM [邦邦量販店].[dbo].[VIP_TransDetail]
GROUP BY [ProductID], [Productname]
ORDER BY 3 DESC
GO


--結果
(61個資料列受到影響)
```

▶ 結果（最受一般會員喜好的前 10 名產品）

	ProductID	Productname	產品喜好人數
1	CBN-002	火鍋片類(盒)x2+海鮮拼盤(組)x1+綜合火鍋料(組)x1+調味醬料...	24363
2	CBN-005	肉片類(盒)x2+肉類製品(包)x2+調味醬料(二入)x1	13685
3	P0036	綜合葉菜(包)	11431
4	P0044	魚類	8832
5	P0015	咖啡(六入)	8819
6	P0018	高級酒類(瓶)	8732
7	P0046	海鮮拼盤(組)	8716
8	P0032	即溶咖啡(盒)	8678
9	P0045	其他水產	8660
10	P0034	綜合火鍋料(組)	8653
11	P0042	鮮肉類	8610
12	CBN-012	即溶咖啡(盒)x2+沖泡茶包(盒)x2	5977
13	P0030	麵條類(包)	5973

▶ 結果（最受 VIP 會員喜好的前 10 名產品）

	ProductID	Productname	產品喜好人數
1	CBN-002	火鍋片類(盒)x2+海鮮拼盤(組)x1+綜合火鍋料(組)x1+調味醬料(二入)x1	19740
2	CBN-005	肉片類(盒)x2+肉類製品(包)x2+調味醬料(二入)x1	13138
3	P0036	綜合葉菜(包)	11146
4	P0042	鮮肉類	9062
5	P0018	高級酒類(瓶)	8987
6	P0044	魚類	8979
7	P0015	咖啡(六入)	8967
8	P0045	其他水產	8936
9	P0034	綜合火鍋料(組)	8929
10	P0032	即溶咖啡(盒)	8891
11	P0046	海鮮拼盤(組)	8871
12	P0001	調味薯片(六入)	6521
13	P0004	餅乾(打)	6453

🔷 步驟三

情境敘述：同樣地在「邦邦量販店」資料庫中，若想知道哪一種產品的銷量最好？一樣以產品編號為依據之下，找出哪一種產品的銷售數量最多。

由此可發現不同產品對於一般會員訂單銷售數量的（第一名）的是產品編號 CBN-002 的「火鍋片類（盒）x +海鮮拼盤（組）1+綜合火鍋料（組）x 1+調味醬料（二入）x 1」；VIP 會員訂單銷售數量的第一名為產品編號 CBN-002 的「火鍋片類（盒）x 2+海鮮拼盤（組）x 1+綜合火鍋料（組）x 1+調味醬料（二入）x 1」，再來我們各列出前十名銷售數量最好的產品編號次數分配表。

▶ 指令

```
--3.根據交易訂單編號找出前10名銷售數量最好的產品
--GMC會員
SELECT [ProductID], [Productname],
       SUM([Quantity]) [產品數量]
FROM [邦邦量販店].[dbo].[GMC_TransDetail]
GROUP BY [ProductID], [Productname]
ORDER BY 3 DESC
GO

--結果
(61個資料列受到影響)
```

```
--VIP會員
SELECT [ProductID], [Productname],
       SUM([Quantity]) [產品數量]
FROM [邦邦量販店].[dbo].[VIP_TransDetail]
GROUP BY [ProductID], [Productname]
ORDER BY 3 DESC
GO


--結果
(61個資料列受到影響)
```

▶ 結果（一般會員：銷售數量最好的前 10 名產品）

	ProductID	Productname	產品數量
1	CBN-002	火鍋片類(盒)x2+海鮮拼盤(組)x1+綜合火鍋料(組)x1+調味醬料(二入)x1	76952
2	CBN-005	肉片類(盒)x2+肉類製品(包)x2+調味醬料(二入)x1	39015
3	P0036	綜合葉菜(包)	31989
4	P0044	魚類	23497
5	P0018	高級酒類(瓶)	23175
6	P0045	其他水產	23145
7	P0046	海鮮拼盤(組)	23055
8	P0015	咖啡(六入)	23025
9	P0034	綜合火鍋料(組)	22761
10	P0042	鮮肉類	22741
11	P0032	即溶咖啡(盒)	22720
12	CBN-013	蛋捲(六入)x1+烘焙食品(包)x1+即溶牛奶(罐)x1	15747
13	P0013	烘焙食品(包)	15710

▶ 結果（VIP 會員：銷售數量最好的前 10 名產品）

	ProductID	Productname	產品數量
1	CBN-002	火鍋片類(盒)x2+海鮮拼盤(組)x1+綜合火鍋料(組)x1+調味醬料(二入)x1	63125
2	CBN-005	肉片類(盒)x2+肉類製品(包)x2+調味醬料(二入)x1	31677
3	P0036	綜合葉菜(包)	25197
4	P0042	鮮肉類	19359
5	P0018	高級酒類(瓶)	19179
6	P0045	其他水產	19139
7	P0044	魚類	18998
8	P0034	綜合火鍋料(組)	18950
9	P0032	即溶咖啡(盒)	18893
10	P0015	咖啡(六入)	18883
11	P0046	海鮮拼盤(組)	18846
12	P0001	調味薯片(六入)	12938
13	P0043	火鍋片類(盒)	12810

🎲 步驟四

情境敘述:「邦邦量販店」資料庫中,若想知道哪一種產品的總營收最好?

透過資料庫分析發現,在一般會員與 VIP 會員訂單的產品購買總交易金額(銷售數量 x 單價)的第 1 名都是產品編號 CBN-002:「火鍋片類(盒)x 2+海鮮拼盤(組)x 1+綜合火鍋料(組)x 1+調味醬料(二入)x 1」,我們同樣列出前十名表現最好的產品編號次數分配表。

▶ 指令

```
--4.根據交易訂單編號找出前10名銷售金額最好的產品
--GMC會員
SELECT [ProductID], [Productname],
        SUM([Quantity]*[Unit_price]) [一般會員總交易金額]
FROM [邦邦量販店].[dbo].[GMC_TransDetail]
GROUP BY [ProductID], [Productname]
ORDER BY 3 DESC
GO


--結果
(61個資料列受到影響)

--VIP會員
SELECT [ProductID], [Productname],
        SUM([Quantity]*[Unit_price]) [VIP會員總交易金額]
FROM [邦邦量販店].[dbo].[VIP_TransDetail]
GROUP BY [ProductID], [Productname]
ORDER BY 3 DESC
GO


--結果
(61個資料列受到影響)
```

▶ 結果 (一般會員：銷售金額最好的前 10 名產品)

	ProductID	Productname	一般會員總交易金額
1	CBN-002	火鍋片類(盒)x2+海鮮拼盤(組)x1+綜合火鍋料(組)x1+調味醬料(...	138513600
2	CBN-005	肉片類(盒)x2+肉類製品(包)x2+調味醬料(二入)x1	58522500
3	P0018	高級酒類(瓶)	30127500
4	CBN-006	魚類x1+其他水產x1+海鮮拼盤(組)x1	16815700
5	CBN-012	即溶咖啡(盒)x2+沖泡茶包(盒)x2	12344000
6	P0046	海鮮拼盤(組)	11296950
7	P0034	綜合火鍋料(組)	10242450
8	P0044	魚類	9398800
9	P0042	鮮肉類	8641580
10	CBN-013	蛋捲(六入)x1+烘焙食品(包)x1+即溶牛奶(罐)x1	7716030
11	P0036	綜合葉菜(包)	7357470
12	P0045	其他水產	7174950
13	CBN-007	汽水(六類)x1+嗖酒類(打)x1+茶類飲品(六罐)x1+咖啡(六入)x1	6600880

▶ 結果 (一般會員：銷售金額最好的前 10 名產品)

	ProductID	Productname	VIP會員總交易金額
1	CBN-002	火鍋片類(盒)x2+海鮮拼盤(組)x1+綜合火鍋料(組)x1+調味醬料(二...	113625000
2	CBN-005	肉片類(盒)x2+肉類製品(包)x2+調味醬料(二入)x1	47515500
3	P0018	高級酒類(瓶)	24932700
4	CBN-006	魚類x1+其他水產x1+海鮮拼盤(組)x1	13684000
5	CBN-012	即溶咖啡(盒)x2+沖泡茶包(盒)x2	10109600
6	P0046	海鮮拼盤(組)	9234540
7	P0034	綜合火鍋料(組)	8527500
8	P0044	魚類	7599200
9	P0042	鮮肉類	7356420
10	CBN-013	蛋捲(六入)x1+烘焙食品(包)x1+即溶牛奶(罐)x1	6167140
11	P0045	其他水產	5933090
12	P0036	綜合葉菜(包)	5795310
13	CBN-007	汽水(六類)x1+嗖酒類(打)x1+茶類飲品(六罐)x1+咖啡(六入)x1	5297600

7-3-2 單一產品熱銷排行榜

🔷 步驟一

情境敘述：拆解「產品組成貨號」資料表，主要是針對「組合性產品（CBN-001 至 CBN-015）」進行分析，目的是將組合性產品內的各單項產品拆解出來，進行單一產品相關指標（「訂單總數」、「訂單出現總次數」及「銷售總數量」）計算。

我們係就「邦邦量販店」資料庫之下,建立一張新資料表並命名為「產品拆解組合資料表」,再以 VIP 會員交易明細檔的產品編號(ProductID)為串接主鍵(KEY),做為與 [dbo].[Product_Detail] 資料表進行串接。

再來是相關指標計算,因為組合性產品內容最多為 4 項,例如:「CBN-002」的「火鍋片類(盒)x 2+海鮮拼盤(組)x 1+綜合火鍋料(組)x 1+調味醬料(二入)x 1」,就必須拆解出每一種產品組成一、產品組成二、產品組成三與產品組成四的各自產品編號(組合性產品:「CBN-001 至 CBN-015」以及「單項產品:P0001 至 P0046」)。如此一來,就能計算單一產品的各項指標,「訂單筆數(由交易編號「TransactionID」計算)」、「訂單數量(由產品數量「Quantity」計算)」、「(不同)產品個數(由組成順序計算)」、「(不同)產品組成總數量(由組成數量計算)」、「(不同)產品組成總銷售數量(由 Quantity 的總和 乘以 產品組成數量 ProdQuantity_Combine 結果得知)」。相關轉換 T-SQL 指令如下,我們以 VIP 會員為例。

▶ 指令

```
--1.拆解產品貨號,以VIP會員為例
IF OBJECT_ID (N'[邦邦量販店].[dbo].[產品拆解組合資料表]') IS NOT NULL
DROP TABLE [邦邦量販店].[dbo].[產品拆解組合資料表];

SELECT [ProductID],
       [Productname],
       MAX([組成順序]) [(不同)產品個數],
       SUM([產品組成數量]) [(不同)產品組成總數量],
       [產品訂單筆數],
       [產品訂單數量],
       MAX([產品銷售總數量]) [(不同)產品組成總銷售數量]
INTO [邦邦量販店].[dbo].[產品拆解組合資料表]
FROM ( SELECT A.[ProductID],
              B.[Product_Combine1] [組成貨號],
              B.[Productname],
              COUNT(DISTINCT A.[TransactionID]) [產品訂單筆數],
              SUM(A.[Quantity]) [產品訂單數量],
              B.[ProdQuantity_Combine1] [產品組成數量],
              SUM(A.[Quantity])*B.[ProdQuantity_Combine1]
              [產品銷售總數量],
              CASE WHEN B.[Product_Combine1] IS NOT NULL
              THEN 1 ELSE NULL END AS [組成順序]
```

```
FROM [邦邦量販店].[dbo].[VIP_TransDetail] A
LEFT JOIN
      [邦邦量販店].[dbo].[Product_Detail]  B
ON A.[ProductID]=B.[ProductID]
GROUP BY B.[Product_Combine1], B.[ProdQuantity_Combine1],
A.[ProductID],B.[Productname]
   UNION ALL
SELECT A.[ProductID],
        B.[Product_Combine2] [組成貨號],
        B.[Productname],
        COUNT(DISTINCT A.[TransactionID]) [產品訂單筆數],
        SUM(A.[Quantity]) [產品訂單數量],
        B.[ProdQuantity_Combine2] [產品組成數量],
        SUM(A.[Quantity])*B.[ProdQuantity_Combine2]
        [產品銷售總數量],
        CASE WHEN B.[Product_Combine2] IS NOT NULL
        THEN 2 ELSE NULL END AS [組成類別]
FROM [邦邦量販店].[dbo].[VIP_TransDetail] A
LEFT JOIN
      [邦邦量販店].[dbo].[Product_Detail]  B
ON A.[ProductID]=B.[ProductID]
GROUP BY B.[Product_Combine2], B.[ProdQuantity_Combine2],
A.[ProductID],B.[Productname]
   UNION ALL
SELECT A.[ProductID],
        B.[Product_Combine3] [組成貨號],
        B.[Productname],
        COUNT(DISTINCT A.[TransactionID]) [產品訂單筆數],
        SUM(A.[Quantity]) [產品訂單數量],
        B.[ProdQuantity_Combine3] [產品組成數量],
        SUM(A.[Quantity])*B.[ProdQuantity_Combine3]
        [產品銷售總數量],
        CASE WHEN B.[Product_Combine3] IS NOT NULL
        THEN 3 ELSE NULL END AS [組成類別]
FROM [邦邦量販店].[dbo].[VIP_TransDetail] A
LEFT JOIN
      [邦邦量販店].[dbo].[Product_Detail]  B
ON A.[ProductID]=B.[ProductID]
```

```
            GROUP BY B.[Product_Combine3], B.[ProdQuantity_Combine3],
            A.[ProductID],B.[Productname]
               UNION ALL
            SELECT A.[ProductID],
                    B.[Product_Combine4] [組成貨號],
                    B.[Productname],
                    COUNT(DISTINCT A.[TransactionID]) [產品訂單筆數],
                    SUM(A.[Quantity]) [產品訂單數量],
                    B.[ProdQuantity_Combine4] [產品組成數量],
                    SUM(A.[Quantity])*B.[ProdQuantity_Combine4]
                    [產品銷售總數量],
                    CASE WHEN B.[Product_Combine4] IS NOT NULL
                    THEN 4 ELSE NULL END AS [組成類別]
            FROM [邦邦量販店].[dbo].[VIP_TransDetail] A
            LEFT JOIN
                    [邦邦量販店].[dbo].[Product_Detail]  B
            ON A.[ProductID]=B.[ProductID]
            GROUP BY B.[Product_Combine4], B.[ProdQuantity_Combine4],
            A.[ProductID],B.[Productname])AA
WHERE 組成貨號 IS NOT NULL
GROUP BY [ProductID], [Productname], [產品訂單筆數], [產品訂單數量]
ORDER BY 1,3
GO


--結果
(61個資料列受到影響)
```

► 結果（VIP 會員訂產品拆解組合資料表）

	ProductID	Productname	(不同)產品個數	(不同)產品組成總數量	產品訂單筆數	產品訂單數量	(不同)產品組成總銷售數量
34	P0041	肉類製品(包)	1	1	3628	6058	6058
35	P0042	鮮肉類	1	1	10808	19359	19359
36	CBN-001	巧克力(盒)x1+泡芙(打)x1+調味薯片(...	3	3	3690	6283	6283
37	CBN-003	綜合蔬菜(包)x1+菇菌類(包)x1+麵條...	3	3	3761	6362	6362
38	CBN-006	魚類x1+其他水產x1+海鮮拼盤(組)x1	3	3	7217	12440	12440
39	CBN-010	泡麵類(六入)x1+冷凍水餃(包)x1+冷...	3	3	3693	6168	6168
40	P0011	調味豆乾(包)	1	1	3793	6380	6380
41	P0044	魚類	1	1	10731	18998	18998
42	CBN-002	火鍋片類(盒)x2+海鮮拼盤(組)x1+綜...	4	5	31136	63125	126250
43	P0019	蔬果汁(六入)	1	1	3741	6313	6313
44	P0025	花生(包)	1	1	3759	6378	6378
45	P0033	沖泡茶包(盒)	1	1	3711	6270	6270
46	CBN-012	即溶咖啡(盒)x2+沖泡茶包(盒)x2	2	4	7344	12637	25274
47	P0008	口香糖(盒)	1	1	3670	6275	6275

步驟二

情境敘述：在完成建立 [dbo].[產品拆解組合資料表] 以及計算各項指標後，就可以很清楚知道每一個產品編號之下的組成產品個數內容，例如：「CBN-002」的組合內容是「火鍋片類（盒）x 2+海鮮拼盤（組）x 1+綜合火鍋料（組）x 1+調味醬料（二入）x 1」，它是由產品貨號 P0043、P0046、P0034 與 P0035 等 3 個產品所組成。

接著是每一筆產品編號之下的指標，依序是「（不同）產品個數」、「（不同）產品組成總數量」、「訂單筆數」、「訂單數量」、「（不同）產品組成總銷售數量」。

如此一來若要列出單一產品銷售總數量的前 10 名，就直接以[dbo].[產品拆解組合資料表] 執行篩選，即可找到單一產品銷售總數量前 10 名的產品，以及其相關指標的數字等資訊。

▶ 指令

```
--2.單一產品銷售總數量前10名，以VIP會員為例
SELECT *
FROM [邦邦量販店].[dbo].[產品拆解組合資料表]
WHERE LEFT(ProductID,1)<>'C'
ORDER BY [(不同)產品組成總銷售數量] DESC
GO


--結果
(46個資料列受到影響)
```

▶ 結果（VIP 會員訂單單一產品銷售總數量前 10 名）

	ProductID	Productname	(不同)產品個數	(不同)產品組成總數量	產品訂單筆數	產品訂單數量	(不同)產品組成總銷售數量
1	P0036	綜合葉菜(包)	1	1	14004	25197	25197
2	P0042	鮮肉類	1	1	10808	19359	19359
3	P0018	高級酒類(瓶)	1	1	10761	19179	19179
4	P0045	其他水產	1	1	10725	19139	19139
5	P0044	魚類	1	1	10731	18998	18998
6	P0034	綜合火鍋料(組)	1	1	10763	18950	18950
7	P0032	即溶咖啡(盒)	1	1	10655	18893	18893
8	P0015	咖啡(六入)	1	1	10749	18883	18883
9	P0046	海鮮拼盤(組)	1	1	10700	18846	18846
10	P0001	調味薯片(六入)	1	1	7403	12938	12938
11	P0043	火鍋片類(盒)	1	1	7236	12810	12810
12	P0004	餅乾(打)	1	1	7367	12627	12627
13	P0030	麵條類(包)	1	1	7247	12595	12595

步驟三

情境敘述：若要列出不分單一產品銷售總數量的前 10 名的話，直接在原來 T-SQL 指令內的 WHERE 指令前利用註解符號即可。

▶ 指令

```
--3.不分單一產品銷售總數量前10名，以VIP會員為例
SELECT *
FROM [邦邦量販店].[dbo].[產品拆解組合資料表]
/* WHERE LEFT(ProductID,1)<>'C' */
ORDER BY [(不同)產品組成總銷售數量] DESC
GO


--結果
(61個資料列受到影響)
```

▶ 結果（VIP 會員訂單不分單一產品銷售總量前 10 名）

	ProductID	Productname	(不同)產品個數	(不同)產品組成總...	產品訂單筆數	產品訂單數量	(不同)產品組成總銷售數量
1	CBN-002	火鍋片類(盒)x2+海鮮拼盤(組)x1+綜合火鍋料(組)x1+調...	4	5	31136	63125	126250
2	CBN-005	肉片類(盒)x2+肉類製品(包)x2+調味醬料(二入)x1	3	5	17275	31677	63354
3	CBN-012	即溶咖啡(盒)x2+沖泡茶包(盒)x2	2	4	7344	12637	25274
4	P0036	綜合葉菜(包)	1	1	14004	25197	25197
5	P0042	鮮肉類	1	1	10808	19359	19359
6	P0018	高級酒類(瓶)	1	1	10761	19179	19179
7	P0045	其他水產	1	1	10725	19139	19139
8	P0044	魚類	1	1	10731	18998	18998
9	P0034	綜合火鍋料(組)	1	1	10763	18950	18950
10	P0032	即溶咖啡(盒)	1	1	10655	18893	18893
11	P0015	咖啡(六入)	1	1	10749	18883	18883
12	P0046	海鮮拼盤(組)	1	1	10700	18846	18846
13	P0001	調味醬片(六入)	1	1	7403	12938	12938
14	CBN-009	果凍(六入)x2+冰品(桶)x1+牛奶調味乳(二入)x1	3	4	3751	6408	12816

7-3-3 產品重複購買比率

步驟一

情境敘述：**產品重複購買比率**，係可透過計算各產品編號於第 1 次購買的會員人數、第 2 次購買的會員人數..等以此類推為基礎之下，計算出各產品被購買的重複比率。簡單來說，A 產品在會員第 1 次購買的人數有 100 人，而第 2 次購買人數有 50 人，對於 A 產品來說，其前 2 次重複購買比率為 50%。相關轉換 T-SQL 指令如下，我們以 VIP 會員為例

同樣在「邦邦量販店」資料庫之下，建立一個新資料表命名為「VIP 會員_產品重複購買人數分佈」。先是透過 DENSE_RANK( ) OVER ([<partition_by_clause>] <

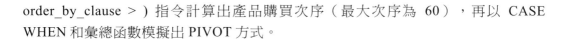

order_by_clause＞）指令計算出產品購買次序（最大次序為 60），再以 CASE WHEN 和彙總函數模擬出 PIVOT 方式。

▶ 指令

```
--1.建立彙總資料表，以VIP會員為例
IF OBJECT_ID (N'[邦邦量販店].[dbo].[VIPTEST]') IS NOT NULL
DROP TABLE [邦邦量販店].[dbo].[VIPTEST]


SELECT A.[MemberID],
       A.[TransactionID],
       A.[Trans_Createdate],
       A.[ProductID],
       B.[Productname],
       DENSE_RANK() OVER ( PARTITION BY A.[MemberID]
       ORDER BY A.[TransactionID]) [TransactionID_Seq], --購買次序
       A.[Quantity],
       A.[Money]
INTO [邦邦量販店].[dbo].[VIPTEST]
FROM [邦邦量販店].[dbo].[VIP_TransDetail] A
LEFT JOIN
     [邦邦量販店].[dbo].[Product_Detail]  B
ON A.ProductID=B.ProductID


--2.建立產品重複購買人數分佈資料表，以VIP會員為例
IF OBJECT_ID (N'[邦邦量販店].[dbo].[VIP會員_產品重複購買人數分佈]') IS NOT
NULL
DROP TABLE [邦邦量販店].[dbo].[VIP會員_產品重複購買人數分佈]


SELECT [ProductID], [Productname],
       COUNT(DISTINCT CASE WHEN TransactionID_Seq=1
       THEN [MemberID] ELSE NULL END) [第1次購買人數],
       COUNT(DISTINCT CASE WHEN TransactionID_Seq=2
       THEN [MemberID] ELSE NULL END) [第2次購買人數],
       COUNT(DISTINCT CASE WHEN TransactionID_Seq=3
       THEN [MemberID] ELSE NULL END) [第3次購買人數],
       COUNT(DISTINCT CASE WHEN TransactionID_Seq=4
       THEN [MemberID] ELSE NULL END) [第4次購買人數],
       COUNT(DISTINCT CASE WHEN TransactionID_Seq=5
```

```
THEN [MemberID] ELSE NULL END) [第5次購買人數],
COUNT(DISTINCT CASE WHEN TransactionID_Seq=6
THEN [MemberID] ELSE NULL END) [第6次購買人數],
COUNT(DISTINCT CASE WHEN TransactionID_Seq=7
THEN [MemberID] ELSE NULL END) [第7次購買人數],
COUNT(DISTINCT CASE WHEN TransactionID_Seq=8
THEN [MemberID] ELSE NULL END) [第8次購買人數],
COUNT(DISTINCT CASE WHEN TransactionID_Seq=9
THEN [MemberID] ELSE NULL END) [第9次購買人數],
COUNT(DISTINCT CASE WHEN TransactionID_Seq=10
THEN [MemberID] ELSE NULL END) [第10次購買人數],
COUNT(DISTINCT CASE WHEN TransactionID_Seq=11
THEN [MemberID] ELSE NULL END) [第11次購買人數],
COUNT(DISTINCT CASE WHEN TransactionID_Seq=12
THEN [MemberID] ELSE NULL END) [第12次購買人數],
COUNT(DISTINCT CASE WHEN TransactionID_Seq=13
THEN [MemberID] ELSE NULL END) [第13次購買人數],
COUNT(DISTINCT CASE WHEN TransactionID_Seq=14
THEN [MemberID] ELSE NULL END) [第14次購買人數],
COUNT(DISTINCT CASE WHEN TransactionID_Seq=15
THEN [MemberID] ELSE NULL END) [第15次購買人數],
COUNT(DISTINCT CASE WHEN TransactionID_Seq=16
THEN [MemberID] ELSE NULL END) [第16次購買人數],
COUNT(DISTINCT CASE WHEN TransactionID_Seq=17
THEN [MemberID] ELSE NULL END) [第17次購買人數],
COUNT(DISTINCT CASE WHEN TransactionID_Seq=18
THEN [MemberID] ELSE NULL END) [第18次購買人數],
COUNT(DISTINCT CASE WHEN TransactionID_Seq=19
THEN [MemberID] ELSE NULL END) [第19次購買人數],
COUNT(DISTINCT CASE WHEN TransactionID_Seq=20
THEN [MemberID] ELSE NULL END) [第20次購買人數],
COUNT(DISTINCT CASE WHEN TransactionID_Seq=21
THEN [MemberID] ELSE NULL END) [第21次購買人數],
COUNT(DISTINCT CASE WHEN TransactionID_Seq=22
THEN [MemberID] ELSE NULL END) [第22次購買人數],
COUNT(DISTINCT CASE WHEN TransactionID_Seq=23
THEN [MemberID] ELSE NULL END) [第23次購買人數],
COUNT(DISTINCT CASE WHEN TransactionID_Seq=24
```

```
THEN [MemberID] ELSE NULL END) [第24次購買人數],
COUNT(DISTINCT CASE WHEN TransactionID_Seq=25
THEN [MemberID] ELSE NULL END) [第25次購買人數],
COUNT(DISTINCT CASE WHEN TransactionID_Seq=26
THEN [MemberID] ELSE NULL END) [第26次購買人數],
COUNT(DISTINCT CASE WHEN TransactionID_Seq=27
THEN [MemberID] ELSE NULL END) [第27次購買人數],
COUNT(DISTINCT CASE WHEN TransactionID_Seq=28
THEN [MemberID] ELSE NULL END) [第28次購買人數],
COUNT(DISTINCT CASE WHEN TransactionID_Seq=29
THEN [MemberID] ELSE NULL END) [第29次購買人數],
COUNT(DISTINCT CASE WHEN TransactionID_Seq=30
THEN [MemberID] ELSE NULL END) [第30次購買人數],
COUNT(DISTINCT CASE WHEN TransactionID_Seq=31
THEN [MemberID] ELSE NULL END) [第31次購買人數],
COUNT(DISTINCT CASE WHEN TransactionID_Seq=32
THEN [MemberID] ELSE NULL END) [第32次購買人數],
COUNT(DISTINCT CASE WHEN TransactionID_Seq=33
THEN [MemberID] ELSE NULL END) [第33次購買人數],
COUNT(DISTINCT CASE WHEN TransactionID_Seq=34
THEN [MemberID] ELSE NULL END) [第34次購買人數],
COUNT(DISTINCT CASE WHEN TransactionID_Seq=35
THEN [MemberID] ELSE NULL END) [第35次購買人數],
COUNT(DISTINCT CASE WHEN TransactionID_Seq=36
THEN [MemberID] ELSE NULL END) [第36次購買人數],
COUNT(DISTINCT CASE WHEN TransactionID_Seq=37
THEN [MemberID] ELSE NULL END) [第37次購買人數],
COUNT(DISTINCT CASE WHEN TransactionID_Seq=38
THEN [MemberID] ELSE NULL END) [第38次購買人數],
COUNT(DISTINCT CASE WHEN TransactionID_Seq=39
THEN [MemberID] ELSE NULL END) [第39次購買人數],
COUNT(DISTINCT CASE WHEN TransactionID_Seq=40
THEN [MemberID] ELSE NULL END) [第40次購買人數],
COUNT(DISTINCT CASE WHEN TransactionID_Seq=41
THEN [MemberID] ELSE NULL END) [第41次購買人數],
COUNT(DISTINCT CASE WHEN TransactionID_Seq=42
THEN [MemberID] ELSE NULL END) [第42次購買人數],
COUNT(DISTINCT CASE WHEN TransactionID_Seq=43
```

```
                 THEN [MemberID] ELSE NULL END) [第43次購買人數],
                 COUNT(DISTINCT CASE WHEN TransactionID_Seq=44
                 THEN [MemberID] ELSE NULL END) [第44次購買人數],
                 COUNT(DISTINCT CASE WHEN TransactionID_Seq=45
                 THEN [MemberID] ELSE NULL END) [第45次購買人數],
                 COUNT(DISTINCT CASE WHEN TransactionID_Seq=46
                 THEN [MemberID] ELSE NULL END) [第46次購買人數],
                 COUNT(DISTINCT CASE WHEN TransactionID_Seq=47
                 THEN [MemberID] ELSE NULL END) [第47次購買人數],
                 COUNT(DISTINCT CASE WHEN TransactionID_Seq=48
                 THEN [MemberID] ELSE NULL END) [第48次購買人數],
                 COUNT(DISTINCT CASE WHEN TransactionID_Seq=49
                 THEN [MemberID] ELSE NULL END) [第49次購買人數],
                 COUNT(DISTINCT CASE WHEN TransactionID_Seq=50
                 THEN [MemberID] ELSE NULL END) [第50次購買人數],
                 COUNT(DISTINCT CASE WHEN TransactionID_Seq=51
                 THEN [MemberID] ELSE NULL END) [第51次購買人數],
                 COUNT(DISTINCT CASE WHEN TransactionID_Seq=52
                 THEN [MemberID] ELSE NULL END) [第52次購買人數],
                 COUNT(DISTINCT CASE WHEN TransactionID_Seq=53
                 THEN [MemberID] ELSE NULL END) [第53次購買人數],
                 COUNT(DISTINCT CASE WHEN TransactionID_Seq=54
                 THEN [MemberID] ELSE NULL END) [第54次購買人數],
                 COUNT(DISTINCT CASE WHEN TransactionID_Seq=55
                 THEN [MemberID] ELSE NULL END) [第55次購買人數],
                 COUNT(DISTINCT CASE WHEN TransactionID_Seq=56
                 THEN [MemberID] ELSE NULL END) [第56次購買人數],
                 COUNT(DISTINCT CASE WHEN TransactionID_Seq=57
                 THEN [MemberID] ELSE NULL END) [第57次購買人數],
                 COUNT(DISTINCT CASE WHEN TransactionID_Seq=58
                 THEN [MemberID] ELSE NULL END) [第58次購買人數],
                 COUNT(DISTINCT CASE WHEN TransactionID_Seq=59
                 THEN [MemberID] ELSE NULL END) [第59次購買人數],
                 COUNT(DISTINCT CASE WHEN TransactionID_Seq=60
                 THEN [MemberID] ELSE NULL END) [第60次購買人數]
INTO     [邦邦量販店].[dbo].[VIP會員_產品重複購買人數分佈]
FROM [邦邦量販店].[dbo].[VIPTEST]
GROUP BY [ProductID],[Productname]
```

```
ORDER BY 3 DESC,4 DESC
GO


--結果
(61個資料列受到影響)
```

▶ 結果（VIP 會員產品重複購買人數分佈）

	ProductID	Productname	第1次購買人數	第2次購買人數	第3次購買人數	第4次購買人
1	CBN-012	即溶咖啡(盒)x2+沖泡茶包(盒)x2	2801	1478	980	608
2	CBN-013	蛋捲(六入)x1+烘焙食品(包)x1+即溶牛奶(罐)x1	2750	1514	942	641
3	CBN-014	花生(包)x2+米果(包)x2+啤酒類(打)x1	721	376	247	160
4	P0005	米果(包)	1469	687	484	337
5	P0008	口香糖(盒)	1382	765	475	335
6	P0013	烘焙食品(包)	2767	1453	955	616
7	P0023	其他類飲品(六入)	1435	781	528	311
8	P0027	冷凍水餃(包)	1380	722	494	309
9	CBN-002	火鍋片類(盒)x2+海鮮拼盤(組)x1+綜合火鍋料(組)x1+調味醬料...	11704	6356	4125	2647
10	CBN-006	魚類x1+其他水產x1+海鮮拼盤(組)x1	2716	1509	980	612

🧊 步驟二

情境敘述：如何找出前 2 次產品重複購買比率在前 10 名的產品呢？利用已建立好的 [dbo].[VIP會員_產品重複購買人數分佈] 進行計算。

例如：「前 2 次的產品重複購買比率」，可由「第 2 次購買人數」除以「第 1 次購買人數」，最後由 ORDER BY 的遞減順序進行排序，即可知道哪些產品的重複購買比率是多少了。我們以 VIP 會員為例。

▶ 指令

```
--找出前2次產品重複購買比率前10名的產品
SELECT [ProductID],
       [Productname],
       [第1次購買人數],
       [第2次購買人數],
       ([第2次購買人數]*1.0/[第1次購買人數]*1.0) [產品購買重複比率]
FROM [邦邦量販店].[dbo].[VIP會員_產品重複購買人數分佈]
ORDER BY 5 DESC
GO


--結果
(61個資料列受到影響)
```

▶ 結果（VIP 會員--產品重複購買比率前 10 名）

	ProductID	Productname	第1次購買人數	第2次購買人數	產品購買重複比率
1	P0024	冰品(桶)	1368	803	0.5869883040930
2	P0037	瓜果類(包)	1405	800	0.5693950177930
3	P0022	汽水(六瓶)	1395	794	0.5691756272400
4	P0010	醃漬食品(六入)	1413	797	0.5640481245570
5	P0030	麵條類(包)	2703	1523	0.5634480207170
6	P0042	鮮肉類	4090	2282	0.5579462102680
7	P0003	泡芙(打)	1366	761	0.5571010248900
8	P0017	茶類飲品(六罐)	1454	810	0.5570839064640
9	P0002	蛋捲(六入)	1384	769	0.5556358381500
10	CBN-006	魚類x1+其他水產x1+海鮮拼盤(組)x1	2716	1509	0.5555964653900
11	P0008	口香糖(盒)	1382	765	0.5535455861070
12	P0012	果凍(六入)	1418	783	0.5521861777150
13	P0026	泡麵類(六入)	1355	748	0.5520295202950
14	CBN-013	蛋糕(六入)x1+烘焙食品(包)x1+即	2750	1514	0.5505454545450

7-4 會員流失率

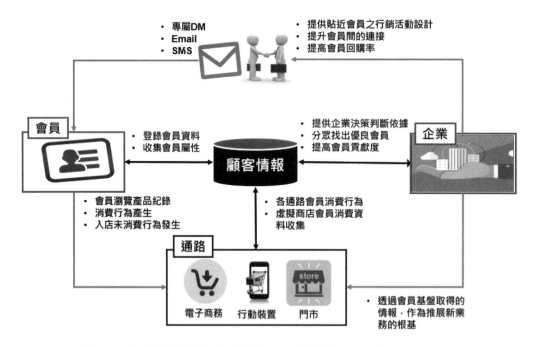

- 專屬DM
- Email
- SMS

- 提供貼近會員之行銷活動設計
- 提升會員間的連接
- 提高會員回購率

會員
- 登錄會員資料
- 收集會員屬性

顧客情報

- 提供企業決策判斷依據
- 分眾找出優良會員
- 提高會員貢獻度

企業

- 會員瀏覽產品紀錄
- 消費行為產生
- 入店未消費行為發生

- 各通路會員消費行為
- 虛擬商店會員消費資料收集

通路
電子商務　行動裝置　門市

- 透過會員基盤取得的情報，作為推展新業務的根基

圖7-1　CRM客戶消費行為分析應用圖（參考來源：http://tw.nec.com/）

步驟一

情境敘述：**會員流失率**，是大部份企業都很重視的問題，從每年會員流失的多寡就曉得是否與企業內部制定的行銷策略、產品品質或客服服務態度…等息息相關，因

此可透過該指標來進行輔助診斷。會員流失率是一個可以即時反應企業問題的其中一項指標，從旁協助管理階層適時判斷與決策，達到改善問題、解決問題的目的。

本節內容要探討如何分析資料庫中，針對不同年度所加入的會員計算其後續流失情形。做法是把在各年度不同時間點加入會員的人數計算出來，然後再計算流失情形，**而這裡只探討有消費紀錄的會員進行分析**。

▶ 指令

```
--1.建立彙總資料表，以VIP會員為例
IF OBJECT_ID (N'[邦邦量販店].[dbo].[VIP會員流失率]') IS NOT NULL
DROP TABLE [邦邦量販店].[dbo].[VIP會員流失率];

SELECT DISTINCT A.[MemberID], A.[Create_date], A.[End_date],
        CASE WHEN [Create_date]>='2004-01-01'
                AND [Create_date]<'2005-01-01' THEN '2004'
                WHEN [Create_date]>='2005-01-01'
                AND [Create_date]<'2006-01-01' THEN '2005'
                WHEN [Create_date]>='2006-01-01'
                AND [Create_date]<'2007-01-01' THEN '2006'
                WHEN [Create_date]>='2007-01-01'
                AND [Create_date]<'2008-01-01' THEN '2007'
        ELSE NULL END AS [加入年度],
        CASE WHEN DATEDIFF(DAY,[Create_date],[End_date])<=365
                THEN '第1年流失'
                WHEN DATEDIFF(DAY,[Create_date],[End_date])>365
                AND DATEDIFF(DAY,[Create_date],[End_date])<=730
                THEN '第2年流失'
                WHEN DATEDIFF(DAY,[Create_date],[End_date])>730
                AND DATEDIFF(DAY,[Create_date],[End_date])<=1095
                THEN '第3年流失'
                WHEN DATEDIFF(DAY,[Create_date],[End_date])>1095
                AND DATEDIFF(DAY,[Create_date],[End_date])<=1460
                THEN '第4年流失'
                WHEN DATEDIFF(DAY,[Create_date],[End_date])>1460
                AND DATEDIFF(DAY,[Create_date],[End_date])<=1825
                THEN '第5年流失'
                WHEN DATEDIFF(DAY,[Create_date],[End_date])>1825
                AND DATEDIFF(DAY,[Create_date],[End_date])<=2190
                THEN '第6年流失'
                WHEN DATEDIFF(DAY,[Create_date],[End_date])>2190
```

```
                AND DATEDIFF(DAY,[Create_date],[End_date])<=2555
         THEN '第7年流失'
         ELSE '其他' END AS [流失年度]
INTO [邦邦量販店].[dbo].[VIP會員流失率]
FROM [邦邦量販店].[dbo].[VIP_Profile_new1] A
LEFT JOIN
     [邦邦量販店].[dbo].[VIP_TransDetail]  B
ON A.[MemberID]=B.[MemberID]
WHERE B.MemberID IS NOT NULL --排除沒有交易的會員
GO


--結果
(32810個資料列受到影響)


--2.查詢各年度加入VIP會員人數
SELECT [加入年度],
       COUNT([MemberID]) [VIP人數]
FROM ( SELECT [MemberID],
               CASE WHEN [Create_date]>='2004-01-01'
                    AND [Create_date]<'2005-01-01' THEN '2004'
                    WHEN [Create_date]>='2005-01-01'
                    AND [Create_date]<'2006-01-01' THEN '2005'
                    WHEN [Create_date]>='2006-01-01'
                    AND [Create_date]<'2007-01-01' THEN '2006'
                    WHEN [Create_date]>='2007-01-01'
                    AND [Create_date]<'2008-01-01' THEN '2007'
               ELSE NULL END AS [加入年度]
         FROM [邦邦量販店].[dbo].[VIP_Profile_new1] )AA
GROUP BY [加入年度]
ORDER BY 1
GO


--結果
(4個資料列受到影響)


--3.查詢各年度加入VIP會員的流失情形
SELECT [加入年度],
        COUNT(CASE WHEN [流失年度]='第1年流失' THEN 1 ELSE NULL END)
        AS '第1年流失',
        COUNT(CASE WHEN [流失年度]='第2年流失' THEN 1 ELSE NULL END)
        AS '第2年流失',
```

```
        COUNT(CASE WHEN [流失年度]='第3年流失' THEN 1 ELSE NULL END)
        AS '第3年流失',
        COUNT(CASE WHEN [流失年度]='第4年流失' THEN 1 ELSE NULL END)
        AS '第4年流失',
        COUNT(CASE WHEN [流失年度]='第5年流失' THEN 1 ELSE NULL END)
        AS '第5年流失',
        COUNT(CASE WHEN [流失年度]='第6年流失' THEN 1 ELSE NULL END)
        AS '第6年流失',
        COUNT(CASE WHEN [流失年度]='第7年流失' THEN 1 ELSE NULL END)
        AS '第7年流失'
FROM [邦邦量販店].[dbo].[VIP會員流失率]
GROUP BY [加入年度]
ORDER BY 1
GO


--結果
(4個資料列受到影響)
```

▶ 結果（各年度加入 VIP 會員人數）

	加入年度	VIP人數
1	2004	5625
2	2005	11216
3	2006	14331
4	2007	1639

▶ 結果（各年度 VIP 會員的流失分佈）

	加入年度	第1年流失	第2年流失	第3年流失	第4年流失	第5年流失	第6年流失	第7年流失
1	2004	0	0	1909	73	1869	1715	58
2	2005	0	0	3710	2358	3039	2039	70
3	2006	0	0	4863	9168	266	33	1
4	2007	0	0	564	1071	4	0	0

會員流失率公式計算是利用（[End_date]（VIP 終止日）－[Create_date]（VIP 建立日））／365。假設判斷會員入會了幾年，但卻未滿整數則一律都無條件進位。例如：某會員會籍時間為 1,500 天，雖然未滿 5 年，但計算仍以 5 年計算，而資料擷取時若該會員並未繼續延長會員時間年限，則暫定視該會員第 6 年為流失。因此計算會員流失率時皆以當時資料庫擷取為基準。

表7-1 年度會員流失率計算

Y2004	第1年	第2年	第3年	第4年	第5年	第6年	第7年
當時人數	5,625	5,625	5,625	3,716	3,643	1,774	59
流失人數	-	-	1,909	73	1,869	1,715	58
流失率	0.0%	0.0%	33.9%	2.0%	51.3%	96.7%	98.3%
Y2005	第1年	第2年	第3年	第4年	第5年	第6年	第7年
當時人數	11,216	11,216	11,216	7,506	5,148	2,109	70
流失人數	-	-	3,710	2,358	3,039	2,039	70
流失率	0.0%	0.0%	33.1%	31.4%	59.0%	96.7%	100.0%
Y2006	第1年	第2年	第3年	第4年	第5年	第6年	第7年
當時人數	14,331	14,331	14,331	9,468	300	34	1
流失人數	-	-	4,863	9,168	266	33	1
流失率	0.0%	0.0%	33.9%	96.8%	88.7%	97.1%	100.0%
Y2007	第1年	第2年	第3年	第4年	第5年	第6年	第7年
當時人數	1,639	1,639	1,639	1,075	4	-	-
流失人數	-	-	564	1,071	4	-	-
流失率	0.0%	0.0%	34.4%	99.6%	100.0%		

根據上述查詢結果與定義，可以進行簡易會員流失率分析，利用「加入年度」及「流失年度」的會員人數計算出「會員流失率」。

例如在 2004 年加入的會員總共有 5,625 人，前 2 年的流失人數皆為 0，但第 3 年起流失人數為 1,909 人，因此加入後第 4 年所剩的會員人數為 3,716 人（等於 5,625 人 - 1,909 人）。故「會員流失率」=「流失人數」除以「當年（時）會員人數」。筆者在此以「VIP 會員」為例，讀者可根據上述過程，利用「一般會員」資料進行練習。

圖7-2 CRM客戶消費行為分析概念圖（參考來源：http://tw.nec.com/）

7-5 會員貢獻度

步驟一

情境敘述：強大的數據就是 CRM 進化的最大動力，「維繫舊客戶」是企業重要的獲利指標。引用一句話：「對企業來說，開發一個新客戶的成本是維繫舊客戶的 5 倍，若從企業增加獲利的角度詮釋，代表著舊客戶的再銷售機會，往往比新會員的潛在購買力更有貢獻度，因為舊客戶已經留下許多購買行為軌跡，是屬於另一個潛在機會的基準點。」

企業獲利的黃金公式，「有效會員數 x 會員活躍度 x 人均貢獻度（ARPU，從單一會員得到的利潤）」，即留住舊客戶到進而推算出下次購買時間（Next Purchase Time 會比起瞭解產品來得更重要）。本章節內容將探討如何分析資料庫中，不同年度所加入的會員其貢獻情況，並將各年度不同時間點的平均交易金額計算出來；而在計算貢獻時，這裡只針對有消費紀錄的會員進行分析。

▶ 指令

```
--1.計算會員年度消費金額，彙整交易明細資料表
IF OBJECT_ID (N'[邦邦量販店].[dbo].[VIP會員貢獻度]') IS NOT NULL
DROP TABLE [邦邦量販店].[dbo].[VIP會員貢獻度];

SELECT A.[MemberID], B.[TransactionID], A.[Create_date], A.[End_date],
      B.[Money], B.[Trans_Createdate],
      CASE WHEN A.[Create_date]>='2004-01-01'
          AND A.[Create_date]<'2005-01-01' THEN '2004'
          WHEN A.[Create_date]>='2005-01-01'
          AND A.[Create_date]<'2006-01-01' THEN '2005'
          WHEN A.[Create_date]>='2006-01-01'
          AND A.[Create_date]<'2007-01-01' THEN '2006'
          WHEN A.[Create_date]>='2007-01-01'
          AND A.[Create_date]<'2008-01-01' THEN '2007'
      ELSE NULL END AS [加入年度],
      CASE
      WHEN DATEDIFF(DAY,A.[Create_date],B.[Trans_Createdate])<=365
      THEN '第1年消費'
      WHEN DATEDIFF(DAY,A.[Create_date],B.[Trans_Createdate])>365
      AND DATEDIFF(DAY,A.[Create_date],B.[Trans_Createdate])<=730
      THEN '第2年消費'
```

```
        WHEN DATEDIFF(DAY,A.[Create_date],B.[Trans_Createdate])>730
        AND DATEDIFF(DAY,A.[Create_date],B.[Trans_Createdate])<=1095
        THEN '第3年消費'
        WHEN DATEDIFF(DAY,A.[Create_date],B.[Trans_Createdate])>1095
        THEN '第4年消費'
        ELSE NULL END AS [購買年度]
INTO [邦邦量販店].[dbo].[VIP會員貢獻度]
FROM [邦邦量販店].[dbo].[VIP_Profile_new1]A
LEFT JOIN
    [邦邦量販店].[dbo].[VIP_TransDetail]  B
ON A.MemberID=B.MemberID
WHERE B.MemberID IS NOT NULL  --排除沒有交易的會員
AND DATEDIFF(DAY,A.[Create_date],B.[Trans_Createdate])>0
--辨識成為VIP後且有交易行為
GO


--結果
(331398個資料列受到影響)


--2.查詢各年度加入VIP會員人數
SELECT [加入年度],
       COUNT([MemberID]) [VIP人數]
FROM ( SELECT [MemberID],
            CASE WHEN [Create_date]>='2004-01-01'
                AND [Create_date]<'2005-01-01' THEN '2004'
                WHEN [Create_date]>='2005-01-01'
                AND [Create_date]<'2006-01-01' THEN '2005'
                WHEN [Create_date]>='2006-01-01'
                AND [Create_date]<'2007-01-01' THEN '2006'
                WHEN [Create_date]>='2007-01-01'
                AND [Create_date]<'2008-01-01' THEN '2007'
            ELSE NULL END AS [加入年度]
       FROM [邦邦量販店].[dbo].[VIP_Profile_new1] )AA
GROUP BY [加入年度]
ORDER BY 1
GO

--結果
```

(4個資料列受到影響)

--3.查詢各年度加入VIP會員與消費年度分佈情形
```
SELECT [加入年度],
       SUM(CASE WHEN [購買年度]='第1年消費' THEN [Money] ELSE 0 END)
       AS '第1年消費',
       SUM(CASE WHEN [購買年度]='第2年消費' THEN [Money] ELSE 0 END)
       AS '第2年消費',
       SUM(CASE WHEN [購買年度]='第3年消費' THEN [Money] ELSE 0 END)
       AS '第3年消費',
       SUM(CASE WHEN [購買年度]='第4年消費' THEN [Money] ELSE 0 END)
       AS '第4年消費'
FROM [邦邦量販店].[dbo].[VIP會員貢獻度]
GROUP BY [加入年度]
ORDER BY 1
GO
```

--結果
(4個資料列受到影響)

▶ 結果 (各年度加入 VIP 會員人數)

	加入年度	VIP人數
1	2004	5625
2	2005	11216
3	2006	14331
4	2007	1639

▶ 結果 (各年度 VIP 會員消費年度分佈)

	加入年度	第1年消費	第2年消費	第3年消費	第4年消費
1	2004	43820097	25342113	13322334	176393
2	2005	72784976	42735340	3981553	0
3	2006	80950214	7834411	0	0
4	2007	6323173	0	0	0

根據上述查詢結果，可以進行簡單的會員貢獻分析，藉由「加入年度」的會員人數及「購買年度」計算出每一位會員的「平均交易貢獻金額」。例如在 2004 年加入的 VIP 會員人數為 5,625 人，總消費金額為$43,820,097，每人第一年平均貢獻金額為$7,790.2。因此可從下表得知，在不同年度加入的會員，其各年度的平均消費金額變化。

在此以「VIP 會員」為例，您可根據上述過程，利用「一般會員」資料進行練習。

表7-2 各年度會員平均貢獻度計算

當時人數	名稱	第1年	第2年	第3年	第4年
5,625	消費金額	$43,820,097	$25,342,113	$13,322,334	$176,393
	人均貢獻金額	$7,790.2	$4,505.3	$2,368.4	$31.4
11,216	消費金額	$72,784,976	$42,735,340	$3,981,553	$-
	人均貢獻金額	$6,489.4	$3,810.2	$355.0	$-
14,331	消費金額	$80,950,214	$7,834,411	$-	$-
	人均貢獻金額	$5,648.6	$546.7	$-	$-
1,639	消費金額	$6,323,173	$-	$-	$-
	人均貢獻金額	$3,857.9	$-	$-	$-

7-6 RFM 模型

分析顧客價值的方法有很多種，其中有一種常用的方法就是 RFM 模型。我們來複習之前 RFM 指標的定義。R 代表顧客近期消費日期（Recency）；F 代表消費頻率（Frequence）；M 則代表購買金額（Monetary）。

R 跟 F 是用來評估客戶忠誠度指標，M 是評估客戶利益高低之指標。RFM 的用途通常是用來做為直效行銷工具，優勢在於可以提高（1）可以提高回應率，（2）降低郵寄廣告成本，（3）顧客個人化。

本節內容要說明的是如何利用 T-SQL 指令來創建 RFM 模型，並進行客戶分群與標籤註記。

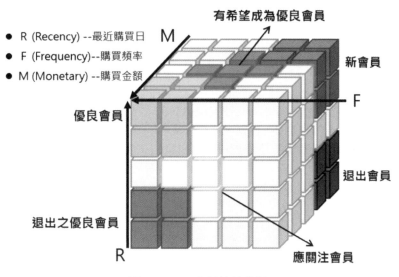

- R (Recency) --最近購買日
- F (Frequency)--購買頻率
- M (Monetary) --購買金額

圖7-3 RFM會員特性分析

步驟一

情境敘述：某天「邦邦量販店」的賣場主管提到因應數據分析趨勢，我們必須做一件事情→「客戶貼標籤」，如此一來不僅便於客戶分類管理，還可以在行銷策略上做適當變化，例如顧客流失和顧客忠誠策略是不一樣地，消極顧客跟機會顧客要操作的活動也不盡然完全相同。

然而主管提到在傳統直效行銷最常使用的方法就是「顧客 5 等分法」（Miglautsch, 2000），指的是將顧客消費紀錄之最近購買時間、購買次數及購買金額等 3 個維度分別平均分成 5 等分，即（R,F,M）=（1,1,1）...（5,5,5），最多可分出 125 個級別（群）之顧客。可自行定義（5,5,5）為 15 分或（5,4,3）為 12 分，因此分數愈高者代表後續購買產品的潛力愈大。

以下是利用 T-SQL 指令的 NTILE 函數來撰寫基本的「RFM 模型-顧客 5 等分法」（**實務分析上可針對 5 等分法進行改良，例如 7 等分、9 等分。**）。這裡以一般會員資料為範例。

▶ 指令

```
--1.利用NTILE函數來撰寫基本的「RFM模型-顧客5等分法」
IF OBJECT_ID (N'[邦邦量販店].[dbo].[GMC_RFM_Model]') IS NOT NULL
DROP TABLE [邦邦量販店].[dbo].[GMC_RFM_Model];

SELECT A.[MemberID], A.[Channel],
      ISNULL(B.[最近一次交易日距今幾天],0) [最近一次交易日距今幾天],
      --無任何消費紀錄視為0
```

```
            ISNULL(C.[總交易次數],0) [總交易次數], --無任何消費紀錄視為0
            ISNULL(D.[總交易金額],0) [總交易金額], --無任何消費紀錄視為0
            ISNULL(B.[R_Index],0) [R_Index], --無任何消費紀錄視為0
            ISNULL(C.[F_Index],0) [F_Index], --無任何消費紀錄視為0
            ISNULL(D.[M_Index],0) [M_Index], --無任何消費紀錄視為0
            RTRIM(LTRIM(CAST(ISNULL(B.[R_Index],0)
        AS CHAR)))+','+RTRIM(LTRIM(CAST(ISNULL(C.[F_Index],0)
        AS CHAR)))+','+RTRIM(LTRIM(CAST(ISNULL(D.[M_Index],0)
        AS CHAR))) [RFM_Seg], --RFM分群標籤,讀者可自行調整3個指標順序
            ISNULL(B.[R_Index],0)+ISNULL(C.[F_Index],0)
            +ISNULL(D.[M_Index],0) [RFM_Score]
            --RFM模型分數, 讀者可自行調整3個指標權數
INTO [邦邦量販店].[dbo].[GMC_RFM_Model]
FROM [邦邦量販店].[dbo].[GMC_Profile_new1] A
LEFT JOIN
/*以下為計算R指標代表顧客近期消費日期（Recency）*/
(SELECT [MemberID],[最近一次交易日距今幾天],
        NTILE(5) OVER ( ORDER BY [最近一次交易日距今幾天] DESC)
        [R_Index] --R指標
 FROM ( SELECT [MemberID],
               DATEDIFF(DAY,MAX([Trans_Createdate]),'2007-05-31')
               [最近一次交易日距今幾天]
               --假設當時今天為2007/5/31，計算R指標之用
        FROM [邦邦量販店].[dbo].[GMC_TransDetail]
        GROUP BY [MemberID])AA)              B
ON A.[MemberID]=B.[MemberID]
LEFT JOIN
/*以下為計算F指標代表F消費次數或頻率（Frequence）*/
(SELECT [MemberID], [總交易次數],
        NTILE(5) OVER ( ORDER BY [總交易次數] ASC) [F_Index] --F指標
 FROM ( SELECT [MemberID],
               COUNT(DISTINCT [TransactionID]) [總交易次數]
               --計算F指標之用
        FROM [邦邦量販店].[dbo].[GMC_TransDetail]
        GROUP BY [MemberID])AA)              C
ON A.[MemberID]=C.[MemberID]
LEFT JOIN
/*以下為計算M指標代表購買金額（Monetary）*/
(SELECT [MemberID], [總交易金額],
        NTILE(5) OVER ( ORDER BY [總交易金額] ASC) [M_Index] --M指標
 FROM ( SELECT [MemberID],
               SUM([Money]) [總交易金額] --計算M指標之用
        FROM [邦邦量販店].[dbo].[GMC_TransDetail]
        GROUP BY [MemberID])AA)              D
```

```
ON A.[MemberID]=D.[MemberID]
GO


--結果
(81035個資料列受到影響)
```

▶ 結果

	MemberID	Channel	最近一次交易日距今...	總交易次數	總交易金額	R_Index	F_Index	M_Index	RFM_Seg	RFM_Score
90...	DM035888	Advertising	181	3	7520	4	5	4	4,5,4	13
90...	DM035894	DM	472	1	1450	2	4	2	2,4,2	8
90...	DM035897	DM	715	2	15350	2	4	5	2,4,5	11
90...	DM035905	CreditCard	926	1	2400	1	4	2	1,4,2	7
90...	DM035928	Voluntary	114	5	12170	5	5	5	5,5,5	15
90...	DM035936	Voluntary	610	1	5040	2	4	4	2,4,4	10
90...	DM035940	DM	547	1	1340	2	4	1	2,4,1	7
90...	DM035947	DM	475	1	490	2	4	1	2,4,1	7
90...	DM035952	CreditCard	288	1	3980	3	4	3	3,4,3	10
90...	DM035968	CreditCard	671	1	880	2	4	1	2,4,1	7
90...	DM035976	DM	49	4	11679	5	5	5	5,5,5	15
90...	DM035980	DM	605	1	3410	2	4	3	2,4,3	9
90...	DM035987	Voluntary	631	1	2030	2	4	2	2,4,2	8
90...	DM035992	DM	273	3	25570	3	5	5	3,5,5	13
90...	DM036004	Advertising	666	1	1900	2	4	2	2,4,2	8
90...	DM036006	Advertising	667	1	400	2	4	1	2,4,1	7

步驟二

情境敘述:「RFM 模型-顧客 5 等分法」的 T-SQL 指令是透過 NTILE 函數來撰寫,不過仍有一個盲點是該方式的分群方式特點是「**每群均分**」,因此每一群的個數會非常接近。**就實務上而言,應就資料結果特徵表現,再決定分群方式或演算法。**這裡筆者為提供一般快速方法進行 **RFM** 分群模型建置。

▶ 指令(R、F、M 群個數結果分佈)

```
--2.查詢R、F、M群個數結果分佈
--R指標群個數
SELECT [R_Index],
       COUNT(*) [群個數]
FROM [邦邦量販店].[dbo].[GMC_RFM_Model]
GROUP BY [R_Index]
ORDER BY 1
GO


--結果
(6個資料列受到影響)
```

```
--F指標群個數
SELECT [F_Index],
        COUNT(*) [群個數]
FROM [邦邦量販店].[dbo].[GMC_RFM_Model]
GROUP BY [F_Index]
ORDER BY 1

GO


--結果
(6個資料列受到影響)

--M指標群個數
SELECT [M_Index],
        COUNT(*) [群個數]
FROM [邦邦量販店].[dbo].[GMC_RFM_Model]
GROUP BY [M_Index]
ORDER BY 1

GO


--結果
(6個資料列受到影響)
```

▶ 結果（R、F、M 群個數結果）

	R_Index	群個數
1	0	10244
2	1	14159
3	2	14158
4	3	14158
5	4	14158
6	5	14158

	F_Index	群個數
1	0	10244
2	1	14159
3	2	14158
4	3	14158
5	4	14158
6	5	14158

	M_Index	群個數
1	0	10244
2	1	14159
3	2	14158
4	3	14158
5	4	14158
6	5	14158

步驟三

情境敘述：在行銷實務操作上，倘若已將分群結果回寫至資料庫系統或 CRM 行銷系統中，就可以利用 [RFM_Seg] 與 [RFM_Score] 等這 2 個指標進行實務上的行銷活動操作。

分群個數特徵結果如下（實際結果與分群過程須視企業內部實際情況而定，本書方法為指導參考用）。

▶ 指令（[RFM_Score] 群特徵）

```
--3.查詢[RFM_Score]群特徵
SELECT [RFM_Score],
       COUNT(*) [群個數],
       AVG([最近一次交易日距今幾天]*1.0) [平均交易距今天數],
       MAX([最近一次交易日距今幾天]) [最大交易距今天數],
       MIN([最近一次交易日距今幾天]) [最小交易距今天數],
       STDEV([最近一次交易日距今幾天]*1.0) [距今幾天_群內標準差],
       AVG([總交易次數]*1.0) [平均交易交易次數],
       MAX([總交易次數]) [最多交易次數],
       MIN([總交易次數]) [最少交易次數],
       STDEV([總交易次數]*1.0) [總交易次數_群內標準差],
       AVG([總交易金額]*1.0) [平均交易交易金額],
       MAX([總交易金額]) [最多交易金額],
       MIN([總交易金額]) [最少交易金額],
       STDEV([總交易金額]*1.0) [總交易金額_群內標準差]
FROM [邦邦量販店].[dbo].[GMC_RFM_Model]
GROUP BY [RFM_Score]
ORDER BY 1

GO


--結果
(14個資料列受到影響)
```

▶ 結果

RFM_Score	0分	3分	4分	5分	6分	7分	8分	9分	10分	11分	12分	13分	14分	15分
群個數	10,244	473	1,898	4,141	6,818	9,825	10,239	9,395	7,612	6,121	4,985	4,105	3,074	2,105
平均交易距今天數	-	845.0	747.3	671.3	584.7	504.9	448.8	398.6	367.7	345.1	271.8	203.3	138.0	72.9
最大交易距今天數	-	972.0	972.0	972.0	972.0	972.0	972.0	972.0	972.0	972.0	729.0	464.0	265.0	136.0
最小交易距今天數	-	729.0	464.0	265.0	136.0	16.0	16.0	16.0	16.0	16.0	16.0	16.0	16.0	16.0
最近一次交易日距今幾天_群內標準差	-	68.9	142.3	197.0	241.7	274.9	278.7	278.2	277.1	260.4	181.3	117.4	72.8	37.0

RFM_Score	0分	3分	4分	5分	6分	7分	8分	9分	10分	11分	12分	13分	14分	15分
平均交易交易次數	0.0	1.0	1.0	1.0	1.0	1.1	1.1	1.3	1.5	1.9	2.2	2.7	3.3	4.5
最多交易次數	0.0	1.0	1.0	1.0	2.0	5.0	7.0	7.0	8.0	21.0	13.0	16.0	17.0	31.0
最少交易次數	0.0	1.0	1.0	1.0	1.0	1.0	1.0	1.0	1.0	1.0	1.0	1.0	1.0	2.0
總交易次數_群內標準差	0.0	0.0	0.0	0.0	0.1	0.3	0.5	0.7	0.9	1.1	1.2	1.4	1.7	2.8

RFM_Score	0分	3分	4分	5分	6分	7分	8分	9分	10分	11分	12分	13分	14分	15分
平均交易交易金額	$-	$906	$1,277	$1,746	$2,323	$3,566	$4,241	$4,910	$5,961	$8,103	$9,730	$11,543	$14,676	$21,377
最多交易金額	$-	$1,440	$2,789	$4,760	$8,532	$97,300	$116,780	$165,320	$204,160	$142,800	$148,700	$148,216	$377,980	$238,040
最少交易金額	$-	$80	$80	$80	$80	$80	$80	$110	$110	$280	$1,440	$2,790	$4,768	$8,560
總交易金額_群內標準差	$-	$351	$715	$1,111	$1,787	$4,679	$5,147	$5,429	$6,173	$8,422	$9,581	$10,550	$14,551	$18,203

▶ 指令（[RFM_Seg]群特徵）

```
--4.查詢[RFM_Seg]群特徵
SELECT [RFM_Seg],
       COUNT(*) [群個數],
       AVG([最近一次交易日距今幾天]*1.0) [平均交易距今天數],
       MAX([最近一次交易日距今幾天]) [最大交易距今天數],
       MIN([最近一次交易日距今幾天]) [最小交易距今天數],
       STDEV([最近一次交易日距今幾天]*1.0) [距今幾天_群內標準差],
       AVG([總交易次數]*1.0) [平均交易交易次數],
```

```
            MAX([總交易次數]) [最多交易次數],
            MIN([總交易次數]) [最少交易次數],
            STDEV([總交易次數]*1.0) [總交易次數_群內標準差],
            AVG([總交易金額]*1.0) [平均交易交易金額],
            MAX([總交易金額]) [最多交易金額],
            MIN([總交易金額]) [最少交易金額],
            STDEV([總交易金額]*1.0) [總交易金額_群內標準差]
FROM [邦邦量販店].[dbo].[GMC_RFM_Model]
GROUP BY [RFM_Seg]
ORDER BY 1
GO


--結果
(126個資料列受到影響)
```

► 結果（[RFM_Seg]群特徵輪廓）

R指標為1

RFM_Seg	群個數	平均交易距今天數	最大交易距今天數	最小交易距今天數	最近一次交易日距今距天_群內標準差	平均交易次數	最多交易次數	最少交易次數	提交易次數_群內標準差	平均交易交易金額	最多交易金額	最少交易金額	提交易金額_群內標準差
0,0,0	10,244	0.0	0	0	0	0.0	0.0	0	0	0.0 $	- $	- $	-
1,1,1	473	845.0	972	729	68.9	1.0	1	1	0.0 $	906.3 $	1,440 $	80	350.9
1,1,2	641	855.7	972	729	69.2	1.0	1	1	0.0 $	2,133.9 $	2,789 $	1,440	393.8
1,1,3	688	853.7	972	729	69.5	1.0	1	1	0.0 $	3,686.1 $	4,760 $	2,790	563.2
1,1,4	680	852.8	972	729	71.7	1.0	1	1	0.0 $	6,383.7 $	8,532 $	4,770	1067.7
1,1,5	708	851.6	972	729	72.1	1.0	1	1	0.0 $	16,304.0 $	97,300 $	8,570	8996.7
1,2,1	488	841.9	972	729	65.7	1.0	1	1	0.0 $	874.6 $	1,440 $	80	347.5
1,2,2	676	850.7	972	729	72.1	1.0	1	1	0.0 $	2,100.5 $	2,790 $	1,440	395.0
1,2,3	652	853.8	972	729	70.6	1.0	1	1	0.0 $	3,668.3 $	4,760 $	2,790	567.3
1,2,4	709	850.7	972	729	76.0	1.0	1	1	0.0 $	6,363.0 $	8,560 $	4,760	1058.2
1,2,5	642	852.2	972	729	75.2	1.0	1	1	0.0 $	16,431.2 $	84,560 $	8,580	9443.8
1,3,1	540	843.1	972	730	67.8	1.0	1	1	0.0 $	899.6 $	1,440 $	80	349.1
1,3,2	646	852.9	972	730	68.3	1.0	1	1	0.0 $	2,124.6 $	2,780 $	1,450	400.2
1,3,3	599	852.5	972	729	71.5	1.0	1	1	0.0 $	3,667.8 $	4,760 $	2,790	590.2
1,3,4	659	854.7	972	729	72.5	1.0	1	1	0.0 $	6,387.9 $	8,560 $	4,770	1065.4
1,3,5	600	848.2	972	730	74.9	1.0	1	1	0.0 $	16,155.8 $	165,320 $	8,598	10920.1
1,4,1	365	843.5	972	730	64.0	1.4	2	1	0.5 $	867.8 $	1,440 $	150	348.4
1,4,2	472	849.2	972	731	67.0	1.4	2	1	0.5 $	2,088.4 $	2,780 $	1,450	395.3
1,4,3	473	852.6	972	730	69.9	1.3	2	1	0.5 $	3,670.1 $	4,760 $	2,790	556.6
1,4,4	486	849.2	972	730	70.7	1.4	2	1	0.5 $	6,410.8 $	8,520 $	4,760	1042.0
1,4,5	509	836.2	969	730	70.8	1.4	2	1	0.5 $	18,042.0 $	204,160 $	8,570	13264.8
1,5,1	212	871.3	972	737	60.4	2.8	5	2	0.8 $	1,009.8 $	1,440 $	260	299.3
1,5,2	410	863.6	972	729	63.7	3.1	7	2	0.9 $	2,126.2 $	2,780 $	1,440	393.5
1,5,3	509	867.0	972	729	63.3	3.4	7	2	1.0 $	3,751.0 $	4,760 $	2,790	578.3
1,5,4	634	867.0	972	730	65.6	3.6	8	2	1.2 $	6,427.9 $	8,560 $	4,770	1091.8
1,5,5	688	848.9	972	729	67.6	3.5	21	2	1.5 $	18,206.9 $	142,800 $	8,570	13592.9

R指標為2

RFM_Seg	群個數	平均交易距今天數	最大交易距今天數	最小交易距今天數	最近一次交易日距今距天_群內標準差	平均交易次數	最多交易次數	最少交易次數	提交易次數_群內標準差	平均交易交易金額	最多交易金額	最少交易金額	提交易金額_群內標準差
2,1,1	769	596.9	728	464	71.9	1.0	1	1	0.0 $	817.8 $	1,440 $	90	359.1
2,1,2	748	597.0	728	464	75.6	1.0	1	1	0.0 $	2,096.3 $	2,785 $	1,440	380.5
2,1,3	675	605.2	728	464	74.5	1.0	1	1	0.0 $	3,699.7 $	4,760 $	2,790	573.0
2,1,4	591	612.1	728	464	77.8	1.0	1	1	0.0 $	6,279.1 $	8,556 $	4,780	1060.2
2,1,5	381	635.8	728	465	69.2	1.0	1	1	0.0 $	14,698.0 $	116,780 $	8,570	8054.5
2,2,1	770	596.8	729	464	72.7	1.0	1	1	0.0 $	815.0 $	1,440 $	80	361.1
2,2,2	736	599.7	728	464	76.4	1.0	1	1	0.0 $	2,079.7 $	2,790 $	1,440	378.1
2,2,3	634	602.3	729	464	75.5	1.0	1	1	0.0 $	3,705.8 $	4,750 $	2,790	565.7
2,2,4	590	599.5	728	464	73.8	1.0	1	1	0.0 $	6,320.8 $	8,560 $	4,760	1060.2
2,2,5	382	633.0	729	464	72.8	1.0	1	1	0.0 $	14,843.6 $	70,800 $	8,560	7360.5
2,3,1	748	598.1	729	465	72.9	1.0	1	1	0.0 $	838.2 $	1,440 $	80	364.9
2,3,2	760	602.9	729	465	76.1	1.0	1	1	0.0 $	2,112.1 $	2,780 $	1,450	377.5
2,3,3	669	596.1	729	465	77.3	1.0	1	1	0.0 $	3,716.7 $	4,760 $	2,790	571.2
2,3,4	585	605.0	729	465	75.9	1.0	1	1	0.0 $	6,328.9 $	8,540 $	4,770	1075.2
2,3,5	389	634.8	729	465	70.0	1.0	1	1	0.0 $	14,572.8 $	105,000 $	8,560	8118.0
2,4,1	445	602.4	729	465	73.1	1.2	2	1	0.4 $	842.8 $	1,440 $	90	357.2
2,4,2	473	612.4	729	465	76.1	1.3	2	1	0.4 $	2,106.0 $	2,780 $	1,440	382.3
2,4,3	583	597.9	729	464	75.5	1.4	2	1	0.5 $	3,737.0 $	4,760 $	2,790	576.9
2,4,4	587	598.8	729	464	72.0	1.5	2	1	0.5 $	6,386.6 $	8,550 $	4,780	1074.7
2,4,5	618	616.2	729	464	72.7	1.7	2	1	0.5 $	17,828.5 $	109,188 $	8,570	11763.9
2,5,1	130	632.7	728	475	58.5	2.6	4	2	0.6 $	954.6 $	1,420 $	340	281.1
2,5,2	269	620.8	724	468	66.7	2.9	6	2	0.9 $	2,156.9 $	2,779 $	1,458	377.3
2,5,3	326	606.9	724	464	69.0	3.1	8	2	1.2 $	3,821.5 $	4,760 $	2,790	571.0
2,5,4	469	592.7	729	468	67.0	3.1	10	2	1.3 $	6,461.0 $	8,540 $	4,769	1094.8
2,5,5	831	585.5	729	464	67.6	3.4	13	2	1.7 $	20,388.5 $	148,700 $	8,570	15283.5

R指標為3

RFM_Seg	群值數	平均交易距今天數	最大交易距今天數	最小交易距今天數	最近一次交易日距今離天_群內標準差	平均交易次數	最多交易次數	最少交易次數	組交易次數_群內標準差	平均交易交易金額	最多交易金額	最少交易金額	組交易金額_群內標準差
3,1,1	719	356.1	464	265	60.0	1.0	1	1	0.0	$822.2	$1,440	$80	336.2
3,1,2	692	361.7	464	265	59.6	1.0	1	1	0.0	$2,090.3	$2,790	$1,440	377.3
3,1,3	656	361.0	464	265	55.9	1.0	1	1	0.0	$3,681.0	$4,760	$2,790	561.0
3,1,4	466	364.1	464	265	58.2	1.0	1	1	0.0	$6,291.6	$8,560	$4,770	1065.2
3,1,5	233	357.3	463	266	52.4	1.0	1	1	0.0	$13,018.7	$36,360	$8,600	4197.9
3,2,1	746	355.3	463	265	59.4	1.0	1	1	0.0	$826.6	$1,440	$80	351.9
3,2,2	729	362.1	464	265	60.7	1.0	1	1	0.0	$2,089.0	$2,790	$1,440	378.1
3,2,3	621	365.1	464	265	59.2	1.0	1	1	0.0	$3,706.9	$4,760	$2,790	569.2
3,2,4	486	359.8	464	265	57.3	1.0	1	1	0.0	$6,187.5	$8,560	$4,760	1031.4
3,2,5	230	357.7	464	265	55.5	1.0	1	1	0.0	$12,624.0	$43,920	$8,600	4499.6
3,3,1	795	358.4	464	265	59.8	1.0	1	1	0.0	$823.4	$1,440	$80	360.0
3,3,2	726	362.7	464	265	59.8	1.0	1	1	0.0	$2,089.0	$2,789	$1,450	382.5
3,3,3	657	360.4	464	265	58.1	1.0	1	1	0.0	$3,695.1	$4,750	$2,790	562.2
3,3,4	506	363.9	464	265	59.8	1.0	1	1	0.0	$6,269.1	$8,560	$4,780	1060.9
3,3,5	249	357.2	464	266	56.4	1.0	1	1	0.0	$12,725.5	$43,680	$8,578	4750.1
3,4,1	420	358.1	464	265	62.2	1.2	2	1	0.4	$891.0	$1,440	$80	361.0
3,4,2	516	357.9	464	265	61.9	1.3	2	1	0.5	$2,093.8	$2,780	$1,450	379.8
3,4,3	657	351.4	464	265	60.0	1.5	2	1	0.5	$3,765.5	$4,760	$2,790	570.3
3,4,4	765	349.6	464	265	59.0	1.7	2	1	0.5	$6,451.7	$8,550	$4,760	1120.8
3,4,5	780	353.6	464	265	55.7	1.8	2	1	0.4	$15,397.5	$99,780	$8,560	8928.4
3,5,1	38	334.2	455	265	61.2	2.2	4	2	0.5	$1,001.3	$1,390	$380	310.6
3,5,2	148	343.3	462	265	56.8	2.3	5	2	0.6	$2,168.8	$2,788	$1,450	372.7
3,5,3	365	349.9	463	265	59.4	2.6	7	2	0.9	$3,801.7	$4,760	$2,790	545.3
3,5,4	666	341.7	464	265	56.3	2.8	8	2	1.1	$6,641.2	$8,560	$4,778	1087.0
3,5,5	1,292	345.3	464	265	57.0	3.5	16	2	1.8	$19,342.1	$148,216	$8,560	14580.6

R指標為4

RFM_Seg	群值數	平均交易距今天數	最大交易距今天數	最小交易距今天數	最近一次交易日距今離天_群內標準差	平均交易次數	最多交易次數	最少交易次數	組交易次數_群內標準差	平均交易交易金額	最多交易金額	最少交易金額	組交易金額_群內標準差
4,1,1	878	203.7	265	136	35.2	1.0	1	1	0.0	$794.9	$1,440	$90	335.7
4,1,2	727	200.1	265	136	37.6	1.0	1	1	0.0	$2,098.6	$2,780	$1,440	382.5
4,1,3	553	199.0	265	136	37.1	1.0	1	1	0.0	$3,709.3	$4,760	$2,790	562.4
4,1,4	344	201.2	265	136	38.9	1.0	1	1	0.0	$6,276.4	$8,560	$4,780	1064.2
4,1,5	120	194.5	265	136	40.7	1.0	1	1	0.0	$12,316.0	$45,600	$8,600	4889.7
4,2,1	914	203.6	262	136	35.3	1.0	1	1	0.0	$784.9	$1,440	$99	332.7
4,2,2	662	203.4	262	136	35.3	1.0	1	1	0.0	$2,028.3	$2,790	$1,440	360.8
4,2,3	538	202.1	262	136	37.3	1.0	1	1	0.0	$3,699.0	$4,758	$2,800	557.4
4,2,4	335	200.7	262	136	40.2	1.0	1	1	0.0	$6,256.0	$8,520	$4,760	1069.3
4,2,5	116	196.5	261	139	39.2	1.0	1	1	0.0	$11,671.9	$24,280	$8,590	3244.3
4,3,1	916	206.4	262	136	35.8	1.0	1	1	0.0	$792.7	$1,440	$80	348.7
4,3,2	683	201.7	262	136	35.7	1.0	1	1	0.0	$2,064.4	$2,780	$1,450	360.7
4,3,3	544	198.5	262	139	38.4	1.0	1	1	0.0	$3,690.7	$4,760	$2,790	539.7
4,3,4	337	197.2	262	136	39.2	1.0	1	1	0.0	$6,347.3	$8,558	$4,780	1090.3
4,3,5	145	200.2	262	139	38.1	1.0	1	1	0.0	$12,489.8	$44,560	$8,580	4785.6
4,4,1	540	203.6	262	139	34.6	1.2	2	1	0.4	$852.4	$1,440	$110	334.7
4,4,2	556	198.6	262	136	34.8	1.4	2	1	0.5	$2,126.0	$2,780	$1,440	381.3
4,4,3	669	199.6	262	136	34.7	1.6	2	1	0.5	$3,724.0	$4,760	$2,790	560.3
4,4,4	735	199.0	262	136	32.6	1.8	2	1	0.4	$6,367.3	$8,558	$4,760	1073.8
4,4,5	607	198.9	262	136	32.5	1.9	2	1	0.3	$14,309.1	$54,500	$8,560	6329.6
4,5,1	71	205.2	260	136	33.3	2.1	4	2	0.4	$1,008.0	$1,440	$240	297.3
4,5,2	209	198.3	262	136	33.2	2.3	5	2	0.6	$2,164.1	$2,780	$1,440	371.6
4,5,3	462	199.0	262	136	32.3	2.6	8	2	0.9	$3,832.5	$4,760	$2,790	572.0
4,5,4	883	195.5	265	136	32.3	2.8	9	2	1.0	$6,584.5	$8,560	$4,770	1073.2
4,5,5	1,614	198.7	265	136	32.1	3.8	17	2	1.9	$19,821.7	$377,980	$8,570	18016.2

R指標為5

RFM_Seg	群值數	平均交易距今天數	最大交易距今天數	最小交易距今天數	最近一次交易日距今離天_群內標準差	平均交易次數	最多交易次數	最少交易次數	組交易次數_群內標準差	平均交易交易金額	最多交易金額	最少交易金額	組交易金額_群內標準差
5,1,1	874	81.1	135	16	35.0	1.0	1	1	0.0	$806.2	$1,440	$80	344.0
5,1,2	600	81.3	135	17	35.7	1.0	1	1	0.0	$2,046.7	$2,790	$1,440	359.5
5,1,3	479	75.7	135	16	37.7	1.0	1	1	0.0	$3,678.2	$4,760	$2,790	548.8
5,1,4	334	71.8	135	16	39.3	1.0	1	1	0.0	$6,307.9	$8,540	$4,778	1082.7
5,1,5	130	66.4	135	20	41.2	1.0	1	1	0.0	$13,916.9	$48,540	$8,600	6007.1
5,2,1	848	80.7	136	16	34.5	1.0	1	1	0.0	$761.8	$1,440	$80	331.5
5,2,2	631	79.0	136	16	35.1	1.0	1	1	0.0	$2,033.8	$2,789	$1,440	368.0
5,2,3	513	77.9	136	17	36.1	1.0	1	1	0.0	$3,701.4	$4,760	$2,790	531.5
5,2,4	354	72.8	136	17	39.3	1.0	1	1	0.0	$6,214.3	$8,560	$4,760	1067.7
5,2,5	156	62.8	136	17	37.9	1.0	1	1	0.0	$12,342.6	$28,800	$8,578	4018.1
5,3,1	836	80.1	136	16	35.9	1.0	1	1	0.0	$764.0	$1,440	$110	335.7
5,3,2	630	80.2	136	16	36.5	1.0	1	1	0.0	$2,054.5	$2,780	$1,450	372.5
5,3,3	480	75.3	136	16	37.6	1.0	1	1	0.0	$3,720.3	$4,760	$2,790	574.8
5,3,4	317	74.8	136	16	38.7	1.0	1	1	0.0	$6,209.4	$8,560	$4,770	1083.6
5,3,5	142	73.1	136	17	40.4	1.0	1	1	0.0	$11,982.5	$32,880	$8,560	4025.2
5,4,1	523	78.4	136	16	36.5	1.3	2	1	0.4	$852.2	$1,440	$110	359.8
5,4,2	571	75.6	136	16	36.4	1.5	2	1	0.5	$2,100.4	$2,780	$1,450	377.9
5,4,3	646	73.3	136	16	37.6	1.6	2	1	0.5	$3,784.0	$4,760	$2,799	570.2
5,4,4	671	73.0	136	16	38.0	1.8	2	1	0.4	$6,359.3	$8,560	$4,779	1099.3
5,4,5	491	69.7	136	16	38.8	1.9	2	1	0.3	$13,744.1	$79,658	$8,570	6272.2
5,5,1	101	75.2	135	16	33.0	2.3	5	2	0.6	$1,002.7	$1,440	$280	303.5
5,5,2	247	68.4	135	16	36.0	2.4	6	2	0.6	$2,137.7	$2,780	$1,440	377.5
5,5,3	510	70.3	135	16	35.9	2.7	11	2	1.0	$3,775.9	$4,750	$2,790	569.6
5,5,4	969	71.5	136	16	37.4	3.1	10	2	1.2	$6,576.6	$8,560	$4,768	1077.5
5,5,5	2,105	72.9	136	16	36.9	4.5	31	2	2.8	$21,376.8	$238,040	$8,560	18203.2

SQL Server 2016 with R 應用

8
chapter

本章主要介紹 SQL Server 2016 的進階分析新功能－R 服務。R 服務提供了新一代的商業智慧運用平台，可用來開發及部署展現。特別是它整合 R 統計語言和 SQL Server 資料庫語言，使用者可透過資料庫（SQL Server）資料直接建立統計（預測）模型並儲存、部署。如此一來，不僅可以避免移動資料所產生的成本與安全性風險，重要的是它還具備優異效能、安全性、可靠性及管理能力。

筆者認為此解決方案，能有效助於擴展分析人員與資料庫人員彼此的技術與知識，前者專長在資料分析，後者專長則為資料倉儲與資料管理，可是 SQL Server 2016 的 R 服務把這兩者的橋樑給搭起來了。因此對於這兩塊領域專才的人來說，在大數據學習路程上，只要補足缺乏的那一部分，相信未來前景不可限量。

內容重點首先會從 R Services 的重點及基本使用統計分析開始談起，讓讀者能夠先瞭解如何一開始在 SQL Server 介面執行 R 統計語言，接著一連串系統化介紹在 R Services 之下安裝 R 模組（Package）及查詢 R 模組（Package）清單範圍；再來則是說明透過 SQL Server 查詢介面執行 R 語言（Script）並將分析資料寫入 SQL Server 資料庫；最後是幾個應用案例，像是如何產生文字雲、建立和儲存機器學習（預測）模型等範例。

有別於 R Studio，有一個章節介紹使用 Visual Studio 進行 R 資料建模專案，讓習慣使用 R Studio 來執行 R 語言的讀者們有另一項選擇。

雖然 SQL Server R 服務是微軟在大數據領域的一大突破，不過筆者認為仍有些許提升空間。但微軟在大數據這部分已經有很大的整合躍進，相信 SQL Server With R 功能在不久後，定能有更多更好的模組及進化功能，請讀者拭目以待！

8-1 R Services 概述與基礎統計

SQL Server R 服務（Services），它是一個提供開發及部署新發現結果的商業智慧平台。使用者可利用豐富且強大的 R 語言（Script）和許多開放（Open Source）模組來建立統計模型，並儲存在 SQL Server 進行應用。

因為 R 服務具備強大的整合功能，可保留和資料密切相關的分析，避免因移動資料而產生多餘成本與影響安全性。另外，它支援完整開放原始碼 R 語言（Script）、SQL Server 工具和技術，能提供優異效能、安全性、可靠性和管理能力。使用者可利用便利且熟悉的工具，進行 R 解決方案的部署，特別是生產應用程式可使用 Transact-SQL 呼叫 R 語言（Script）執行階段並擷取預測和視覺效果。同時取得 ScaleR 程式庫，用以改善規模和效能。

關於 SQL Server R 服務（Services）有提供伺服器和用戶端相關元件使用，介紹如下。

📦 R 服務（資料庫）

可安裝該項功能在 SQL Server 程式中，用以在 SQL Server 中安全地執行 R 指令碼。當選取這項功能時，延伸模組會在資料庫引擎支援執行 R 指令碼；並於建立新服務時，信任 SQL Server Launchpad、管理 R 執行階段間的通訊和 SQL Server 執行個體。

📦 Microsoft R Client

它是一個免費工具，可以讓資料科學家在工作站實際執行資料分析時，使用 SQL Server 開發 R 解決方案。後續把結果部署在 SQL Server 的 R Services 並執行，或部署在 Windows、Teradata 或 Hadoop 的 Microsoft R Server 並執行。倘若使用 ScaleR 函式時，可指定更佳的延展性在 SQL Server 電腦上執行計算。Microsoft R Client 可當做個別、可用的安裝程式。

📦 Microsoft R Server（獨立）

當安裝在資料庫伺服器或用戶端時，就不只是基本的 R 程式庫，可是如果為增強的連接性和效能程式庫時，例如 ScaleR，可使用相同程式碼在電腦上，並在伺服器上取得更大效能和延展性。開放原始碼 R，結合了支援平行處理及其他效能改進的專屬套件。R Services（資料庫內）及 Microsoft R Server（獨立）都包含基礎 R 執行階段與套件模組，還有能加強連線能力及效能的 ScaleR 程式庫。

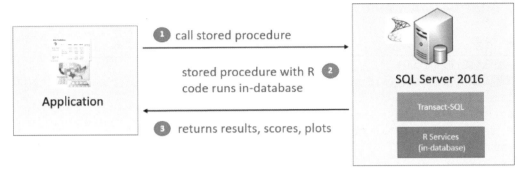

圖8-1　SQL Server With R功能架構流程

8-1-1　安裝 R Services

SQL Server 自從 2016 版本開始支援 R 語言（Script）及服務，整體來說就是在執行資料分析過程少去了 ETL 作業（指在資料庫中進行資料清理和轉換等，匯出至 R 進行統計分析），可直接利用程式（SP）把關聯式資料庫的資料直接呼叫至資料庫介面查詢和統計分析。

若讀者想瞭解此部分，須先從安裝 SQL Server 與 R 的整合開始。以往若為舊版 SQL Server 在使用 R 時，須透過 R-ODBC 的 Library 來連結（Link）；但 SQL Server 2016 可直接使用 Stored Procedure 來做呼叫。

關於 R 的執行環境可區分為 4 種，如下所述：

1.　R For Windows（R Studio）

2.　Microsoft R Open（RTVS R Tool Visual Studio）

3.　SQL Server R Services（In-Database R）

4.　Microsoft R Server

安裝 SQL Server R Services，請在安裝 SQL Server 2016 時，於「進階分析延伸模組」將「R Services」與「R Server」勾選起來。

「SQL Server 2016 R Services 安裝說明」請參閱附錄 B。(附錄 B 為電子書，請至 http://books.gotop.com.tw/download/AED003400 下載)

8-1-2　R 基礎統計分析範例

為了讓讀者一開始熟悉環境和貼近實務分析。接下來將在 SQL Server 管理工具內實際執行幾個關於 R Script 的簡單範例。

❍ 案例一：加法（SUM）

▶ 指令

```
--加法(從1加到1000)
EXECUTE sp_execute_external_script
@language = N'R',
@script = N'TTLSUM <- sum(1:1000);
OutputDataSet <- data.frame(TTLSUM);',
@input_data_1 = N''
WITH RESULT SETS (([總和] int NOT NULL));

--結果
(1個資料列受到影響)
```

▶ 結果

❍ 案例二：次方（Square）

▶ 指令

```
--次方(2的10次方)
EXECUTE sp_execute_external_script
@language = N'R',
@script = N'TTLSUM <- 2^10;
OutputDataSet <- data.frame(TTLSUM);',
@input_data_1 = N''
WITH RESULT SETS (([總和] INT NOT NULL));

--結果
(1個資料列受到影響)
```

▶ 結果

✪ 案例三：平均值（Mean）

▶ 指令

```
--平均值計算(1到1000)
EXECUTE sp_execute_external_script
@language = N'R',
@script = N'Mean <- mean(1:1000);
OutputDataSet <- data.frame(Mean);',
@input_data_1 = N''
WITH RESULT SETS (([平均值] FLOAT NOT NULL));


--結果
(1個資料列受到影響)
```

▶ 結果

✪ 案例四：標準差（Standard Deviation）

▶ 指令

```
--標準差計算(1到1000)
EXECUTE sp_execute_external_script
@language = N'R',
@script = N'Standard_Deviation <- sd(1:1000);
OutputDataSet <- data.frame(Standard_Deviation);',
@input_data_1 = N''
WITH RESULT SETS (([標準差] FLOAT NOT NULL));


--結果
(1個資料列受到影響)
```

▶ 結果

✪案例五：變異數（Variance）

▶ 指令

```
--變異數計算(1到1000)
EXECUTE sp_execute_external_script
@language = N'R',
@script = N'Variance <- var(1:1000);
OutputDataSet <- data.frame(Variance);',
@input_data_1 = N''
WITH RESULT SETS (([變異係數] FLOAT NOT NULL));


--結果
(1個資料列受到影響)
```

▶ 結果

✪ 案例六：變異係數（CV）

▶ 指令

```
--變異係數計算(1到1000)
EXECUTE sp_execute_external_script
@language = N'R',
@script = N'CV <- sd(1:1000)/mean(1:1000);
OutputDataSet <- data.frame(CV);',
@input_data_1 = N''
WITH RESULT SETS (([變異係數] FLOAT NOT NULL));


--結果
(1個資料列受到影響)
```

▶ 結果

8-2 在 R Services 安裝 R 模組（Package）

我們都知道 R 軟體的套件資源非常豐富眾多。以現況來說，它已提供超過 8 千個套件 R 模組（Package）供下載。倘若完成安裝 R Services（In-DataBase R）時，雖已有基本內建 R 模組（Package），但可能有許多常用的 R 模組（Package），必須要額外下載及安裝才能使用，因此本節將說明如何安裝額外必須使用的 R 模組（Package）。

安裝 R 模組（Package），如果是在 R Console、R Studio、R Tool For Visual Studio 中，只需一條指令－**install.packages("R 模組名稱")** 就會自動下載及安裝（撰寫 R Script 載入 library("R 模組名稱")），但如果是 R Services 呢？筆者利用一簡單範例來說明如何「在 R Services 安裝 R 模組」。

Step1. 安裝常用的 R 模組（Package）→ Plyr。請在 R Script 裡撰寫一個 Data.frame。範例資料來自世界棒球聯盟協會前 10 大排名國家（美國 USA、日本 Japan、古巴 Cuba、中華台北 Taiwan、韓國 Korea、荷蘭 Holland、加拿大 Canada、多明尼加 Dominican、波多黎各 PuertoRico、委內瑞拉 Venezuela）的年度人口數與各年度排名積分。使用 Plyr 將這 4 組資料（Country、Year、Population、WBSC_Score）進行合併產生一個 data.frame。資料集欄位有國家名稱、年度、人口數與排名積分。

> 何謂Plyr？該套件模組可將vector、list、data.frame的資料做快速切割、應用、組合，是一個非常好用的套件，如同join功能，可做到inner、left、right、full等join功能。因此plyr可讓工程師以資料庫概念方式來有效率地玩資料。

▶ 指令

```
--1.查詢範例資料使用data.frame
EXECUTE sp_execute_external_script
@language = N'R',
@script = N'
Country <- c
("USA","Japan","Cuba","Taiwan","Korea","Holland","Canada","Dominican","PuertoRico","Venezuela","USA","Japan","Cuba","Taiwan","Korea","Holland","Canada","Dominican","PuertoRico","Venezuela");
Year <- c
(2015,2015,2015,2015,2015,2015,2015,2015,2015,2015,2014,2014,2014,2014,2014,2014,2014,2014,2014,2014);
Population <- c
(32076,12681,1127,2351,5062,1699,3600,1079,347,3085,31890,12730,1142,2341,4952,1680,3516,1040,355,3041);
```

```
WBSC_Score <- c
(1006,965,732,643,641,492,422,396,340,296,766,785,663,605,340,433,353,379,
292,269);
OutputDataSet <- data.frame(Country,Year,Population,WBSC_Score)',
@input_data_1 = N''
WITH RESULT SETS (([Country] VARCHAR(20) NOT NULL,[Year] INT, [Population]
INT,[WBSC_Score] INT));


--結果
(20個資料列受到影響)
```

▶ 結果（Population 單位：萬人口）

	Country	Year	Population	WBSC_Score
1	USA	2015	32076	1006
2	Japan	2015	12681	965
3	Cuba	2015	1127	732
4	Taiwan	2015	2351	643
5	Korea	2015	5062	641
6	Holland	2015	1699	492
7	Canada	2015	3600	422
8	Dominican	2015	1079	396
9	PuertoRico	2015	347	340
10	Venezuela	2015	3085	296
11	USA	2014	31890	766
12	Japan	2014	12730	785
13	Cuba	2014	1142	663
14	Taiwan	2014	2341	605
15	Korea	2014	4952	340
16	Holland	2014	1680	433
17	Canada	2014	3516	353
18	Dominican	2014	1040	379
19	PuertoRico	2014	355	292
20	Venezuela	2014	3041	269

Step2. 若想瞭解各國人口和排名積分數是否有相關時。透過計算相關係數（Correlation coefficient）來分析彼此相關程度 → 使用 plyr 裡的 ddply 分組統計方法。

何謂ddply？和plyr類似，只針對data.frame、data.table以及多種資料庫為基礎的資料。可將資料做快速切割、應用、組合等，尤其處理大量資料，dplyr會是一個是非常好用的工具。

▶ 指令

```
--2.使用plyr裡的ddply計算相關係數
EXECUTE sp_execute_external_script
@language = N'R',
@script = N'
library("plyr")
Country <- c
("USA","Japan","Cuba","Taiwan","Korea","Holland","Canada","Dominican","Puert
oRico","Venezuela","USA","Japan","Cuba","Taiwan","Korea","Holland","Canada",
"Dominican","PuertoRico","Venezuela");
Year <- c
(2015,2015,2015,2015,2015,2015,2015,2015,2015,2015,2014,2014,2014,2014,2014,
2014,2014,2014,2014,2014);
Population <- c
(32076,12681,1127,2351,5062,1699,3600,1079,347,3085,31890,12730,1142,2341,49
52,1680,3516,1040,355,3041);
WBSC_Score <- c
(1006,965,732,643,641,492,422,396,340,296,766,785,663,605,340,433,353,379,29
2,269);
d <- data.frame(country,population,year,WBSCScore)
OutputDataSet <- ddply(d, c("Country"), function(df) cor(df$Populatio,
df$WBSC_Score));',
@input_data_1 = N''
WITH RESULT SETS (([Country] NVARCHAR(20) NOT NULL, [Cor] NUMERIC(6,3)));


--結果
(出現錯誤訊息)
```

▶ 結果：出現錯誤訊息 → 表示「library 裡沒有"plyr"」

```
訊息
  訊息 39004,層級 16,狀態 20,行 15
  執行 'sp_execute_external_script' 時發生 'R' 指令碼錯誤,HRESULT 為 0x80004004。
  訊息 39019,層級 16,狀態 1,行 15
  發生外部指令碼錯誤:
  Error in library("plyr") : there is no package called 'plyr'
  Calls: source -> withVisible -> eval -> eval -> library

  Error in ScaleR.  Check the output for more information.
  Error in eval(expr, envir, enclos) :
    Error in ScaleR.  Check the output for more information.
  Calls: source -> withVisible -> eval -> eval -> .Call
  °±¤î°ð¦æ
  訊息 11536,層級 16,狀態 1,行 16
  EXECUTE 陳述式失敗,因為它的 WITH RESULT SETS 子句指定了 1 個結果集,但陳述式在執行階段只傳送了 0 個結果集。
```

Step3. 出現錯誤訊息,須安裝 plyr 套件模組。**請使用 R command-line utilities 的方式來進行**。首先到 SQL Server R Services 的目錄之下,找到 Rgui 執行程式,利用滑鼠右鍵以系統管理員身份執行。

SQL Server R Services 目錄預設位置（如下位址是筆者電腦顯示位置，請讀者依您電腦顯示位置為準）：C:\Program Files\Microsoft SQL Server\MSSQL13.MSSQLSERVER\R_SERVICES\bin\x64

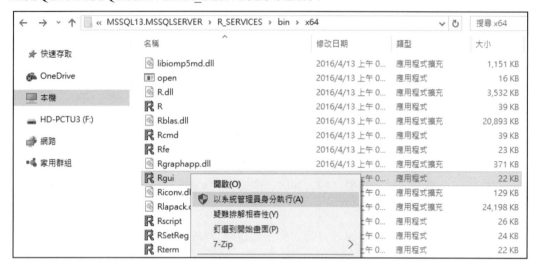

Step4. 開啟 RGui 介面後，在 R Consale 內輸入以下 R script，把 library 目錄放進 lib.SQL 變數中，然後在安裝 R 模組（Package）時，指定安裝到此目錄之下。

▶ R script：請輸入完成後按 ENTER 執行

```
lib.SQL <- "C:\\Program Files\\Microsoft SQL Server
\\MSSQL13.MSSQLSERVER\\R_SERVICES\\library"
install.packages("plyr",lib=lib.SQL)
```

Step5. 在 Console 中就會顯示已經下載成功訊息。

► 成功訊息

```
嘗試 URL 'https://mran.revolutionanalytics.com/snapshot/2015-11-
30/bin/windows/contrib/3.2/plyr_1.8.3.zip'
Content type 'application/zip' length 1114534 bytes (1.1 MB)
downloaded 1.1 MB

package 'plyr' successfully unpacked and MD5 sums checked

The downloaded binary packages are in
C:\Users\Edison\AppData\Local\Temp\RtmpkVt90K\downloaded_packages
```

Step6. packages 顯示位址（此為筆者電腦位置，請讀者依自行位置為準）：

C:\Users\Edison\AppData\Local\Temp\RtmpkVt9OK\downloaded_packages，
請至該顯示位址之下取得 plyr 套件模組檔案並解壓縮後，將檔案存放至 library
目錄位址。

library 目錄預設位置（此為筆者電腦位置，請讀者依自行位置為準）：C:\Program
Files\Microsoft SQL Server\MSSQL13.MSSQLSERVER\R_SERVICES\library

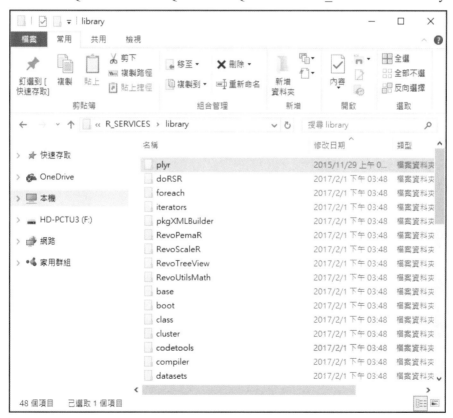

Step7. 此時請回上述第二步驟並重新執行（計算相關係數），即可正確載入 plyr library 並產生分析結果。

結果解讀：假設各國人口跟排名積分數是有相關的前提之下，從分析結果知道 → 古巴、日本、波多黎各等 3 國在 2015 年的排名積分數相較於 2014 年是退步的，原因是這 3 個國的人口數都是呈現下滑情況，可能會影響棒球人才的培育。（以上為一簡單分析操作範例，實際應用仍須實際情況而定）

	Country	Cor
1	Canada	1.000
2	Cuba	-1.000
3	Dominican	1.000
4	Holland	1.000
5	Japan	-1.000
6	Korea	1.000
7	PuertoRico	-1.000
8	Taiwan	1.000
9	USA	1.000
10	Venezuela	1.000

8-3 在 R 取得已安裝的 R 模組清單

在上述章節已經知道如何安裝 R 模組（Package）後。本章節要從另一個角度查看在 R Services 內，已經有安裝哪些 R 模組（Package）。

想要知道已經安裝了哪些 R 模組（Package），可從幾個管道得知，依序為 R Studio（輸入 installde.packages）、Visual Studio（在 Console 畫面中）。

不過這裡焦點是放在 SQL Server 2016 With R，在 In Database R（Services）共有兩個方式可以查詢，說明如下。

進入資料庫本機（Local）中查看 Library 資料夾。

透過查詢位置路徑方式。→C:\Program Files\Microsoft SQL Server\MSSQL13.MSSQLSERVER\R_SERVICES\library（此為筆者電腦位置，請讀者依自行位置為準），找到 R Services 的安裝目錄後，從 library 資料夾來檢視，目前總共有 49 個 R 模組（Package）。

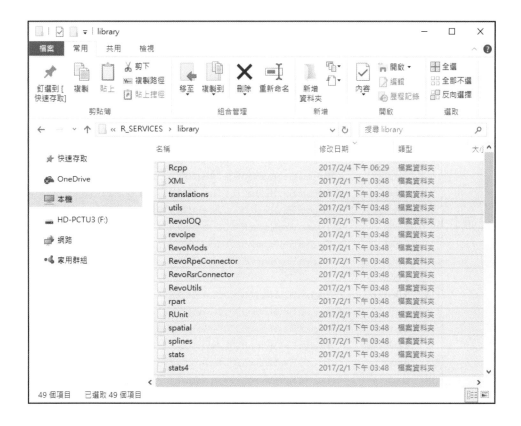

利用 T-SQL（sp_execute_external_script）執行 R 內建的 installed.packages( )指令。

▶ 指令

```
--取得目前安裝的R包清單、目錄及版本
EXECUTE sp_execute_external_script
@language=N'R'
,@script = N'
packageList <-installed.packages();
NameOnly <- packageList[,c(1,2,3)];
OutputDataSet <- as.data.frame(NameOnly);'
, @input_data_1 = N''
WITH RESULT SETS ((RPackageName NVARCHAR(250),[LibFolder]
NVARCHAR(250),[Version]  NVARCHAR(250)))


--結果
(49個資料列受到影響)
```

▶ 結果：與透過查詢位置路徑方式相同，目前共 49 個 R 包（Package）。

	RPackageName	LibFolder	Version
1	base	C:/Program Files/Microsoft SQL Server/MSSQL13.MSS...	3.2.2
2	boot	C:/Program Files/Microsoft SQL Server/MSSQL13.MSS...	1.3-17
3	class	C:/Program Files/Microsoft SQL Server/MSSQL13.MSS...	7.3-13
4	cluster	C:/Program Files/Microsoft SQL Server/MSSQL13.MSS...	2.0.3
5	codetools	C:/Program Files/Microsoft SQL Server/MSSQL13.MSS...	0.2-14
6	compiler	C:/Program Files/Microsoft SQL Server/MSSQL13.MSS...	3.2.2
7	datasets	C:/Program Files/Microsoft SQL Server/MSSQL13.MSS...	3.2.2
8	doParallel	C:/Program Files/Microsoft SQL Server/MSSQL13.MSS...	1.0.10
9	doRSR	C:/Program Files/Microsoft SQL Server/MSSQL13.MSS...	8.0.3
10	foreach	C:/Program Files/Microsoft SQL Server/MSSQL13.MSS...	1.4.3
11	foreign	C:/Program Files/Microsoft SQL Server/MSSQL13.MSS...	0.8-65
12	graphics	C:/Program Files/Microsoft SQL Server/MSSQL13.MSS...	3.2.2
13	grDevices	C:/Program Files/Microsoft SQL Server/MSSQL13.MSS...	3.2.2
14	grid	C:/Program Files/Microsoft SQL Server/MSSQL13.MSS...	3.2.2
15	iterators	C:/Program Files/Microsoft SQL Server/MSSQL13.MSS...	1.0.8
16	KernSmooth	C:/Program Files/Microsoft SQL Server/MSSQL13.MSS...	2.23-15
17	lattice	C:/Program Files/Microsoft SQL Server/MSSQL13.MSS...	0.20-33
18	MASS	C:/Program Files/Microsoft SQL Server/MSSQL13.MSS...	7.3-43

8-4 利用 R Script 讀取 SQL Server 資料表與寫入資料至 SQL Server 資料表

以往來說，使用 R 分析資料庫資料都必須透過連接 ODBC 方式，可是這個過程（ETL）已獲得相當的解決整合（SQL Server 2016 with R）。

本章節內容將說明使用 sp_execute_external_script 來取得 SQL Server 資料庫的資料（表）；同樣也說明如何把資料寫入至 SQL Server 資料庫中，達到端對端（end to end）的教學，讓讀者能融會貫通。

透過 R Script 預存程序寫入資料至 SQL Server 資料庫

Step1. 首先建立測試資料表。在「邦邦資料庫」建立一測試資料表頭 [dbo].[Worldbaseball_Score]。欄位資訊依序為國家、年度、人口與排名積分。

▶ 指令

```
--1..建立測試資料表
USE [邦邦量販店]
CREATE TABLE [dbo].[Worldbaseball_Score]
```

```
( [Country] VARCHAR(20) NOT NULL, --國家
  [Year] INT, --年度
  [Population] INT, --人口
  [WBSC_Score] INT) --排名積分
GO
```

Step2. 寫入測試資料表至 SQL Server 資料庫。我們利用上述 8-2 章節的範例資料表，使用預存程序方式執行與驗證；（1）利用在 R Script 的預存程序，（2）用 INSERT INTO 預存程序結果將資料集匯入至[dbo].[Worldbaseball_Score]，（3）透過查詢寫入驗證。

▶ 指令

```
--2..寫入測試資料表至SQL Server資料庫
--(1) 利用R Script建立預存程序
CREATE PROC usp_Worldbaseball_Score AS
EXECUTE sp_execute_external_script
@language = N'R',
@script = N'
Country <-
c("USA","Japan","Cuba","Taiwan","Korea","Holland","Canada","Dominican","Puer
toRico","Venezuela","USA","Japan","Cuba","Taiwan","Korea","Holland","Canada"
,"Dominican","PuertoRico","Venezuela");
Year <-
c(2015,2015,2015,2015,2015,2015,2015,2015,2015,2015,2014,2014,2014,2014,2014
,2014,2014,2014,2014,2014);
Population <-
c(32076,12681,1127,2351,5062,1699,3600,1079,347,3085,31890,12730,1142,2341,4
952,1680,3516,1040,355,3041);
WBSC_Score <-
c(1006,965,732,643,641,492,422,396,340,296,766,785,663,605,340,433,353,379,2
92,269);
OutputDataSet <- data.frame(Country,Year,Population,WBSC_Score)',
@input_data_1 = N''
WITH RESULT SETS ((([Country] VARCHAR(20) NOT NULL,[Year] INT,[Population]
INT,[WBSC_Score] INT));
GO

--(2)透過建立完成的預存程序結果，將資料集寫入SQL Server資料表
INSERT INTO [dbo].[Worldbaseball_Score]
EXECUTE usp_Worldbaseball_Score

--(3)驗證查詢剛剛寫入的SQL Server資料表
SELECT * FROM [dbo].[Worldbaseball_Score]
GO


--結果
```

（20個資料列受到影響）

▶ 結果

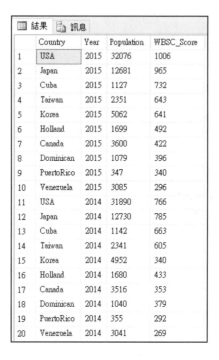

透過 R Script 讀取 SQL Server 資料表

Step1. 在 R Script 裡透過執行 SQL 語法就能將資料表載入 InputDataSet。執行 SQL 語法是在@input_data_1 參數輸入 T-SQL，然後 R Script 就可用 InputDataSet 變數取得資料（型別為 DataFrame）。

▶ 指令

```
--1.在R Script中執行T-SQL
EXECUTE sp_execute_external_script
@language = N'R',
@script = N'
OutputDataSet <- InputDataSet',
@input_data_1 = N'SELECT * FROM [dbo].[Worldbaseball_Score]'
WITH RESULT SETS (([Country] VARCHAR(20) NOT NULL,[Year] INT,[Population]
INT,[WBSC_Score] INT));

--結果
(20個資料列受到影響)
```

▶ 結果

	Country	Year	Population	WBSC_Score
1	USA	2015	32076	1006
2	Japan	2015	12681	965
3	Cuba	2015	1127	732
4	Taiwan	2015	2351	643
5	Korea	2015	5062	641
6	Holland	2015	1699	492
7	Canada	2015	3600	422
8	Dominican	2015	1079	396
9	PuertoRico	2015	347	340
10	Venezuela	2015	3085	296
11	USA	2014	31890	766
12	Japan	2014	12730	785
13	Cuba	2014	1142	663
14	Taiwan	2014	2341	605
15	Korea	2014	4952	340
16	Holland	2014	1680	433
17	Canada	2014	3516	353
18	Dominican	2014	1040	379
19	PuertoRico	2014	355	292
20	Venezuela	2014	3041	269

Step2. 在 OutputDataSet 加入篩選條件。使用 plyr 套件中的 subset 進行篩選 Data.Frame 的資料 InputDataSet，最後在 OutputDataSet 加入篩選條件，**這裡使用 country== "Taiwan"來當作範例操作**。

▶ 指令

```
--2.在OutputDataSet加入篩選條件-->country== "Taiwan"
--在R Script中執行T-SQL，並加入篩選條件
EXECUTE sp_execute_external_script
@language = N'R',
@script = N'
library("plyr")
OutputDataSet <- subset(InputDataSet, Country=="Taiwan")',
@input_data_1 =
N'SELECT * FROM [邦邦量販店].[dbo].[Worldbaseball_Score]'
WITH RESULT SETS ((([Country] VARCHAR(20) NOT NULL,[Year] INT,[Population]
INT,[WBSC_Score] INT));

--結果
(2個資料列受到影響)
```

▶ 結果：正確列出 Taiwan 的 Y2014 與 Y2015 人口數及排名積分。

	Country	Year	Population	WBSC_Score
1	Taiwan	2015	2351	643
2	Taiwan	2014	2341	605

到目前為止，可以很清楚知道 R 和 SQL 彼此可容易整合，並執行統計分析。針對以上部分有兩個分享，（1）若要執行資料篩選、排序和資料轉換整理等資料處理相關作業的話 → 建議利用 T-SQL 或其他資料庫程式語言來達到該目的；（2）若要進行資料統計分析、模型建置或相關統計演算法時 → 建議使用 R Script 來達到該目的。無倫是何種分析或演算法等，筆者深信每一個工具都有其本身強項，欲達到最終效果，其實都必須相輔相成。

透過 R Script 執行線性迴歸取出 R-Square

Step1. 簡單線性迴歸（linear regression）分析，取出 R-square。

▶ 指令

```
--1.在R Script中執行線性迴歸分析，並計算R-Square
execute sp_execute_external_script
@language = N'R',
@script = N'
OutputDataSet <- data.frame(summary(lm(formula = WBSC_Score ~
Population,data = InputDataSet))$r.squared)',
@input_data_1 = N'SELECT * FROM [dbo].[Worldbaseball_Score]',
@parallel = 0
WITH RESULT SETS (([R_Squared] NUMERIC(6,5) NOT NULL))


--結果
(1個資料列受到影響)
```

▶ 結果

	R_Squared
1	0.45788

Step2. 另外，根據上述相關係數分析結果知道古巴、日本、波多黎各等 3 國是呈現負相關，倘若排除古巴、日本、波多黎各等 3 國的資料後，再執行簡單線性迴歸（linear regression）分析，取出 R-square 後，會有什麼不同呢？

▶ 指令

```
--2.在R Script中執行線性迴歸分析，並計算R-Square，(排除古巴、日本、波多黎各)
execute sp_execute_external_script
@language = N'R',
@script = N'
d <- subset(InputDataSet, Country!="Cuba" & Country!="Japan" &
Country!="PuertoRico")
OutputDataSet <- data.frame(summary(lm(formula = WBSC_Score ~
Population,data = d))$r.squared)'
, @input_data_1 = N'SELECT * FROM [dbo].[Worldbaseball_Score]'
, @parallel = 0
WITH RESULT SETS (([R_Squared] NUMERIC(6,5) NOT NULL))
```

▶ 結果解讀：R square 是迴歸分析的決定係數，又稱解釋變異量(Coefficient of determination)，是做為迴歸模型的評估參考依據。簡單來說，數值約接近 1 表示模型解釋力很高；反之，模型解釋能力低。排除古巴、日本、波多黎各等 3 國的資料後，R square 等於 0.61 左右，表示模型解釋能力由原來的 0.45 提升至 0.61，間接可以證明「各國人口跟排名積分數是有相關的假設」應該是成立的。

8-5　R 的 World Cloud

一般在執行文字採礦（Text Mining）時都會使用到一項技術，就是「文字雲（World Cloud）」。它是一種在巨量的文字堆中，找出關鍵字詞的方法，並針對每一個字詞來統計出現的次數，進而衡量這些詞在巨量文字堆中之重要性。

文字雲（World Cloud）的優點，就是使用方便、快速且為視覺化呈現，能夠讓人一目了然；相對地，要找出精準的字詞，關係著斷詞系統背後支撐豐富詞庫和強壯理論基礎。和文字雲（World Cloud）有相同意思的是標籤雲、詞雲或雲標籤等。

接下來說明**透過 SQL Server 內建的 R Script 來產生文字雲**（World Cloud）是如何做到的。不過在此之前，先對於透過資料庫方式來呈現文字雲（World Cloud）的方式有哪幾種進行介紹。

- 從 R 環境使用套件模組 Rodbc 或 sqldf 將資料庫的資料表讀取成 dataframe 來執行，完成後回傳圖片即可。

- 現在網路資源很發達，AP 端部分有一些文字雲製作網站可使用。

- 使用 SQL Server 2016 with R 功能，在 In-DataBase R 中透過 sp_execute_external_script 預存程序把資料輸入至@input_data_1 來執行，完成後回傳圖片即可（透過 SSMSboot 或 Visual Stidio 呈現）。

以下將對第 3 種方式來做介紹說明。

🔷 在 In-DataBase R 執行文字雲（World Cloud）

Step1. 首先安裝會使用到的 R 模組（Package）。（安裝步驟可參考章節 8-2）

▶ R script：下載 RColorBrewer Package

```
lib.SQL <- "C:\\Program Files\\Microsoft SQL
Server\\MSSQL13.SQL2016\\R_SERVICES\\library"
install.packages("RColorBrewer",lib=lib.SQL)
```

▶ R script：下載 slam Package

```
lib.SQL <- "C:\\Program Files\\Microsoft SQL Server
\\MSSQL13.MSSQLSERVER\\R_SERVICES\\library"
install.packages("slam",lib=lib.SQL)
```

▶ R script：下載 wordcloud Package

```
lib.SQL <- "C:\\Program Files\\Microsoft SQL
Server\\MSSQL13.SQL2016\\R_SERVICES\\library"
install.packages("wordcloud",lib=lib.SQL)
```

▶ 執行下載畫面

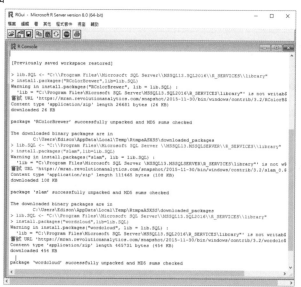

Step2. 準備輸入的資料框（ @input_data_1 ）。假設使用微軟免費提供的 **AdventureWorksDW2014 資料庫**，統計資料庫裡面的 Information Schema Views 所使用的欄位資訊，當作直接觀察「統計詞名稱使用次數」，並用來製作關鍵字詞統計表。

AdventureWorksDW2014 資料庫下載連結位址：
https://msftdbprodsamples.codeplex.com/releases/view/125550，下載完成並解壓縮後，請將資料庫還原至 SQL Server。

Step3. 資料庫還原說明。下載的 AdventureWorksDW2014 資料庫置於以下路徑：
C:\Program Files\Microsoft SQL Server\MSSQL13.MSSQLSERVER\MSSQL\Backup

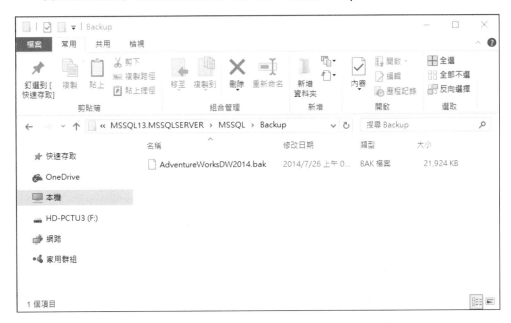

Step4. SQL Server 資料庫管理介面的「資料庫」利用滑鼠右鍵選擇「還原資料庫」功能。

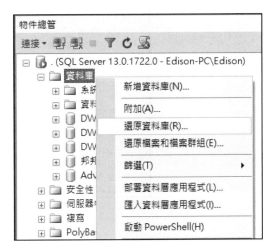

Step5. 選擇「裝置」 ➔ 點選「加入」後，找到路徑之下的 AdventureWorksDW2014
資料庫，按「確定」即可。

Step6. 完成畫面，AdventureWorksDW2014 資料庫已存在本機伺服器（如下圖）。

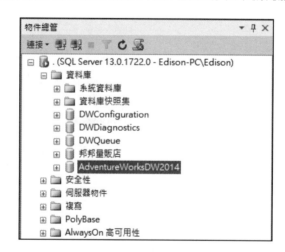

Step7. 完成附加 AdventureWorksDW2014 資料庫後，請執行「統計詞名稱使用次數」。

▶ 指令

```
--01.統計詞名稱欄位次數統計表
USE [AdventureWorksDW2014]
GO
SELECT COLUMN_NAME, COUNT(*) AS CNT
FROM INFORMATION_SCHEMA.COLUMNS
GROUP BY COLUMN_NAME
ORDER BY 2 DESC
GO


--結果
(263個資料列受到影響)
```

▶ 結果

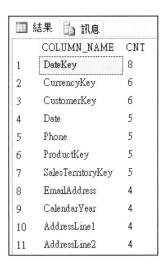

	COLUMN_NAME	CNT
1	DateKey	8
2	CurrencyKey	6
3	CustomerKey	6
4	Date	5
5	Phone	5
6	ProductKey	5
7	SalesTerritoryKey	5
8	EmailAddress	4
9	CalendarYear	4
10	AddressLine1	4
11	AddressLine2	4

Step8. 在資料庫端建立預存程序來執行 R Script（usp_wordcloud）。若執行結束後可將文字雲（World Cloud）結果以 varbinary 格式回傳後，再準備輸入資料框（@input_data_1）。

▶ 指令

```
--02.建立資料庫端預存程序
CREATE PROC wordcloud AS
EXECUTE sp_execute_external_script
@language = N'R',
@script = N'
image_file = tempfile();
jpeg(filename = image_file,width=800,height=600);
library(RColorBrewer)
```

```
library(wordcloud)
print(wordcloud(InputDataSet$COLUMN_NAME, InputDataSet$CNT, min.freq = 2,
scale = c(8, 0.8), colors = brewer.pal(n = 8, name = ''Dark2'')));
dev.off();
OutputDataSet <-
data.frame(data=readBin(file(image_file,"rb"),what=raw(),n=1e6));
'
,@input_data_1 = N'
SELECT COLUMN_NAME,COUNT(*) AS CNT FROM
AdventureWorksDW2014.INFORMATION_SCHEMA.COLUMNS
GROUP BY COLUMN_NAME
ORDER BY 2 DESC'
WITH RESULT SETS ((plot VARBINARY(MAX) NOT NULL));
```

查詢已建立完成的預存程序位置：資料庫 → AdventureWorks2014 → 可程式性 →
預存程序 → wordcloud 物件

Step9. 執行預存程序，順帶驗證結果是以 VARBINARY 格式呈現。

▶ 指令

```
--03.執行預存程序
EXEC wordcloud
```

▶ 執行結果

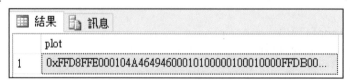

針對上述執行結果（VARBINARY 格式），如何透過 SQL Server 來呈現文字雲（World Cloud）呢？此時可選擇「SSMSBoost」來執行呈現工具，它是安裝於 SQL Server Management Studio 工具，其中有一項功能是「SSMS Results Grid Visualizers」，即可將 VARBINARY 格式轉換成圖片（呈現文字雲 World Cloud）。不過目前「**SSMSBoost**」的版本最高相容至 **SQL Server 2014**，且該功能須付費。因此做法須將文字雲（**World Cloud**）的結果傳送至 **SQL Server 2014** 以下版本且有支援 **VARBINARY** 格式，再以「**SSMSBoost**」呈現。

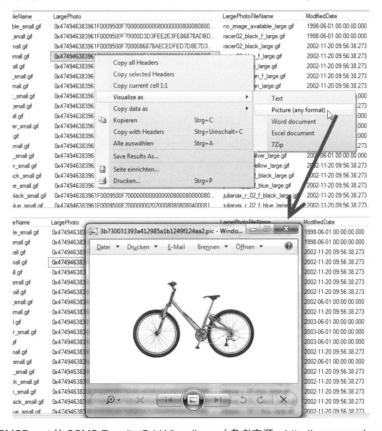

圖 8-2　使用 SSMSBoost 的 SSMS Results Grid Visualizers（參考來源：http://www.ssmsboost.com/）

8-6　使用 R Tools for Visual Studio 進行資料建模

R 語言是近來相當熱門的統計資料分析語言，過去許多資料科學家經常使用 R Studio 來當作 R 語言的 IDE 開發工具。不過現在經由安裝 R Tools for Visual Studio（RTVS）之後，就可讓我們在熟悉的 Visual Studio 環境下撰寫 R 語言。

Visual Studio 提供的 R 語言工具（RTVS），幾乎涵蓋 R Studio 的所有功能，除了在熟悉環境完成資料分析任務，就連分析流程中重要的資料視覺化，都能在繪製視窗中一一呈現，提升資料科學流程效率。

RTVS 主要功能包括 R 編輯器（R Editor）、R 互動視窗（R Interactive）、套件視窗（Packages）、求助視窗（R Help）、變數瀏覽視窗（Variable Explorer）、歷史視窗（History）、程式碼自動完成（Code Autocompletion）、程式碼除錯（Debugging）、R Markdown、內建 Git 及 GitHub 支援等功能。

進入下列章節內容前，請讀者參閱電子書「附錄 C」下載整合開發環境所需軟體，才能配合以下說明步驟並操作。

（附錄 C 請至 http://books.gotop.com.tw/download/AED003400 下載）

8-6-1 準備分析的資料與建立 ODBC 資料來源

在完成建置整合開發環境之後，接下來是準備分析資料。我們使用的是微軟提供的 AdventureWorksDW2014 資料庫，其中 R 語言部份是使用 arules 該套件，將以資料庫裡的檢視表，稱做 vAssocSeqLineItems，使用其資料進行關聯法則分析（或稱購物籃分析）。然而在執行分析之前，需要進行 ODBC 設定。

建立 ODBC 資料來源目的是提供 R 語言透過此 ODBC 資料來源存取 SQL Server 的 AdventureWorksDW2014 資料庫。

🗄 設定 ODBC 資料來源

Step1. 點選桌布畫面左下角的「開始」圖示鍵，並利用滑鼠右鍵叫出浮動式選單。

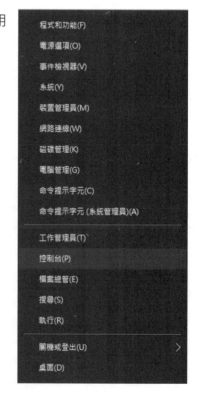

Step2. 點選「控制台」→「系統及安全性」→「系統管理工具」→「ODBC 資料來源 (64 位元)」。

Step3. 點選「新增」後，選取「ODBC Driver 13 for SQL Server」，再按「完成」。

Step4. 在「名稱」欄位輸入 AdventureWorksDW2014；「伺服器」欄位輸入「localhost」後，再點選「下一步」。

Step5. 選取「整合式 Windows 驗證」後，點選「下一步」。

Step6. 勾選「變更預設資料庫為」，再選取「AdventureWorksDW2014」後，點選「下一步」。

Step7. 點選「完成」，即完成新增一個 ODBC 資料來源。

Step8. 點選「測試資料來源」，可以看到測試結果是「成功的完成測試」。

Step9. 緊接著會看見所新增的「AdventureWorksDW2014」之 ODBC 資料來源確定完成建立，最後點選「確定」。

8-6-2　建立 R 語言資料建模分析專案

在完成建立 ODBC 資料來源與設定之後，接下來將說明利用 Visual Studio 2015 建立 R 語言資料分析專案（Project），以及執行資料建模工作。

資料建模專案建立

Step1. 將分析的資料（AdventureWorksDW2014）準備好之後，開啟 Visual Studio 2015 並註冊登入 Microsoft 帳戶後，請點選左上角的「檔案」→「新增」→「專案」。

Step2. 在新增專案區就可以看到 R Project 的專案類型了。在此我們命名一個名為「R_Analysis」專案名稱後,按確定。

▶ 說明

建立好「R_Analysis」專案後,首先會看到左邊的「Editor」視窗及「R Interactive」視窗。其實這是每個 R 語言資料分析專案的主要工作視窗,而其他視窗則會隨著 R 語言程式碼執行時自動出現。

圖 8-3 「Editor」視窗及「R Interactive」視窗

在「Editor」或「R Interactive」視窗撰寫 R 語言程式，所有執行結果會出現在下方的「R Interactive」視窗，不過建議最好是在「Editor」視窗撰寫程式碼。

不論是在「Editor」或「R Interactive」視窗，R Tools for Visual Studio 都提供了智慧化編輯（Intellisense）功能用來協助修正語法，和其他 Visual Studio 所支援的語言相同，當您輸入程式碼時會自動帶出相關的程式碼，如此一來幫助您更有效率的撰寫 R 語言程式碼。

Step3. 下載並安裝 RODBC 套件。載入 RODBC 套件，目的是讓「R_Analysis」專案，透過 ODBC 存取 SQL Server 資料庫。請在「Editor」視窗輸入 installed.packages("RODBC")。請注意當輸入 inst 時，便可看見智慧化編輯（Intellisense）功能提示 installed.packages。

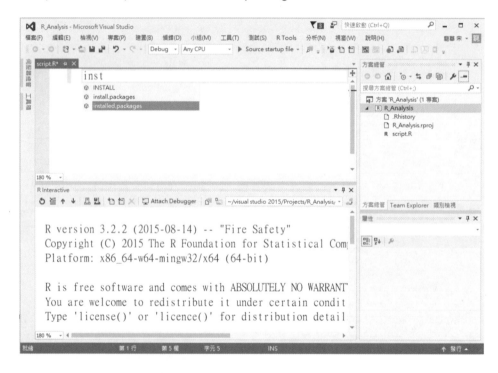

Step4. 在智慧化編輯提示視窗中，按下「↑」鍵或「↓」鍵反白，選取想要的程式碼後，再按下「Tab」鍵，便可快速協助輸入 installed.packages。繼續輸入 installed.packages("RODBC")，完成時**可看見下面的智慧型提示（介紹相關的語法和參數）**。

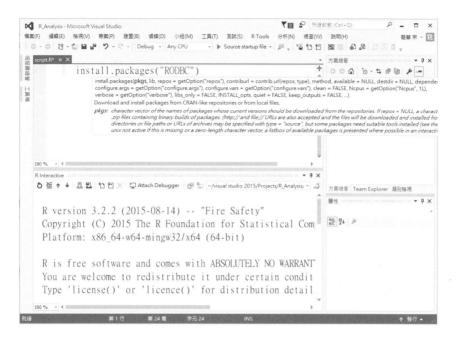

▶　說明

R 語言程式碼的執行和 R Studio 一樣，可以不需要選取程式碼直接按
「Ctrl+Enter」鍵就可執行（單行 R 語言程式碼）；若要執行多行則將其反白選取後
再按「Ctrl+Enter」鍵即可。

Step5. 接下來在「Editor」視窗按下「Ctrl+Enter」鍵後，**可在左下角「R**
Interactive」視窗，看到開始執行 installed.packages("RODBC") 這行程式
碼，並看見所有下載和安裝過程，以及成功安裝"RODBC" 套件訊息。

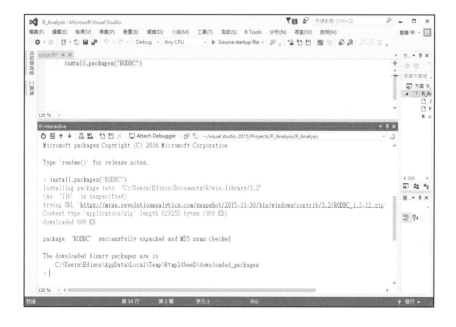

▶ 說明

在功能列選單上點選「**R Tools**」➔「**Windows**」。可以發現在選單上有許多功能選項,包括開啟編輯視窗(Source Editor)、R互動視窗(R Interactive)、求助視窗(Help)、歷史視窗(History)、檔案視窗(Files)、繪圖視窗(Plots)、套件視窗(Packages)與變數瀏覽視窗(Variable Explorer)等。

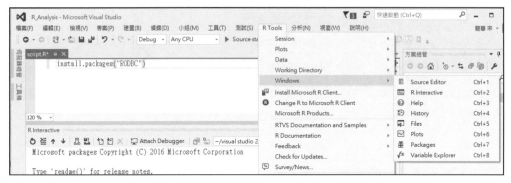

圖 8-4 「R Tools」的「Windows」功能種類選項

若點選「**Packages**」,開啟「R Packages Manager」視窗後。可以在「Installed」窗格看到本機電腦已完成安裝的所有套件,當然也包含剛才所安裝的「"RODBC"」套件。

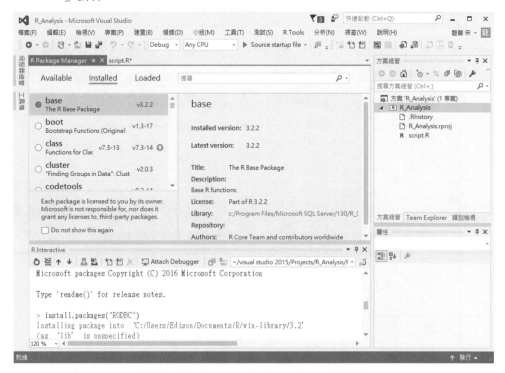

圖 8-5 「Packages」的「Installed」窗格內容

事實上，每部電腦在使用某一套件時，只要將該套件下載並安裝一次即可；並不需要每次新增 R 語言專案時，重新下載並安裝該套件。再者，除了使用「installed.packages ("套件名稱")」這行程式碼下載安裝套件之外。同樣地，亦可在套件視窗的「搜尋」文字方塊中，輸入「"套件名稱"」後，按下「Enter」鍵，隨後在「Available」窗格中，點選想要安裝的「"套件名稱"」，再按下「Install」，如此同樣方式一樣可以下載並安裝套件。

如果要使用某一套件之前，要先確認本機電腦中是否已經安裝該套件（如果有就不需再重新下載和安裝，如果沒有就必須回上一步驟下載和安裝）；相對來說，即使本機電腦中已安裝了此一套件，可是每一個 R 語言專案要使用該套件時，仍需將該套件載入至記憶體（程式庫）中。如此我們可以使用 library（套件名稱）將這行程式碼套件載入至記憶體（程式庫）中。

接下來試著關閉「R Packages Manager」視窗後，請在「Editor」視窗輸入 library(RODBC)並按下▓或「Ctrl+Enter」鍵執行這行程式碼。事實上，我們也可開啟「R Packages Manager」視窗的「Installed」窗格中，直接點選「RODBC」，將 RODBC 套件載入至程式庫中，而在「Loaded」窗格中，則可看見已經載入的所有套件！

圖 8-6 「Editor」視窗輸入 library(RODBC)

Step6. 透過 ODBC 連接資料來源至「AdventureWorksDW2014」SQL Server 資料庫。在「Editor」視窗輸入 conn <- odbcConnect("AdventureWorksDW2014") 這行程式碼。按下「Ctrl+Enter」執行這行程式碼。

▶　說明

在 R 語言中經常可以看到「A <- B」語法，如同其他程式語言「A = B」語法一樣；A 通常代表一個變數名稱，B 通常代表值（物件類別），而中間的=（在 R 語言中習慣用 <-）稱做「賦值（Assignment）」，表示將箭頭右方的 B 丟給箭頭左方的 A。

因此，程式碼 conn <- odbcConnect 中的 conn 就是宣告的一個變數名稱，我們會把 <- 右方的 odbcConnect 儲存至左方的 conn 裡。若還不瞭解 odbcConnect 含意或用途時，則可直接將滑鼠游標停留在 odbcConnect 這幾個字後面並利用滑鼠右鍵，此時會出現浮動式選單。

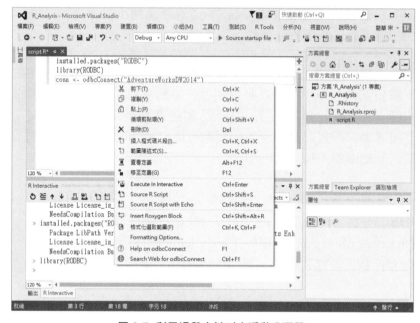

圖 8-7 利用滑鼠右鍵叫出浮動式選單

試著點選浮動式選單的「Help on odbcConnect」，或是滑鼠游標在 odbcConnect 後面按下「Ctrl+F1」，會自動開啟「R Help」視窗。

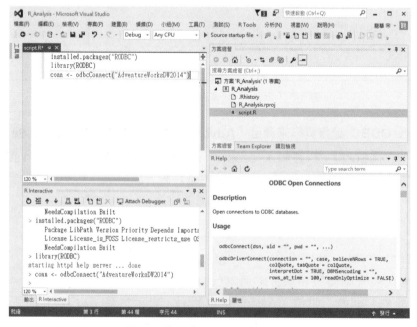

圖 8-8 使用「R Help」視窗說明

在右下角的「R Help」視窗中，可以看見第一行 odbcConnect{RODBC}，在 R 文件中習慣以"函數名稱{套件名稱}"格式表示；而 odbcConnect 是隸屬於 RODBC 套件中的一個函數。Usage，則是說明 ODBC Open Connections 相關函數的語法格式和各個參數的用途，讀者可詳讀這些 R 文件中的相關說明，相信對學習撰寫 R 程式上定有很大的幫助。

如此一來，便學會 conn <- odbcConnect("AdventureWorksDW2014")，這行程式碼表示，透過 RODBC 套件中的 odbcConnect 函數開啟一個資料來源名稱為 "AdventureWorksDW2014"所連線到的資料庫，並將它儲存到 conn 變數中。

Step7. 再來是選取資料分析和建立模型的資料集。首先透過 SQL 指令先查詢檢視表 (View)AssocSeqLineItems 的資料，目的是先瞭解資料長相。這時在「Editor」視窗輸入 AssocSeqLineItems <- sqlQuery(conn, "select * from vAssocSeqLineItems")。

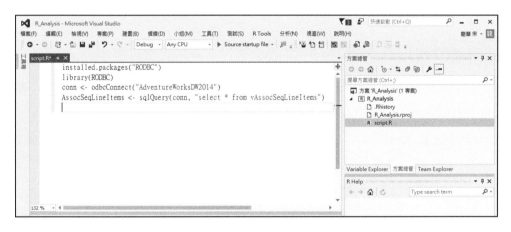

▶　說明

這行程式碼主要是透過 RODBC 套件中的另一個函數，sqlQuery 來下達 SQL 指令。倘若不明白 sqlQuery 含意或用途時，可以按下「Ctrl+F1」，會開啟「R Help」視窗。這時可以看到右下角「R Help」視窗，關於 sqlQuery 函數的語法格式和各個參數介紹，我們會瞭解 sqlQuery 輸入的第一個參數 channel 指的就是透過哪一個連線通道來執行此一查詢，在這裡就是上一行所建立的資料來源 conn。

第二個參數 query 指的就是我們下達的 SQL 指令，「select * from vAssocSeqLineItems」，意思是：我們透過 conn 連線去查詢 "AdventureWorksDW2014"資料庫中，一個名為 vAssocSeqLineItems 的檢視表 (View)，最後把查詢後的結果儲存到 vAssocSeqLineItems 變數中。

Step8. 瞭解 AssocSeqLineItems <- sqlQuery(conn, "select * from vAssocSeqLineItems") 程式碼意思之後，按下「Ctrl+Enter」執行這行程式碼。

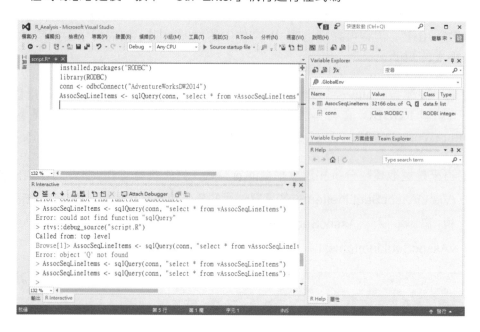

Step9. 執行之後可以在右上角「Variable Explorer」變數瀏覽視窗中，看到 AssocSeqLineItems 該變數。裡面存放著查詢後的結果，包括 3 個欄位（變數），32,166 筆資料（觀測值），請按下右方的 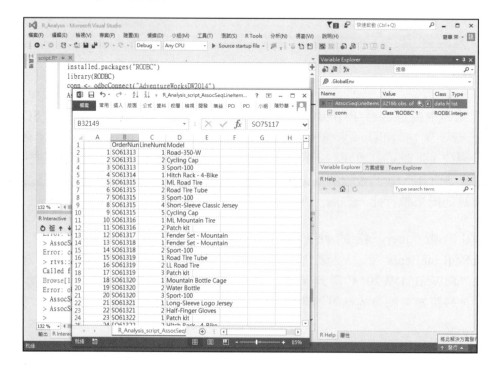 後，可自動開啟 Excel 並且檢視這 32,166 筆資料。

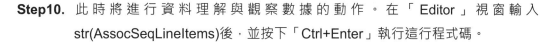

Step10. 此時將進行資料理解與觀察數據的動作。在「Editor」視窗輸入 str(AssocSeqLineItems)後，並按下「Ctrl+Enter」執行這行程式碼。

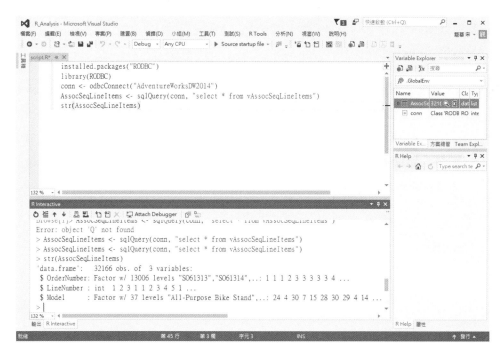

▶ 說明

可以在左下角「R Interactive」視窗中，看到 AssocSeqLineItems 變數是一個存放 3 個變數（variables）和 32,166 筆觀測值（obs.）的資料框（data.frame）型別。

其中，第 1 個變數名為 $OrderNumber，是一個擁有 13,006 層級（levels）的因子（Factor）型別，後面接著的 "SO61313", "SO61314",..是表示列舉 OrderNumber 其中幾個內容(案例)，而後邊接的一長串數字，每個數字編號則表示它的層級，例如 1 1 1 2 3 3 3 3 3 4 ... 是表示依序列舉 OrderNumber 前 10 筆內容的層級。

而這一長串數字如何解讀呢？我們可以看到上一步驟 Excel 表中的第 1 至 3 筆 OrderNumber 都是 "SO61313"，它所對應的層級是 1，第 2 筆 OrderNumber 都是 "SO61314"，它所對應的層級是 2，第 4 至 9 筆 OrderNumber 都是 "SO61315"，它所對應的層級是 3，第 10 筆 OrderNumber 是 "SO61316"，它所對應的層級是 4，因此前 10 筆資料內容的層級依序是 1 1 1 2 3 3 3 3 3 4 ...。

同理，第 2 個變數名為 $LineNumber，是一個整數（int）型別，後面接著的一長串數字 1 2 3 1 1 2 3 4 5 1 ...，正是上一步驟 Excel 表中 LineNumber 前 10 筆資料內容。

再來是第 3 個變數名為 $Model，是一個擁有 37 層級（levels）的因子（Factor）型別，後面接著的內容（案例）和前 10 筆資料內容的層級就不再說明。使用 str() 函數通常是進行資料理解的第 1 步驟，意謂著所要分析的數據是一個具有 13,006 種訂單編號（OrderNumber），37 種不同商品（Model）且總共有 32,166 筆交易資料集（AssocSeqLineItems）。

Step11. 正式進入資料建模階段，使用購物籃分析，亦稱關聯法則（Assoication Rules）進行建立模型動作，關聯法則在 R 中使用的套件為「arules」，故在「Editor」視窗輸入 install.packages("arules") 後，按下「Ctrl+Enter」下載和安裝「arules」套件；接著繼續輸入 library(arules) 後，按下「Ctrl+Enter」 載入「arules」套件。

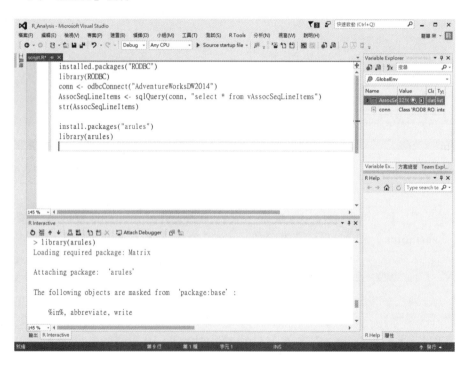

▶ 說明

關聯法則（Assoication Rules）中，有一個知名演算法，叫做「Apriori」。因此要進行購物籃分析，就必須瞭解「arules」套件中的「Apriori」函數。因為「Apriori」函數正是「arules」套件中，進行購物籃分析最主要的函數。

Step12. 請在「Editor」視窗輸入 help("apriori") 後，按下「Ctrl+Enter」開啟「R Help」求助視窗。可看到右下角「R Help」求助視窗，關於 apriori 函數的語法格式和各個參數介紹。

▶ 說明

apriori 函數中，有 data、parameter、appearance 和 control 等 4 個參數，讀者在學習 R 語言很重要的技巧就是善用「R Help」求助視窗，瞭解各個函數如何使用。

以 apriori 函數來說，必須知道這函數究竟要輸入何種資料格式？這時可以進一步觀察到 apriori 函數中，第 1 個參數 data 在 Arguments 說明接受一種名為交易（transactions）物件類別，因此就必須輸入合適的資料格式和資料型別，才能順利地執行 apriori 函數哦！

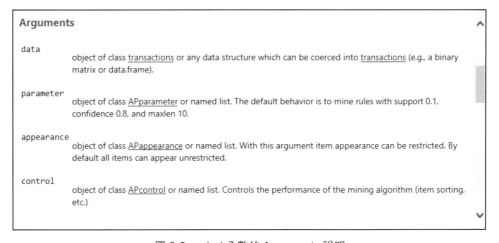

圖 8-9 apriori 函數的 Arguments 說明

Step13. 依照上述說明，必須準備符合交易（transactions）物件類別的資料格式和資料型別。這時請將 32,166 筆交易資料集（AssocSeqLineItems）的資料，透過 split 函數依據訂單編號（OrderNumber）分群排列各個商品（Model）。請在「Editor」視窗輸入 basketlist <- split(x = AssocSeqLineItems$Model, f = AssocSeqLineItems$OrderNumber) 後，按下「Ctrl+Enter」將資料依據 AssocSeqLineItems$OrderNumber 分群。

▶ 說明

還記得上述進行資料理解時， $OrderNumber 變數是一個擁有 13,006 層級（levels）的因子（Factor）型別。在此將 32,166 筆交易資料集（AssocSeqLineItems），區分成 13,006 群。意謂著相同的訂單編號（OrderNumber）會被視為是同一購物籃所有一起結帳的商品（Model）。

Step14. 再繼續輸入 basketlist[1:2] 後，按下「Ctrl+Enter」檢視 basketlist 中的前面 2 筆資料。可以在左下角「R Interactive」視窗中，看到第 1 筆訂單編號 SO61313（購物籃）購買了 3 種商品，分別是 Road-350-W、Cycling Cap 與 Sport-100；第 2 筆訂單編號 SO61314（購物籃）購買了 Hitch Rack - 4-Bike 商品。

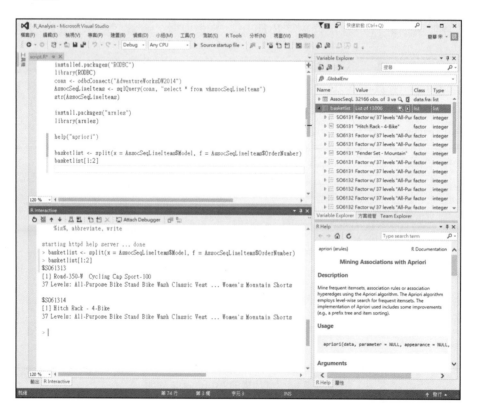

▶　說明

在右上角「Variable Explorer」視窗中，看到 basketlist 的 Value 是 List of 13,006，表示 basketlist 代表 List 資料型別。可是之前查看「apriori」函數的 data 參數時得知，僅接受 transactions 資料型別（物件類別）。

Step15. 再繼續輸入 inspect(basketlist[1:2]) 後，按下「Ctrl+Enter」檢視 basketlist 中的前面 2 筆資料。在左下角「R Interactive」視窗中，看到第 1 筆交易資料 SO61313，已經轉換成 {Cycling Cap,Road-350-W,Sport-100} SO51176 資料格式；而第 2 筆交易資料 SO61314，已經轉換成 {Hitch Rack - 4-Bike}，以上就是完成「apriori」函數所接受的 transactions 資料型別（物件類別）格式。

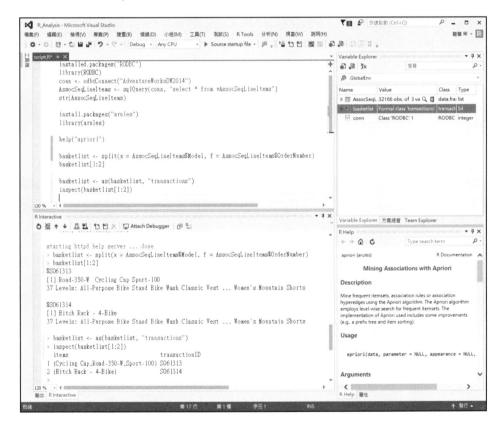

Step16. 完成 basketlist 轉換後，此時就可使用「arules」套件的各種函數。首先，我們想要知道前 10 個最常被購買的商品為何？請在「Editor」視窗輸入 itemFrequencyPlot(basketlist,topN=10) 後，按下「Ctrl+Enter」就可統計出前 10 項次數最多的項目（指商品）。

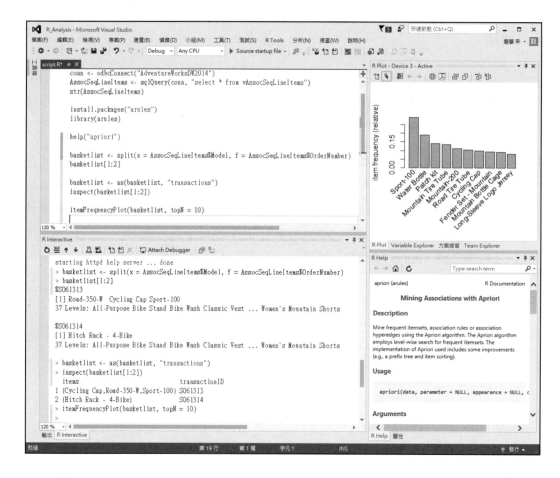

▶ 說明

在「R Plot」視窗中，可以清楚知道最常被購買的前 10 項商品依序是 Sport-100、Water Bottle、Patch kit、Mountain Tire Tube、…與 Lon-Sleeve Logo Jersey 等。

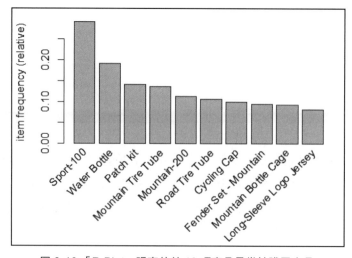

圖 8-10 「R Plot」視窗的前 10 項商品最常被購買商品

Step17. 先前透過「R Help」視窗觀察 apriori 函數的第 2 個參數 parameter，它在 Arguments 說明可指定探勘規則使用的 3 種參數，依序包括 support（最小支持度）預設值為 0.1、confidence（最小信賴度）預設值為 0.8 和 maxlen（最大規則長度）預設值為 1，接下來使用 apriori 函數進行探勘關聯法則。請在「Editor」視窗輸入 bicyclerules <- apriori(basketlist, parameter = list(support = .02, confidence = .6)) 後，按下「Ctrl+Enter」。同時指定參數值探勘關聯法進行購物籃分析，依序是最小支持度為 0.02、最小信賴度為 0.6。結果在左下角「R Interactive」視窗中，看到 writing ... [12 rule(s)] done [0.00s]. 共產生出 12 條規則。

Step18. 試著檢視這 12 條規則的意涵。請在「Editor」視窗輸入 inspect(bicyclerules)
後，按下「Ctrl+Enter」。在左下角「R Interactive」視窗中，看到這 12 條規
則的內容。

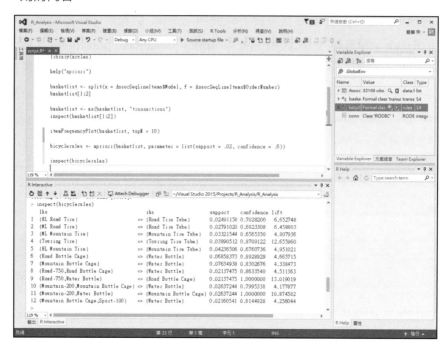

▶ 說明

這 12 條規則如何解讀呢？以第 3 條規則為例：{ML Mountain Tire} => {Mountain
Tire Tube} 的 support（支持度）= 0.03321544，confidence（信賴度）=
0.6565350。這表示有 {ML Mountain Tire} => {Mountain Tire Tube} 0.03321544
（支持度）x 13,006（總購物籃數）= 432 個購物籃數是 {ML Mountain Tire} 和
{Mountain Tire Tube} 一起購買的；同時，此規則的信賴度是 0.6565350，表示這
432 個購物籃數中，有 6 成 5 左右的人買了 {ML Mountain Tire}，同時也會買
{Mountain Tire Tube}。至於 Lift（增益值），則表示這條規則的應用價值，Lift
值越高代表這條規則越有用，可是實務應用上不見得有價值，例如：買牛奶的人同
時有 3 成的人也會一起買麵包，這條規則的準確度有 8 成，而且 Lift 值非常高，但
這僅是一條大家都知道的「顯而易見規則」罷了，故不見得具有應用價值。可是如
同著名的「啤酒和尿布一起買」的這條規則，確實替威名百貨（Walmart）賺進大
筆的鈔票，這就是一條具有應用價值的規則。

Step19. 資料視覺化，協助人類理解規則。接下來要使用「arulesViz」套件，進行關聯
法則的視覺化呈現，請在「Editor」視窗輸入 install.packages("arulesViz")
後，按下「Ctrl+Enter」下載和安裝「arulesViz」套件。

Step20. 輸入 library(arulesViz) 後，並按下「Ctrl+Enter」載入「arulesViz」套件。

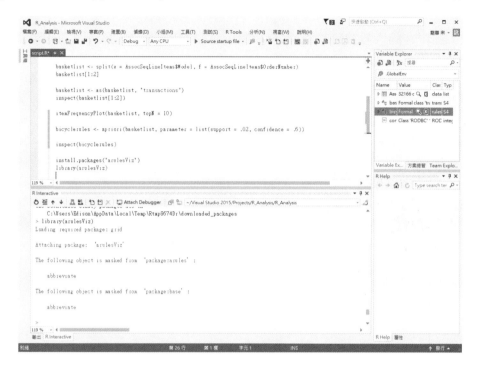

Step21. 完 成 之 後 ， 使 用「 Plot 」 函 數 進 行 繪 圖 ， 故 在「 Editor 」 視 窗 輸 入
plot(bicyclerules, method = "graph") 後，按下「Ctrl+Enter」執行關聯法則的
視覺化繪圖。

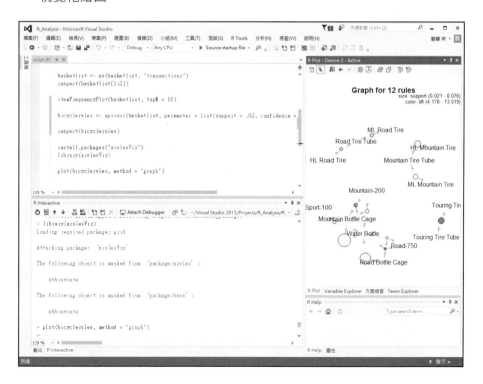

▶ 說明

事實上，在現在的大數據時代裡經常仰賴視覺化分析結果作決策，而視覺化確實是有助於觀察出以其他資料呈現方式不易察覺到的資料特性。在右下角「R Plot」視窗中，就可以看到上述 12 條關聯規則以視覺化呈現的結果，可是如何去解讀這張圖呢？

其中，可以發覺 {Water Bottle}、{Mountain-200} 和 {Mountain Bottle Cage} 這 3 項商品之間產生了許多箭頭，其實意謂著這 3 項商品經常一起被購買；另外，在「R Plot」視窗中如果發現某一商品有越多箭頭指向不同的商品時，表示這一類商品在零售業上稱為 Hero Item，也就是所謂的「犧牲打商品」，通常在行銷手法上會利用這些「犧牲打商品」來搭配降價促銷、當成贈品或來店禮，無不就是要吸引顧客進門刺激消費，創造其他商品的銷售業績。

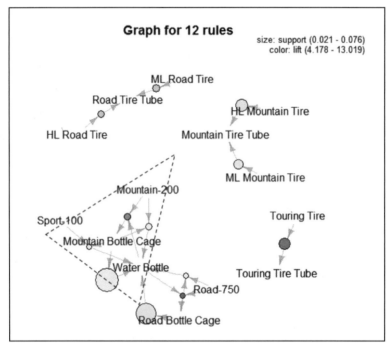

圖 8-11 「R Plot」視窗的關聯法則視覺化呈現

大數據分析 SQL Server 2016 & R 全方位應用

作　　　者：謝邦昌 / 宋龍華 / 李紹綸
企劃編輯：江佳慧
文字編輯：詹祐甯
設計裝幀：張寶莉
發 行 人：廖文良

發 行 所：碁峰資訊股份有限公司
地　　　址：台北市南港區三重路 66 號 7 樓之 6
電　　　話：(02)2788-2408
傳　　　真：(02)8192-4433
網　　　站：www.gotop.com.tw
書　　　號：AED003400
版　　　次：2017 年 09 月初版
建議售價：NT$500

國家圖書館出版品預行編目資料

大數據分析 SQL Server 2016 & R 全方位應用 / 謝邦昌, 宋龍華,
李紹綸編著. -- 初版. -- 臺北市：碁峰資訊, 2017.09
　　面； 公分
　　ISBN 978-986-476-576-8(平裝)
　　1.資料庫管理系統　2.SQL(電腦程式語言)
312.7565　　　　　　　　　　　　　　　　106015365

讀者服務
● 感謝您購買碁峰圖書，如果您
對本書的內容或表達上有不清
楚的地方或其他建議，請至碁
峰網站：「聯絡我們」\「圖書問
題」留下您所購買之書籍及問
題。(請註明購買書籍之書號及
書名，以及問題頁數，以便能
儘快為您處理)
http://www.gotop.com.tw

● 售後服務僅限書籍本身內容，
若是軟、硬體問題，請您直接
與軟、硬體廠商聯絡。

● 若於購買書籍後發現有破損、
缺頁、裝訂錯誤之問題，請直
接將書寄回更換，並註明您的
姓名、連絡電話及地址，將有
專人與您連絡補寄商品。

● 歡迎至碁峰購物網
http://shopping.gotop.com.tw
選購所需產品。